石油化工职业技能培训教材

腈纶聚合装置操作工

（第二版）

中国石油化工集团有限公司人力资源部　组织编写

中国石化出版社
·北京·

内 容 提 要

《腈纶聚合装置操作工》为《石油化工职业技能培训教材》系列之一，涵盖石油化工生产人员《国家职业标准》中对该工种初级工、中级工、高级工、技师和高级技师五个级别的专业理论知识和操作技能的要求。主要内容包括：湿法一步法聚合系统、湿法二步法聚合系统、干法聚合系统的工艺原理及流程、主要设备、工艺操作、工艺控制方法及联锁、故障处理和应急预案、安全生产、节能和“三废”治理等。

本书是腈纶聚合装置技能操作人员进行职业技能培训的必备教材，也是专业技术人员必备的参考书。

图书在版编目(CIP)数据

腈纶聚合装置操作工／中国石油化工集团有限公司人力资源部组织编写. — 2版. — 北京：中国石化出版社，2025. 6. —（石油化工职业技能培训教材）.

ISBN 978-7-5114-7775-0

Ⅰ. TQ342

中国国家版本馆 CIP 数据核字第 2025Y523G5 号

中国石化出版社出版发行

地址：北京市东城区安定门外大街 58 号

邮编：100011　电话：(010)57512500

发行部电话：(010)57512575

http://www. sinopec-press. com

E-mail：press@ sinopec. com

北京科信印刷有限公司印刷

全国各地新华书店经销

*

787 毫米×1092 毫米 16 开本 14. 5 印张 348 千字

2025 年 6 月第 2 版　2025 年 6 月第 1 次印刷

定价：55. 00 元

《石油化工职业技能培训教材》

编审指导委员会

编撰工作组

（以姓氏笔画顺序）

王瑾瑜　刘　野　杨　俊　李　强　汪　珺

张亚伟　胡金玉　赵旭飞　黄海峰

《腈纶聚合装置操作工》(第二版)

编审人员

主编：路金奎(上海石化)

参编：黄拥军(安庆石化)　王　伟(安庆石化)

杨广义(齐鲁石化)　张东博(齐鲁石化)

朱宗元(上海石化)　夏永仁(上海石化)

陈旭辉(上海石化)

审稿：牛克山(化工事业部)　周新露(上海石化)

叶海骏(上海石化)　朱　伟(上海石化)

林思芊(上海石化)

前 言

习近平总书记强调，要深入实施职工素质建设工程，引导广大劳动者终身学习、不断提高自身素质，努力建设一支知识型、技能型、创新型的劳动者大军。为进一步加强石油化工行业技能人才队伍建设，更好满足职业技能培训和等级认定的需要，在2007年组编出版的《石油化工职业技能培训教材》基础上，中国石油化工集团有限公司人力资源部开展了该丛书的修订增补工作。本次教材修编工作依照人力资源和社会保障部制定的石油化工生产人员《国家职业标准》的要求，坚持以企业发展、员工需求为导向，以实用好用、简明高效为原则，瞄准重点人才、关键岗位、主要专业、主体工种，紧密结合石油化工行业生产实际，以及技术进步、技术创新、新工艺、新设备、新材料、新操作方法等要求，力求为读者提供一套具有鲜明石油石化特色的高质量职业技能培训教材。

新版《腈纶聚合装置操作工》在保留第一版整体结构的基础上，延续了原有的编写风格，便于操作人员在使用过程中快速熟悉修订内容，实现新旧教材的顺利衔接。在修订过程中，结合腈纶行业近年来的发展变化，更新了部分数据及国内腈纶产业的发展变化情况。同时，新增了关于腈纶新品种及相关新工艺的内容。针对曾进行过优化改造或技术升级的相关章节，也同步修订了操作优化内容。在关键设备的安全操作控制以及故障处理与应急预案方面，进行了重点修订与内容补充。“三废”处理相关章节则根据当前环保治理技术的进步及日益严格的环保监管要求，进行了相应的补充和完善。此外，在修订过程中，对整套教材的文字表述进行了全面校对，修正了部分口语化表达和不规范用语，力求使全书语言更加严谨、规范。

由于石油化工技能培训教材涵盖的职业(工种)较多，同工种不同企业的生产装置也存在差别，编写难度较大，加之编写时间紧迫，不足之处在所难免，敬请各使用单位及个人对教材提出宝贵意见和建议，以便教材修订时补充更正。

《石油化工职业技能培训教材》编审指导委员会

二〇二五年五月

目　录

第1章　概　述

第2章　工艺原理及流程

第3章　主要设备

第4章 湿法工艺操作

第5章 干法工艺操作

第6章 工艺控制方法及联锁

第7章 故障处理和应急预案

第8章 安全、节能和“三废”治理

第1章　概　　述

1.1　腈纶发展概况

聚丙烯腈纤维简称腈纶，是由聚丙烯腈或85%以上的丙烯腈和其他第二、第三单体的共聚物纺制的纤维。其中丙烯腈含量为35%~85%、共聚单体含量为15%~65%的共聚物制成的纤维，又称为改性腈纶。20世纪初法国化学家C. Moureau合成了丙烯腈。40年代开始，美国和德国的许多公司研究寻找聚丙烯腈溶剂，以便通过溶液纺丝制备纤维。50年代初期，美国杜邦公司选择二甲基甲酰胺(DMF)为溶剂的干法纺丝路线，首次工业化规模生产腈纶，商品名为奥纶(Orlon)，之后各国腈纶生产迅速发展。80年代后期，生产腈纶的工厂主要建于印度和中国。

当今，全球经济增长速度放缓，世界腈纶工业正处于调整阶段。美国唯一腈纶生产厂Solutia公司和墨西哥腈纶厂已先后退出腈纶产业，欧洲、日本和韩国也在减少腈纶产量。例如日本腈纶市场本身消费不足，主要依靠国外市场。2006年日本约有78.2%的腈纶产品销往海外，中国约占39.5%，是其主要市场目标。面对激烈的市场竞争，日本一些企业为了适应发展潮流和提高竞争力，开始向海外投资，也特别看好中国这个大市场。目前，东南亚地区已成为世界腈纶生产竞争最激烈的市场。近年来聚丙烯腈基碳纤维产业在国内外蓬勃发展，部分腈纶产能向碳纤维原丝发展。例如日本三菱丽阳把大部分腈纶生产设备改造成大丝束原丝生产线。

从1958年开始研制腈纶到现在，我国的腈纶工业已经走过了60多年的历程。2005年，我国腈纶的产量超过780kt，产量位居全球首位，昂首迈入世界腈纶生产大国之列。2008年国内产量有所回落，到2015年国内腈纶产量基本恢复。纵观我国腈纶工业的发展历程，可将其归纳为以下三个阶段：

(1) 研究阶段。此阶段可谓我国腈纶工业的起步阶段。其间对采用硫氰酸钠(NaSCN)、硝酸(HNO_3)、二甲基甲酰胺(DMF)、二甲基亚砜(DMSO)等溶剂的湿纺工艺进行了研究。1965年，兰州化纤厂从国外众多成熟的湿纺工艺中选择并引进了英国Courtaulds公司8000t/a硫氰酸钠一步法工业生产装置，开始进行小规模生产，标志着我国腈纶生产的开始。

(2)基础阶段。进入20世纪70年代，在消化、吸收引进技术的基础上，上海、大庆等地自行设计建立了一批中小型腈纶生产企业，我国的腈纶工业初具规模。各腈纶生产企业、科研单位和设备制造企业紧密协作，对硫氰酸钠一步法技术的共聚物组成、聚合和纺丝工艺原理、溶剂回收和净化工艺、设备和仪表控制等进行了全面的研究和改造，为我国腈纶工业的大力发展打下了坚实的基础。

(3) 快速发展阶段。1984年，大庆石化腈纶厂从美国原氰氨(ACC)公司引进了水相聚合硫氰酸钠二步法技术，经改造于1988年建成了50kt/a的腈纶生产装置。该装置的建成投产，改变了我国腈纶工业工艺路线单一的局面。随后，淄博、抚顺、秦皇岛、宁波、茂名等地引进美国杜邦(Dupont)公司的技术及设备，建成5个总产能达165kt/a的二甲基甲酰胺干法生产企业，使我国腈纶生产工艺进一步多样化，我国腈纶生产进入了快速发展的阶段。

随着发达国家逐渐淡出腈纶市场，为中国腈纶行业发展留出了空间，特别是中国拥有全世界最大的腈纶消费市场。2005 年，中国腈纶迎来了历史发展高峰期，新建产能纷纷投用，使国内腈纶产能达到了 900kt/a 的顶峰，占据世界总产能的 30%，消费能力则达到 1240kt/a。

2008 年，受金融危机冲击及行业结构长期不合理的双重影响下，引发了国内腈纶行业的一次深度调整，近 20%的产能在这次调整中退出腈纶，2009 年底中国腈纶产能为 755kt/a。2017 年国内腈纶产能再次出现增长，国内 9 家腈纶生产单位，累计产能 825kt/a，约占世界总产能的 1/3。

截至目前，我国腈纶工艺路线主要采用 NaSCN、DMF、二甲基乙酰胺(DMAc)、DMSO 为溶剂的生产工艺，生产能力在国际腈纶行业中居于首位。今后有机溶剂及二步法湿纺比例将进一步增加，一步法比例将相应减少。

世界腈纶的发展主要有三种模式，即产能集中模式、与纺织后加工紧密结合模式和向丙烯腈靠拢模式。在上下游联手开发新产品方面，日本及中国台湾地区的纤维界、纺织界、服装界已经开始共同创造市场，向世界推出纺织新产品。在我国经济保持稳定高速增长前提下，腈纶工业保持着稳定的发展，但是我国腈纶工业也正面临着国际先进技术、先进管理和优质服务的挑战。我国腈纶工业发展最缺乏的就是与纺织后加工紧密配合。所以，近年来，我国正在加快对腈纶高新科技的开发、推广和应用力度，加快产业结构的调整，充分利用技术和管理的创新成果，积极探索文化理念创新，塑造腈纶工业的核心优势，培育自己的腈纶品牌，加快中国腈纶产品走向世界的步伐。

1.2 腈纶的主要性能及用途

腈纶具有一般合成纤维的共性，但又有其自己的特性。例如，腈纶膨体纱的制备方法是在毛条中混入具有一定比例的高收缩性腈纶(将经过牵伸、干燥和定型的纤维在加热情况下进行再次牵伸，使纤维再次很大幅度地伸长，通过冷却将新的长度暂时固定下来)，再通过汽蒸，这部分腈纶就会发生大幅度收缩，将低收缩性的腈纶鼓出，而显现膨化性。腈纶之所以能用这样的方法制备膨体纱，是因为它具有其他结晶性纤维所没有的热弹性。涤纶或锦纶是结晶性的高聚物，不具有热弹性，所以不能用这种方法制备膨体纱。

另外，腈纶的弹性使其耐热性不及结晶良好的涤纶或锦纶纤维。但是，我们却可利用它的热弹性，在生产上进行各种方法的热处理，从而改善它的性质，并扩大它的应用范围。

1.2.1 腈纶结构的特点

腈纶是由丙烯腈与其他乙烯基单体无规共聚组成，其分子结构的特点是线状大分子主链由丙烯腈首尾相连而成，与氰基(—CN)相连的碳原子间隔一个亚甲基(—CH_2)，因而主链为烷烃结构：

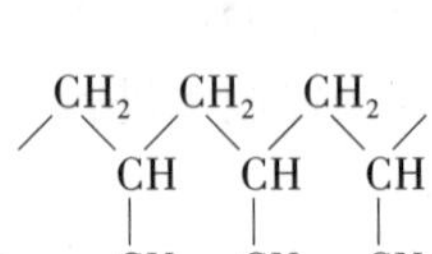

腈纶特有的结构特点反映在下文腈纶的主要性能上。

1.2.2 腈纶的主要性能

腈纶的纵面有少量沟槽，截面形状随纺丝方法不同而异，干法纺丝的纤维截面呈哑铃形，湿法纺丝的则为圆形或肾-豆形。

由湿法纺丝和干法纺丝得到的典型纤维截面见图 1-1。

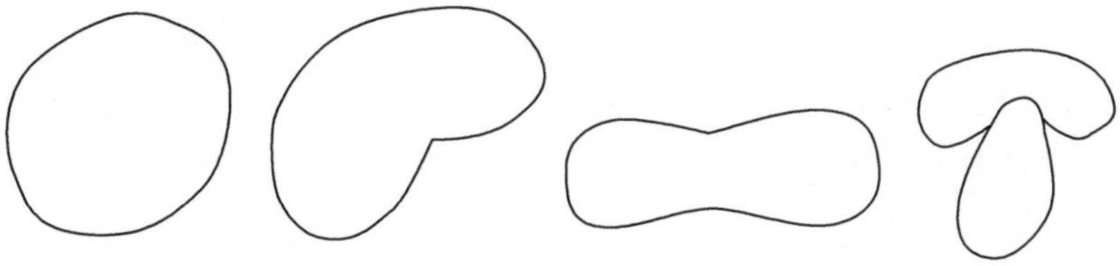

图 1-1 湿法和干法纺丝得到纤维的截面形状

由于干纺纤维具有哑铃形截面，所以它的弯曲模量或硬度比圆形和肾-豆形纤维低，在可比较的相同线密度下，干纺纤维更为柔软或织物的美感更好；哑铃形截面使纤维的堆砌密度减小，从而使产品更蓬松，在可比较的相同纱线结构下比圆形和肾-豆形纤维分别粗 30%和 15%。

1.2.2.1 常规腈纶的机械性能

(1) 线密度。衡量纤维粗细程度的指标称为线密度。

(2) 强度。纤维的强度一般是指相对强度，即单位线密度的断裂负荷，常以 dN/tex 作单位。根据测定的条件和方法不同，断裂强度可分三种：①干态强度(简称干强，为在标准温度、湿度下调湿后的强度)；②湿态强度(简称湿强)；③钩接强度(简称钩强)和结节强度(简称结强)。

影响纤维强度的因素很多，如聚合物的组成、相对分子质量及其分布、纤维的超分子结构和形态结构等，其中尤以超分子结构中的取向因数与强度的关系最为密切。

(3)断裂伸长。纤维的断裂伸长是指纤维拉伸至断裂时的长度与拉伸前纤维长度的比值(%)。

(4)初始模量。初始模量是指纤维最初伸长为原长 1%时的负荷。初始模量与纤维的超分子结构关系较为直接。纤维的初始模量大，有利于提高相应织物的尺寸稳定性和硬挺性。

(5) 回弹性。纤维在负荷作用下，可发生普弹形变、高弹形变和塑性形变。当外力除去后，可复的普弹形变和松弛时间较短部分的高弹形变将较快回缩，并留下部分形变，即剩余形变。一般剩余形变越小，纤维回弹性越好。测定纤维回弹性质的方法有两种：一次负荷回弹性，一般以回弹率表示；多次循环负荷回弹性，可从多次循环负荷延伸曲线中加以研究。常规腈纶的回弹性为 92%~99%，与羊毛接近，但其多次循环负荷弹性不如羊毛。

(6) 可燃性(LOI)。大于 21%是不可燃的，普通腈纶可燃性为 18.2%。

腈纶的主要性能见表 1-1。

表 1-1 腈纶的主要性能

性能		腈纶		改性腈纶
		短纤维	长丝束	短纤维
断裂强度/(dN/tex)	干态	2.2~4.8	2.8~5.3	1.7~3.5
	湿态	1.7~3.9	2.6~5.3	1.7~3.5
断裂伸长/%	干态	25~50	12~20	25~45
	湿态	25~60	12~20	25~45
相对湿强度/%		80~100	90~100	90~100
结节强度/(dN/tex)		1.4~3.1	2.6~7.1	1.3~2.5

续表

性能		腈纶		改性腈纶
		短纤维	长丝束	短纤维
钩接强度/(dN/tex)		1.6~3.4	1.7~3.5	1.4~2.5
弹性模量/(dN/tex)		22~54	35~75	18~48
回弹性(3%伸长时)/%		90~95	70~95	85~95
相对密度		1.14~1.17		1.28
回潮率/%	公定	2		2
	标准状态(20℃、65%RH)	1.2~2.0		0.6~1.0
耐热性/℃	软化点	190		150
	熔　点	不明显		不明显
	分解温度	327		
	玻璃化温度	80~150		
日晒牢度(曝晒12个月残留强度)/%		60		60
可燃性(LOI)/%		18.2		26.7
耐酸性		35%盐酸、65%硫酸、45%硝酸对其强度无影响		35%盐酸、70%硫酸对其强度无影响

1.2.2.2 常规腈纶的物理与化学性能

(1) 密度。湿纺腈纶的密度(在甲苯中)一般为1.16~1.18g/cm^3；干纺腈纶的密度为1.14~1.17g/cm^3；具有中等取向度和经良好热处理后的湿纺腈纶的密度为1.2~1.24g/cm^3。常规腈纶的密度比羊毛轻10%，比棉花轻20%。所以制品柔软蓬松，特别是针织物，因蓬松而含多量空气，使人感到既轻又软还暖和，与同类毛织物比较，保暖性高1.6倍，具有轻而暖的特点。

(2) 吸湿性。纤维的吸湿性是指在标准温湿度(20℃、65%相对湿度)下纤维的吸水率。一般采用两种指标：回潮率和含湿。二者都是吸湿平衡后的含水百分率，但计算公式不一样。回潮率的计算以纤维绝干重量作基础，而含湿以含水纤维重量作基础。各种纤维吸湿性的大小，主要取决于纤维大分子中基团的性质，也与分子在纤维中的紧密程度有关。纤维的结构越紧密，分子间相互作用力就越大，则纤维的吸湿性就越小。

常规腈纶在标准状态下的回潮率为1.0%~2.5%，回潮率为羊毛的1/8，因此它制成的织物易洗、快干，不发生收缩变形。腈纶的回潮率与第二、第三单体的品种与用量、纤维成型和后处理工艺及纤维结构等有关。

(3)染色性。常规腈纶共聚物中含有酸性基团，可用阳离子染料染色，特别是含有磺酸基团的腈纶。腈纶可以染得色谱齐全、日晒牢度高和水洗牢度较高的颜色，比用酸性染料染色的羊毛或用分散型染料染色的其他合成纤维色泽鲜艳、美观。腈纶也可以用分散型染料染色。

(4) 熔点与分解温度。常规腈纶的分解温度为220~230℃。由于聚丙烯腈结晶不完整，而且熔融前大分子已分解，故其熔点不明确。

(5) 玻璃化温度。玻璃化温度是大分子链段热运动的转变点。在玻璃化温度以下，大分子链段活动受到极大阻碍，纤维不显现大幅度的高弹形变，织物保持一定的尺寸和硬挺性。所以，纤维的玻璃化温度要求超出一般使用环境的温度足够多。

丙烯腈均聚物的玻璃化温度(T_g)有两个，第一个为 $T_{g1}=80\sim100$℃，第二个为 $T_{g2}=140\sim150$℃。常规腈纶中，由于共聚单体的加入，T_{g2} 向 T_{g1} 靠拢或消失，故 T_g 一般只有一个，约为 $75\sim100$℃。

(6)热弹性。由于聚丙烯腈的准晶区并不能阻止大分子链段的大幅度热运动，因此经拉伸、水洗和热定型的腈纶，在 T_g 以上进行二次拉伸和骤冷后遇热和遇湿的作用下，能发生大幅度的回缩，这种热弹性是腈纶所具有的特性。腈纶结构中的准晶区并非真正的结晶，仅仅是侧向高度有序，这种准晶区的存在并不能阻止链段的大幅度热运动，却使纤维发生热弹性回缩，所以腈纶可制成各种膨体纱。

(7) 白度与耐热性。腈纶的白度有着两方面的意义，一般是指未经热处理，同时也包括经热处理后的纤维白度。耐热性也包含两方面的意义，一是指纤维经高温处理后保持原有白度的能力；二是指纤维的物理——机械性能耐高温处理的性质。

未经热处理前，腈纶的白度主要与生产工艺有关，即与单体、聚合时的温度和 pH 值、从聚合体到纤维成品中间经历的一系列温度和时间、杂质及助剂等有关。

以偶氮二异丁腈为引发剂的一步法溶液聚合，聚合温度高达 80℃，反应较为激烈，产品易发黄。故一步法溶液聚合时采用加浅色剂二氧化硫脲来使聚合体保持较好的白度。在腈纶聚合生产中一般也采用耐热性较好的磺酸型第三单体来改善聚合体的白度。

二步法水相聚合采用氧化-还原引发系统，聚合温度较低，聚合体不易发黄。

加入消光剂钛白粉可提高腈纶的白度，是由于钛白粉颗粒对光的反射，有利于提高纤维白度。荧光增白剂能将紫外线转化为与黄色相补的色光。

由丙烯腈均聚物制备的腈纶耐热性好，在 150℃进行热处理时，其机械性质变化不大。随着共聚单体含量的增加，其耐热性有所下降。

(8) 对日光与大气作用的稳定性。腈纶对日光与大气作用的稳定性特别优异，超过所有的天然纤维或其他化学纤维主要品种。在经过日光与大气作用一年后，腈纶的强度仅下降 20%左右，而大多数纤维均损失原强度的 90%~95%。

(9) 耐褶皱保型性好。腈纶是一种热塑性纤维，适当加热很容易给予织物以耐久的折痕。腈纶的模量是羊毛的 2.2 倍，并具有优良的压缩弹性，因此受外力不易变形，纯纺或混纺织物具有较好的抗皱保形性。

(10) 对化学试剂作用的稳定性。由于聚丙烯腈大分子中含有极性很强的氰基，溶剂要拆散这种作用力通常必须具有较强的极性。所以，腈纶溶剂较少，腈纶通常不溶解于醇、醚、酯、酮及油类等常用的溶剂，但对热的有机碱和硝酸较敏感。在高温下对含氮或氯的有机溶剂也不稳定。

(11) 耐霉菌和耐虫蛀性。由于大分子中含有氰基，腈纶具有优良的耐霉、耐菌的特性。干净的腈纶不怕潮湿，在潮湿的季节也不会生霉，衣服易于收藏。一般不会发生虫蛀现象。

(12) 耐火性。腈纶织物在燃烧时，不会像锦纶和涤纶那样发生熔融黏流，不会边燃烧边黏附在穿着者皮肤表面而造成严重的灼伤、烫伤。腈纶织物也不会像锦纶和涤纶那样，因热烟灰或类似物质溅落其上而熔成洞孔。但大量腈纶发生燃烧时，除发生氧化反应外，还伴随着高温分解反应，不但产生 NO、NO_2，并且有 HCN 和氰化物产生，毒性很大，救火时同时应注意防毒。无防毒面具者应在上风道救火以免中毒。

1.2.2.3 腈纶与其他常用合成纤维与天然纤维的性能比较

表 1-2 将腈纶与其他常用合成纤维和天然纤维的性能进行了定性比较(5 级表示最高，1

级表示最低）。

表 1-2　腈纶与其他常用合成纤维和天然纤维的性能比较

性　能	聚酯纤维	聚酰胺纤维	腈　纶	羊　毛	纤维素纤维
第一类：要求较高性能					
耐磨性	4	5	3	3	3
强　度	4	5	3	2	3
免烫性	5	3	3	1	1
防皱性	5	3	3	4	1
抗起球性	3	1	3	3	5
第二类：要求较低性能					
蓬松性	3	3	5	4	1
水分迁移	3	2	5	3	4
抗静电性	2	1	4	5	5
干燥速度	5	5	5	1	1
第三类：不太重要性能					
阻燃性	5	5	3	5	1
抗干热降解性	5	3	5	5	3
抗湿热降解性	3	4	5	2	4
耐光降解（室外）	3	3	5	2	3
耐光降解（透过玻璃）	5	3	5	2	3
抗虫蛀性	5	5	5	1	1
抗微生物性	5	5	5	1	1
平均等级（第一类）	4.2	3.4	3.0	2.6	2.6
平均等级（第二类）	3.2	2.7	4.7	3.2	2.7
平均等级（第三类）	4.4	4.0	4.7	2.6	2.3
平均等级（总体）	4.1	3.5	4.2	2.8	2.5

由表 1-2 中数据比较，腈纶在第一类性能中不如聚酯纤维和聚酰胺纤维，但优于羊毛与纤维素纤维；第二类、第三类性能均优于其他纤维，这表明腈纶在服装市场的某些领域如对抗皱性要求较高的机织物，其用途受到限制，但由于腈纶抗微生物性和耐光降解性较好，适合于装饰及产业用织物市场。

1.2.3　腈纶的用途

腈纶用途涉及服装、家居装饰和产业用途，服装用途占世界腈纶总使用量的 70%。

（1）腈纶的服装用途。腈纶在服装领域的最终用途基本相同，主要用于针织品。这是因为腈纶不仅在手感、穿着性及舒适程度方面十分接近羊毛，而且比羊毛易于清洗、易保管和耐用，比其他纤维更具蓬松性和回弹性。所以被广泛用于针织毛线衫、短袜、帽子、围巾、手套、起绒织物和起绒时装。

（2）腈纶的装饰用途。腈纶用于室内装饰用途有很多优点，能染成明亮色调，具有良好的着色耐晒牢度和耐磨性，优异的耐气候性，较高的耐污染性和良好的洗涤性。主要用作床毯、地毯、窗帘、床罩和沙发套等。

（3）腈纶的产业用途。腈纶在产业用途方面，主要用于室外纺织品，如遮篷、船篷、室外家具、沙袋；增强材料，如水泥增强、铅蓄电池极板增强；在一些腐蚀性环境中作过滤用织物；碳纤维原丝等。聚丙烯腈中空纤维具有透析、超滤、反渗透、微过滤等功能。可用于混合流体的选择性分离、浓缩和净化等。例如用于医用无菌水的制造，人工肾、人工肝、血液透析超滤器、腹水超滤器、血液浓缩器等。还可用于超脱盐水的制造，污水的处理和回用等。在室外纺织品方面的使用量，近年来增长较快。

把普通腈纶预先用某些试剂处理，在300℃左右的空气中预氧化，再在1500℃左右保持一定时间使其碳化，可获得含碳量93%左右的耐高温碳纤维；若在2500~3000℃下继续进行热处理，可获得石墨纤维。石墨纤维是目前已知的热稳定性最好的纤维之一，是宇宙飞行、火箭、喷气技术以及工业高温、防腐蚀领域的优选材料。

1.3 腈纶生产的工艺路线

1.3.1 腈纶生产的工艺路线分类

腈纶生产的工艺路线繁多，就聚合工艺而言分为溶液聚合(又称一步法)、水相悬浮聚合(又称二步法)两大类；按纺丝工艺分为湿法纺丝、干法纺丝两大类；纺丝所用溶剂又分为无机溶剂、有机溶剂两种。目前用于工业化生产的共有8种溶剂12种工艺路线。另外，腈纶干-湿纺丝、冻胶纺丝以及在增塑条件下熔融纺丝也已取得成功。

表1-3列举了12种腈纶生产工艺路线，其中腈纶生产量比较大的主要集中在NaSCN湿纺二步法、DMAc湿纺二步法、DMF干法纺3种工艺路线；DMF湿纺一步法及二步法产量其次。20世纪90年代以后，DMF干法纺因发达国家逐渐退出腈纶市场，所占比例有所下降。近年来DMF湿纺一步法、NaSCN湿纺二步法及DMAc湿纺二步法在发展中国家发展较快。

表1-3　12种腈纶生产工艺路线

聚合制备方法	纺丝工艺	溶剂种类	主要生产厂商
水相沉淀聚合(二步法)	干　纺	DMAc	齐　鲁
		丙酮	Tennesse Eastman
	湿　纺	NaSCN	中石化、中石油
		HNO_3	旭化成
		DMF	Hoechst，Phone Poulenc
		DMAc	吉林奇峰，三菱人造丝
		丙酮	钟渊化学工业
		EC(碳酸乙二酯)	Savinesti
溶液聚合(一步法)	湿　纺	NaSCN	中石化
		$ZnCl_2$	Dow Chemical，东邦贝丝纶
		DMF	台　塑
		DMSO	东　丽

1.3.2 国内腈纶生产工艺路线

目前我国腈纶厂主要有4种生产工艺路线，具体如下：

(1) 硫氰酸钠一步法。采用硫氰酸钠一步法工艺的企业主要有：上海石化碳纤维事业部等。

(2) 硫氰酸钠二步法。采用硫氰酸钠二步法工艺的企业主要有：上海石化碳纤维事业部、大庆石化腈纶厂、大庆炼化腈纶厂、安庆石化腈纶厂等。

(3) 采用美国杜邦公司的技术、以DMAc为溶剂的干法工艺路线。采用DMAc干法工艺路线的企业有齐鲁石化腈纶厂等。

（4）以 DMAc 为溶剂的湿法工艺路线。采用 DMAc 为溶剂的企业主要有：吉林奇峰化纤集团、浙江杭州湾腈纶有限公司、宁波中新腈纶有限公司。

1.3.3 腈纶生产的工艺路线比较

1. 一步法与二步法比较

聚丙烯腈的合成采用溶液聚合，聚合物不经过分离直接制备得到纺丝原液，称为一步法。聚丙烯腈的合成采用水相沉淀聚合，聚合物经过清洗、分离后重新溶解，分两步制备得到纺丝原液，称为二步法。两种不同工艺各有其不同特点，表 1-4 列举比较了二者不同特点。

表 1-4 一步法与二步法工艺特点比较

比较项目	一 步 法	二 步 法
流 程	纤维生产连续化，纺丝原液的制备流程短，溶剂回收流程往往较长	纺丝原液的制备流程分两步，流程较长
对溶剂要求	溶剂参与聚合过程，要求溶剂的纯度高，杂质少，溶剂的链转移常数低	溶剂不参与聚合过程，对聚合不产生影响，要求溶剂的纯度比一步法稍低
共聚体的选用	聚合体系黏度高，反应速率较慢，故对单体的竞聚率有严格要求，第二、第三单体选用余地相对窄	聚合体系黏度低，容易达到均匀混合，反应速率较快，第二、第三单体选用余地相对大
聚合过程与设备	均相溶液聚合，聚合体系黏度高，散热较难；体系内温度不均一，对聚合质量不利，溶剂杂质可能影响聚合质量；聚合设备长期运行基本不发生结皮，但溶剂具有腐蚀性，对设备材质和密封有一定要求	非均相聚合，以水为介质，散热容易，温度均一易控制，聚合体系黏度低，对聚合质量有利；聚合设备内发生结疤，需要定期清除
纺丝原液性能	纺丝原液均匀，杂质少，过滤性能好；但因黏度高残余单体不易完全除去，对纺丝环境有影响	聚合体快速溶解，纺丝原液均匀性不如溶液聚合；原液中无残余单体
生产控制	聚合工艺参数不易控制好；转化率对纺丝原液浓度影响大；由于聚合过程转化率与相对分子质量等不易同时控制好，不同规格的聚合液不易混批与调整，较难控制好浓度与黏度	聚合工艺易控制，转化率对纺丝原液浓度无影响；不同规格的聚合体可在溶解前调整，较容易保证纺丝原液质量

2. 溶剂比较

腈纶生产工艺路线有 12 种，12 种工艺路线所使用的溶剂分为无机溶剂与有机溶剂，总类约 8 种，有机溶剂有：DMF、DMAc、EC、DMSO 和丙酮；无机溶剂有：NaSCN、HNO_3和$ZnCl_2$。有机溶剂使用比例高于无机溶剂，溶剂各具特点，综合性能见表 1-5。

表 1-5 各溶剂综合性能

性能	DMF	DMAc	DMSO	EC	NaSCN	HNO_3	$ZnCl_2$
沸点/℃	153	165	189	248	132(51%水溶液)	86(100%) 120(67%)	
熔点/℃	-55		18.2	36(100%) 22.8(87%)		-40(100%) -28(67%)	

续表

性能	DMF	DMAc	DMSO	EC	NaSCN	HNO_3	$ZnCl_2$
溶剂浓度/%	100	100	100	100	51~58	63~73	60
分子式结构	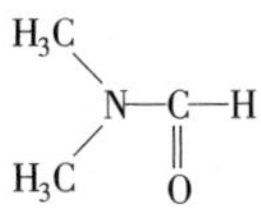	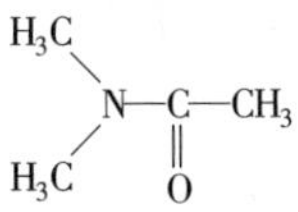	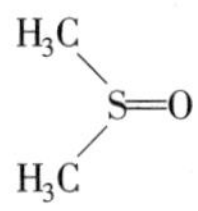	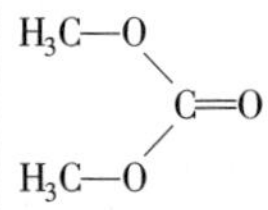	NaSCN	HNO_3	$ZnCl_2$
原液稳定性	好	好	好	较差	好	差	差
毒　性	大	较大	小	小	无蒸气污染	蒸气刺激皮肤	无蒸气污染
爆炸性	较大	较大	不大	无	无	较大	不大
腐蚀性	一般	一般	小	一般	强	强	强

(1) 溶解能力。各溶剂对聚丙烯腈的溶解能力不相同，依次为：

$$DMF>DMAc>EC>硫氰酸钠>HNO_3>ZnCl_2$$

根据上述排序，有机溶剂溶解能力大于无机溶剂，因此以有机溶剂作为溶剂的工艺，纺丝原液的浓度较高。

(2) 溶剂回收。有机溶剂可通过蒸馏方法回收，方法比较简单，设备也简单，并且可去除大部分杂质，但有机溶剂对聚合含水率要求高，且易挥发易爆炸。无机溶剂需要提纯去除杂质，工艺相对复杂。

(3) 设备要求。有机溶剂如 DMF 与 DMAc 对金属腐蚀性较弱，使用一般的不锈钢即可，而无机溶剂如硫氰酸钠对金属腐蚀性较强，设备必须采用含钼不锈钢材料。

(4) 原液稳定。有机溶剂制备的原液稳定性差，存放时间较短，无机溶剂如硫氰酸钠制备的原液存放时间较长，稳定性相对较好。

1.4　腈纶新品种

腈纶是合成纤维的三大品种之一，具有很多优良性能，在服装、服饰上均占有重要地位，在产业领域上的应用也日趋广泛。但腈纶也存在着明显的缺点，如阻燃性差、易起毛起球、吸湿性低、易起静电等，为了满足人们生活水平日益提高的要求，需要对它进行改性加工，即开发腈纶新品种。

1.4.1　腈纶新品种研制与开发途径

从纤维和织物改性的角度，腈纶新品种研制与开发的途径，可以归纳为化学改性、物理改性和整理改性。

1.4.1.1　化学改性

化学改性是通过改变聚合物或纤维的化学结构，提高腈纶的性能或赋予其新的功能，主要有以下两种方法：

1. 共聚改性

共聚是腈纶化学改性的主要方法。实际上，常规腈纶就是由丙烯腈与第二单体或第三单体的共聚物制成的。腈纶的一些重要性能，如染色性、吸湿性、抗静电性和阻燃性等都可以通过共聚的方法得到改善。与化学改性的其他方法相比，共聚改性简单易行，而且可以同时改善纤维的多种性能，因此在研制腈纶新品种中得到了广泛的应用。

按在大分子链中共聚单体的排列情况不同，丙烯腈的共聚物大致可以分为无规共聚物、嵌段共聚物、交替共聚物和接枝共聚物四种类型。由于交替共聚物只有当共聚单体的极性相差很大时才会形成，因此实际生产中主要采用以下三种方法进行改性。

(1) 无规共聚。对聚丙烯腈进行共聚改性制得的共聚物大多是无规共聚物。制备无规共聚物，一般是将共聚单体在聚合反应的适当时候加入反应体系中，具体可以按不同的方法进行。

(2) 嵌段共聚。一般分预聚合反应和链增长反应两个阶段。预聚合反应是先制备带有官能团的聚合物(A 嵌段)，该官能团一端具有能与其他种类的单体或聚合物一端的基团反应的作用。在链增长反应中，既可以使 A 嵌段与另一单体 B 一起在一定条件下进行反应，使 B 与 A 嵌段的链端连接起来形成嵌段共聚物，也可以使 A 嵌段与另一种低相对分子质量的聚合物(B 嵌段)缩合而形成嵌段共聚物。

(3) 接枝共聚。该法可以在聚合、纺丝和后处理等腈纶生产过程中进行，也可以在织物整理过程中实施。这类共聚物有两种，第一类以聚丙烯腈为骨架，以另一种单体的聚合物为支链；第二类以其他聚合物为骨架，以聚丙烯腈为支链。

2. 大分子上官能团化学反应改性

利用腈纶大分子上的反应性基团，或通过共聚在聚丙烯腈中引入反应性基团，可使大分子按分子设计进一步进行化学反应，从而制备具有新的性能或官能团的纤维，这是腈纶化学改性的另一个重要方法。

(1) 氰基的化学反应。腈纶大分子的侧基——氰基，极性大、化学反应活泼，在一定的条件下可以进行多种化学反应，其中最重要的是环化反应和水解反应两类。

(2) 共聚单体的化学反应。根据共聚单体所带有的基团的反应性，可以进行不同的化学反应，以制成各种改性纤维。

1.4.1.2 物理改性

物理改性是通过改变聚合物或纤维的物理形态结构，提高腈纶的性能或赋予其新的功能，主要有以下三种方法，这些方法与化学改性相比，更加经济灵活，因此历来受到纤维工作者的重视，并且已成为研究与开发腈纶新品种的常用方法。

1. 相对分子质量改性

聚合物的相对分子质量和相对分子质量分布对纤维生产过程和成品纤维的性能有很大的影响。因此通过改变聚丙烯腈的相对分子质量而改变纤维的性能，是研制腈纶新品种的主要方法之一。这方面的研究和开发工作十分活跃，并且已有一些通过相对分子质量改性制备的腈纶新品种投放市场。

(1) 提高相对分子质量制备高强高模腈纶，采用相对分子质量较高的聚丙烯腈纺丝，可有效地提高腈纶的强度。

(2) 降低相对分子质量制备抗起球腈纶，通过将聚丙烯腈的相对分子质量降至 4 万 ~ 5 万，并适当加宽相对分子质量分布，可以制得抗起球腈纶。

2. 聚合物共混改性

通过两种或两种以上不同组分、性质的聚丙烯腈或将聚丙烯腈与其他聚合物共混，形成均匀或不均匀的纺丝溶液，然后以传统的单组分纺丝方法制备腈纶。聚丙烯腈共混体系不会如聚酯和聚酰胺那样在受热时重新平衡，所以比较适合共混改性。这种纤维兼有共混组分聚合物的性能，可广泛地改善腈纶的吸湿性、吸水性、抗静电性、阻燃性、收缩性和抗菌性等，是制备离子交换腈纶和聚丙烯腈中空纤维膜等腈纶新品种的主要方法之一。

制备共混纺丝溶液的具体方法，通常有以下几种：

(1) 聚合物直接混合。将两种不同组分、性质的聚丙烯腈或将聚丙烯腈与另一种聚合物在共同的溶剂中混合，制成纺丝溶液，然后进行湿法纺丝或干法纺丝。

(2) 聚合物/单体混合。先将一种聚合物溶解，并与第二种聚合物的单体混合，再使该单体聚合，制成纺丝溶液，进行湿法或干法纺丝。

(3) 添加剂共混改性。在纤维中引入一些具有特殊性质的无机物或低分子有机物，以改善腈纶的性能或赋予其新的功能。这种纤维实际上是聚丙烯腈-添加剂复合体，因此与聚合物共混体的含义是不同的。这种改性方法一般不改变纺丝方法和成形条件，具有工艺简单和经济灵活等优点，在腈纶新品种开发中具有较重要的地位。

根据腈纶改性的不同要求，添加剂的种类很多，其中使用较多的有增白剂、着色剂、抗静电剂、阻燃剂、致孔剂、抗菌剂、抗紫外线剂、导电微粒和具有远红外辐射特征的陶瓷微粒等。

3. 加工改性

通过改变纺丝和后处理的方法、方式和工艺条件，或在特殊的纺丝和后处理设备上加工，改变纤维的外观、感性、形态结构和超分子结构，从而改善腈纶的性能或赋予其新的功能。

加工改性有复合纺丝、异形喷丝孔纺丝、冻胶纺丝、熔融纺丝、增加拉伸工序和改变后处理工艺条件等方法。

1.4.1.3 整理改性

整理改性是通过纤维或织物与各种整理剂之间的物理、化学作用，改善腈纶的性能或赋予其新的功能，主要有以下四种方法：

(1) 阻燃整理。在纤维的后处理或织物的整理加工中，通过吸附沉积、化学键合、非极性范德华力结合及黏合等作用，使阻燃剂固着在纤维或织物上而获得阻燃效果。

(2) 抗菌消臭整理。即用抗菌剂对纤维或织物进行处理，赋予其抗菌消臭功能。

(3) 抗静电和导电整理。即对纤维或织物进行处理，使其表面涂覆上一层抗静电剂或导电性物质，从而具有抗静电和导电性能。

(4) 抗起球整理。用 DMF、丙烯酸乳胶和有机硅等对纤维或织物进行表面处理，使纤维起皱或形成裂隙而有利于毛球脱落，或使纤维不易从织物中滑出，从而提高腈纶织物的抗起球性能。

1.4.2 腈纶主要新产品及性能

目前腈纶新品种达一百多种，有关其制造技术的专利和文献也非常多。下面介绍在商业上有重要地位的腈纶主要新产品。

(1) 复合腈纶。复合腈纶是仿造羊毛而发展起来的一种新品种，它是由两种收缩性质不同的原液(第二、第三单体的种类或含量不同，或两组分的含量或相对分子质量不同)复合而成，是一种永久性立体卷曲型的腈纶。依据纤维截面结构不同，复合纤维可分为并列型、皮芯型等多种。

由复合腈纶制成的毛线，外观更似羊毛，手感弹性好，并更具丰满感。这是由于复合腈纶具有三维卷曲的缘故。复合腈纶制成的毛衣“三口”更不易变形。

(2) 抗静电腈纶。普通腈纶在后加工时因摩擦产生静电，使集束困难并缠绕在机件上；成品易受沾污和吸尘；穿着时因静电现象使人体有不舒服的感觉；局部可引起皮肤炎症；衣裙容易缠绕；在低湿度下，因静电关系而引起火灾。

制造抗静电腈纶的方法有：

① 亲水性化合物通过共聚引入聚合体中，制成高吸湿纤维；

② 聚丙烯腈大分子中的氰基部分水解成羧基；

③ 在纺丝原液中混入少量炭黑或金属氧化物等导电性物质，或在纤维后处理时使纤维表面涂覆金属物质；

④ 纤维的后加工中，纤维经抗静电剂溶液处理后，能在纤维表面涂覆上一层抗静电剂，使纤维具有暂时性的抗静电性能。

抗静电腈纶可用于学生服装，抗静电工作服，无尘工作服，无绒毛、无菌工作服，炼油及石化部门用的防爆型特殊工作服，以及地毯、被单、复印带等。

(3) 高吸湿吸水腈纶。腈纶的吸湿、抗静电及抗污染性之间有一定的内在联系，解决其一即可改善其二。改善腈纶的吸湿、吸水性的方法主要有：

① 聚合体大分子含亲水基团；

② 与亲水化合物接枝或共聚；

③ 与亲水性聚合体进行共混纺丝；

④ 与亲水性聚合体进行复合纺丝；

⑤ 使纤维表面含有亲水层；

⑥ 使纤维截面粗糙和异形化；

⑦ 使芯层呈泡沫微孔状，并有微导管通向皮层；

⑧ 使纤维超细化。

高吸湿腈纶改变了普通腈纶不适合制作春秋服装的状况，可制作四季服装、内衣、运动衫、儿童服装、睡衣、毛巾、浴巾、尿布和床上用品等。

(4) 阻燃腈纶。阻燃腈纶在火焰中仅阴燃，本身不发生火焰，离开火源，阴燃自行熄火且不产生熔融液滴。阻燃腈纶因阻燃、柔软蓬松、色泽鲜艳、耐气候性能良好，适宜制作儿童、老人和残疾者服装、高层建筑的窗帘、地毯、床上用品、交通旅游业中的装饰织物、玩具和假发等。

为增加腈纶的阻燃性，通常采用以下方法：

① 应用含氯、溴或磷化合物等阻燃性单体，如氯乙烯、偏二氯乙烯、溴乙烯以及带乙烯基的磷酸酯作第二单体，通过与丙烯腈共聚制得阻燃腈纶。

② 将聚氯乙烯、聚偏二氯乙烯等阻燃性高聚物或阻燃添加剂与聚丙烯腈原液共混纺丝。

③ 纤维在后处理时用阻燃剂作表面整理。但此法所得纤维的阻燃性不长久，经多次洗涤后就会失去阻燃性。

④ 将聚丙烯腈纤维在空气中进行 200～300℃ 的高温氧化。这类纤维既可作为碳纤维的中间体，又是极好的阻燃纤维。制得阻燃纤维 LOI 最高可达到 40%以上。

(5) 抗起球腈纶。普通腈纶制品在经常受摩擦的部位容易起球，影响制品的美观性，而适当地降低纤维的断裂强度、勾强、延伸度和勾伸，有利纤维的抗起球。

为降低腈纶的起球性，通常采用提高聚合物中的丙烯腈(92%以上)含量，降低第二单体的含量、降低聚丙烯腈的重均相对分子质量，并适当加宽相对分子质量分布、改变纤维的截面形状、增加纤维热处理时的张力，降低纤维的勾结强度和将纤维或其织物进行表面处理等方法。

抗起球腈纶除具有普通腈纶的一般特性外，还具有蓬松而不起球、柔软而滑爽的手感，纯纺或与羊毛混纺都具有抗起球的效应。适于制儿童和妇女服装、毛衣、围巾、毛毯和地毯等。

（6）高收缩腈纶。高收缩腈纶的收缩率为普通腈纶的5~10倍，是生产腈纶膨体纱的主要原料之一。

制造高收缩腈纶通常采用在腈纶玻璃化温度以上的温度下多次热拉伸、增加第二单体的含量、采用热塑性的第二单体与丙烯腈共聚等方法。

与普通腈纶相比，高收缩腈纶的伸长和卷曲度稍低，遇湿热会发生收缩。它与普通腈纶混纺制成的人造毛毯更加逼真。纯纺可作滚球毛毯和室内装饰物，具有柔软、织物厚实、丰满、保暖性好等特点，还可产生奇异的光泽效果。

（7）细旦腈纶。线密度为0.44~1.33dtex的纤维称为细旦纤维，而在0.44dtex以下，称为超细纤维。细旦纤维手感柔软，强度高，光泽柔和，吸湿性比普通腈纶高一倍，织物覆盖能力强，穿着舒适。

细旦纤维和超细纤维的制法有：采用稀薄的纺丝原液成形、喷射纺丝法、离心纺丝法、超倍拉伸法等方法。

细旦纤维可制成各种新颖的仿真丝绸，如乔其纱、香云纱、印度绸、织锦缎等，既轻薄又柔软，悬垂性也较好，不需熨烫，经久耐用，富有羽毛般手感。细特短纤可用作高级毛毯、床单、枕套等。腈纶细纤丝或超细丝还常被用于人造麂皮和静电植绒。

（8）异形截面腈纶。不同的截面能赋予纤维不同的特性。三角形或多角形截面纤维可具有钻石般的光泽，硬挺度较好，摩擦系数大，适于制作硬挺、色彩鲜明的春夏服装。三叶形和多叶形截面纤维抱合力好，耐磨和耐多次变形性优良，手感厚实，蓬松，而且不易起球倒伏，适于制作毛毯、针织品和毛绒织物。菊花形截面和表面凹凸明显的腈纶具有麻形手感，可制作西装和羊毛衫。仿马海毛的豆形截面腈纶具有强烈的闪光效果，可制高级毛绒和混纺织物。粗线密度和扁平截面纤维，平滑挺直且不易缠结，作为人造毛皮中的皮毛，更为形象逼真。

（9）离子交换腈纶。离子交换腈纶是一种很有发展前途的工业用功能性纤维。用纤维代替树脂作离子交换材料，具有机械强度高，在交换、再生和冲洗过程中不易流失等优点，又因纤维较细，表面积大，故具有较快的交换速度和较高的交换容量。

离子交换腈纶可通过普通腈纶水解、共混合选用含有离子交换基团的化合物作共聚单体等方法制得。

（10）腈氯纶。腈氯纶为一种改性腈纶，其丙烯腈含量为40%~60%，相应氯乙烯或偏二氯乙烯含量则为60%~40%。这种含多量第二单体的丙烯腈共聚物，通常以丙酮或乙腈为溶剂配制成纺丝原液，经湿法或干法纺丝而制成纤维。

腈氯纶的性能介于聚丙烯腈与聚氯乙烯之间，具有质轻、保暖、耐气候、耐化学药品性好的特点，并有一定防火阻燃性。

腈氯纶适于制作人造毛皮和绒毛织物。如绒毯、床上用品、大衣衬里、领子、防寒衣、拖鞋等。由于腈氯纶具有阻燃性，可作为窗帘、椅子罩面、儿童睡衣，以及飞机、轮船、火车、旅馆等的阻燃用品。腈氯纶树脂还可用于制造电池隔板。

(11) 着色腈纶。着色腈纶的生产有两种方法，即纺前原液着色或凝胶态湿丝束染色。原液着色一般用颜料，在纺前按一定比例经注射器注入纺丝原液，均匀混合后纺成着色纤维。凝胶染色一般用液体染料，对处于凝胶态的腈纶湿丝束进行染色时，由于纤维结构疏松并存在大量微孔，比表面积大，故可在50～60℃的较低温度下染色，不需加助剂，染色速度快，可得牢度很好的中、深色泽。

着色腈纶可直接用于色织、彩格和提花。由于着色腈纶耐光、耐气候性和色牢度好，故大量用于室外纺织品，如帐篷、遮阳伞和旗帜等。

(12) 酸性染料可染腈纶。腈纶是阳离子染料可染型纤维，若用碱性单体作为第三单体，如乙烯基吡啶、叔胺和季铵盐，纤维可用酸性染料染色。用少量酸性染料可染腈纶与普通腈纶混纺后，赋予织物条纹或其他花纹组织；将酸性染料可染纤维与碱性染料可染纤维混合，能产生一种混色效应，无论制成织物或者毛线都较别致，可制作运动衫及各种针织物。

(13) 抗菌防臭腈纶。合成纤维由于吸湿性差，制成的内衣和袜子不易吸汗。附有污水的皮肤，其温湿度适宜于微生物的繁殖，并产生恶臭，同时使织物发脆并使人患有皮疹、脚癣等。如在纤维中混入抗菌剂，可使纤维具有抗菌和防臭作用。

抗菌剂必须具有抗菌性强、防臭性好、对人体安全、能保持产品原有的特性等性能。用作抗菌剂的有季铵盐、二苯酯、芳香族卤素化合物、有机硅化物、硫化铜等。可把上述化合物引入共聚物分子或加入纺前原液中，也可在制成纤维或织物后进行处理。

抗菌防臭纤维主要用于地毯、窗帘、卫生间用品、毛毯及床上用品、睡衣、袜子、汗衫、运动服装等。

(14) 增强纤维(石棉替代物)。用作石棉替代纤维的聚丙烯腈比通常用作纺织纤维的聚丙烯腈有较高的相对分子质量，其范围为10万～50万。这些较高的相对分子质量加上纺织中较高的拉伸比，导致该纤维的强度和模量比纺织用腈纶高。

(15) 碳纤维原丝。碳纤维原丝主要是PAN纤维，原丝用的高质量聚合物为丙烯腈和少量共聚单体(羧基酸或溴乙烯)的共聚物，所有常规腈纶生产用的纺丝方法——干法纺丝、湿法纺丝和干喷-湿纺均可用来制备碳纤维原丝。除了用高相对分子质量聚丙烯腈，原丝的加工利用高取向拉伸获得最大的强度和模量。

第 2 章 工艺原理及流程

2.1 主要化工料

腈纶是聚丙烯腈纤维的商品名称，腈纶是指由 85%以上的丙烯腈和 15%以下的其他单体共聚制得的纤维，若纤维中丙烯腈单体的含量为 35%~85%，则称为改性腈纶。由于聚丙烯腈均聚物分子倾向于紧密堆砌，横向高度有序，不存在有规则的三维空间结晶。这种结构使染料分子很难进入，给染色带来相当大的困难，此外还使纤维刚性增加，质地发脆，手感太硬，纤维成形时不能进行高倍拉伸。为了克服这些缺点，在聚丙烯腈聚合物制备中，均加入第二单体或同时加入第三单体，破坏大分子的规整性，使聚丙烯腈结构发生一定程度的无序化，降低大分子间的敛集密度，改善手感及染色性能，还可以通过添加新的偏二氯乙烯单体参与聚合反应来提高腈纶产品的阻燃性能。

腈纶生产所用的主要化工料有：①第一单体为丙烯腈。②第二单体为丙烯酸甲酯(MA)、甲基丙烯酸甲酯(MMA)、乙酸乙烯酯(VAc)、偏二氯乙烯(VDC)等。依据腈纶生产所选用的工艺路线不同，所使用的第二单体原料也有所差异，加入量一般为总量的 5%~10%。③为改善腈纶的性能，根据产品性能的要求，在生产过程中，需要加入甲基丙烯磺酸钠(MAS)、衣康酸(ITA)、丙烯磺酸钠(SAS)、苯乙烯磺酸钠(SSS)等，统称为第三单体，加入量为原料总量的 0.5%~3%。④在聚合反应生产聚丙烯腈时，视各工艺路线的要求，需要加入一定数量的引发剂、链转移剂、浅色剂、阻聚剂等化工料。

本教材主要涉及硫氰酸钠一步法、硫氰酸钠二步法湿法和二甲基乙酰胺(DMAc)干法这三种产量最大和最有代表性的工艺路线。

2.1.1 第一单体(丙烯腈)

(1) 名称：

化学名：丙烯腈，乙烯基氰化物

分子式：C_3H_3N；结构式： $CH_2=CH-CN$

(2) 丙烯腈的合成：

丙烯氨氧化法 这种方法是 1959 年美国索亥俄公司首先研究成功的，并于 1960 年投入工业化生产。它是以丙烯、氨和氧(空气)为原料，以磷钼酸盐为引发剂，在 440~450℃常压下于流化床中发生气固相催化反应，接触 4.5~5.5s 即可合成丙烯腈。其主反应式为：

$$CH_2=CH-CH_3+NH_3+3/2O_2 \longrightarrow CH_2=CH-CN+3H_2O+516.2kJ/mol$$

伴随这一反应，还有许多副反应，生成氢氰酸、乙腈、丙烯醛、一氧化碳和水等。为了满足聚合的需求，需通过精制除掉各种副产物得到高纯度丙烯腈。

(3) 丙烯腈的性质：

相对分子质量	53.06	相对密度	0.8060(20℃，水的相对密度为 1)
外观	无色液体	闪点	0℃(密闭杯中)
气味	甜，刺激性	爆炸极限	3%~17%(空气中体积分数)
沸点	78.5℃	水中溶解度	7.3%(20℃，质量分数)

丙烯腈分子中含有一个与氰基键共轭的碳碳双键，因此它的化学性质很活泼，易发生聚合、加成和水解等反应。为了防止丙烯腈在光、热作用下自行聚合，可在产品中加入少量的阻聚剂，如对甲氧基苯酚(MEHQ)、氨、对苯二酚(HQ)等。

(4) 爆炸和燃烧：

① 丙烯腈的闪点为0℃，液态下极易燃烧。

② 丙烯腈蒸气比空气重，当与空气混合体积比为3%~17%时，会发生爆炸。

③ 丙烯腈具有易自聚的特性。即使在常温下，若在如氧气之类的氧化物作用下或受光照时，丙烯腈会迅速、剧烈地聚合并放出热量。

(5) 对人体毒性：

① 当人体吸入丙烯腈气体，丙烯腈气体接触人体皮肤或黏膜，或误服丙烯腈液体时，人体会中毒。大量或长时间接触其水溶液或气体对人体是危险的。

② 丙烯腈中毒的症状形似神经、呼吸系统、消化系统以及皮肤和黏膜等疾病的症状。

③ 急性中毒。若接触高浓度的丙烯腈气体，症状有气喘、轻微头痛、头重、恶心、打喷嚏、呕吐。若接触更多的丙烯腈，则会产生晕厥，停止呼吸，最终导致死亡。

④ 丙烯腈会通过完好的皮肤或黏膜渗透入人体内。若进入了大量的丙烯腈，则会出现与直接吸入丙烯腈相似的症状。

(6) 处理丙烯腈的注意事项：

① 遵守消防法规和有关危险品处理的法规。

② 避免使用易产生火花的工具和照明灯具(应使用无火花的工具)。

③ 在处理丙烯腈时，应使用适当的防护器具(防护眼镜、防毒面具、安全帽、橡胶鞋、围裙和橡胶手套等)。

④ 槽类须预先进行彻底清洗和通风，经分析确定槽中的丙烯腈浓度和 O_2 浓度合格后，人才可以进入槽内。

⑤ 采取抗静电措施。

⑥ 若丙烯腈碰到皮肤，应立即用水冲洗；若衣服碰到丙烯腈，则应更换所有的衣服(包括内衣)。若丙烯腈进入眼睛，应立即用水冲洗15min以上，然后用稀硼酸清洗，并送医院治疗。

⑦ 禁止烟火，应张贴如“禁火”之类醒目的标志。

(7) 消防：

干粉、CO_2 灭火器或卤化碳氢化合物灭火器适用于小火。带有特殊喷水枪的固定消防设施适用于槽、桶、仓库和装置的灭火。重大火灾的最有效灭火方法是采用抗醇泡沫。

2.1.2 第二单体

1. 丙烯酸甲酯

(1) 名称：

化学名：丙烯酸甲酯

分子式：$C_4H_6O_2$；结构式：$CH_2{=\!=}CHCOOCH_3$

(2) 丙烯酸甲酯的性质：

相对分子质量	86.09	沸点	80.3℃(101.3kPa)
外观	纯净时为无色液体	气味	刺激性，大蒜臭味
爆炸极限	2.8%~25%(体积分数)	相对密度(d_{24}^{25})	0.952
水中溶解度	5.48g/100g 水(20℃)		

(3) 爆炸和燃烧：

① 丙烯酸甲酯的闪点是-3℃(密闭杯中)，因此必须十分小心防火。

② 丙烯酸甲酯气体比空气重，当与空气以2.8%～25.0%体积比混合时会发生爆炸。

③ 丙烯酸甲酯具有易于聚合的特性，当发生剧烈聚合时会有爆炸危险，此时温度迅速升高，其气体压力也随之升高。

(4) 对人体毒性：

① 若丙烯酸甲酯进入人眼，应立即用流动的水清洗15min以上，然后请医生治疗，勿擦揉眼睛。

② 若吸入高浓度的丙烯酸甲酯气体，会造成中毒。当发生眼球结膜充血或流鼻涕等症状时，应先将人体移至安全的地方，必要时再请医生治疗。

③ 致死量(LD_{50})：300mg/kg(老鼠口服)。

(5) 操作注意事项：

不含阻聚剂的纯丙烯酸甲酯在室温下可迅速聚合，放出大量聚合热形成一种多孔不溶性"端基"聚合物。丙烯酸甲酯一般需在5℃下保存，出厂时需添加阻聚剂，如对甲氧基苯酚、氨、对苯二酚等。

① 遵守消防法规和有关处理危险品的法规。

② 禁止烟火。应使用无火花的工具，张贴"禁火"之类的醒目标志。

③ 在操作丙烯酸甲酯时，应使用合适的防护器具(防护眼镜、防毒面具、安全帽、橡胶鞋、橡胶围裙和手套)。

④ 槽类应预先进行彻底清洗和通风，待分析槽内的丙烯酸甲酯浓度和O_2浓度合格后，人才可进入槽内。

⑤ 采取抗静电措施。

⑥ 若丙烯酸甲酯接触人的皮肤，应立即用流水冲洗。若丙烯酸甲酯接触到衣服，则更换所有的衣服，包括内衣。

⑦ 十分小心，避免使丙烯酸甲酯与酸和过氧化物接触。

⑧ 储槽内丙烯酸甲酯的温度应保持低于25℃，丙烯酸甲酯应进行循环。

(6) 消防：

干粉、CO_2灭火器或卤化碳氢化合物灭火器适用于小火灾。大火灾最有效的灭火方式是采用抗醇泡沫。

2. 乙酸乙烯酯(VAc)

(1) 名称：

化学名：乙酸乙烯酯

别名：乙酸乙烯，醋酸乙烯

化学结构式：$CH_3COOCH{=}CH_2$

(2) 乙酸乙烯酯的性质：

相对密度	0.93	自燃点	426.7℃
外观	无色液体	爆炸极限	2.6%～13.5%
气味	强烈气味	溶解性	不溶于水

(3) 爆炸和燃烧：

其蒸气与空气形成爆炸性混合物，遇明火、高温能引起燃烧爆炸。其蒸气比空气重，能向较低处扩散至远处，遇明火会引着回燃。

（4）对人体毒性：

本品对皮肤和黏膜有刺激性，经呼吸道和消化道吸收对神经有影响。具体表现为刺激皮肤、眼睛而引起红肿、疼痛，吸入引起咳嗽、呼吸急促，经口吸入出现咽喉痛、腹痛、呕吐。长时间接触可引起麻醉作用。皮肤接触者，立即脱去污染的衣物，用肥皂水及清水彻底冲洗。眼睛接触者，立即翻开上下眼睑，用流动清水冲洗，吸入者应迅速脱离污染环境至空气新鲜处。呼吸困难时应输氧，误服者应（或宜）饮足量温水、催吐。

（5）操作注意事项：

① 防护措施：密闭操作，注意通风。空气中浓度超标时，戴面具式呼吸器，工作现场严禁烟火，工作后淋浴更服，特别注意眼睛、呼吸道的防护。

② 泄漏处置：切断火源；戴自给式呼吸器，穿化学防护服，不要直接接触泄漏物，在确保安全前提下堵漏；喷水雾以减少蒸发。如大量泄漏，利用围堤收容，然后收集、转移回收或无害处理后废弃。

③储运要求：储于通风、阴凉的仓间内，远离火种、热源。包装要求密封，不可与空气接触，不宜大量或久存，储存间内照明、通风设施要防火防爆，禁止使用易产生火花的工具。

④ 灭火方法：使用泡沫、二氧化钛、干粉、1211、沙土灭火。

3. 偏二氯乙烯（VDC）

（1）名称：

化学名：1,1-二氯乙烯、偏二氯乙烯

化学式：$C_2H_2Cl_2$

（2）偏二氯乙烯的性质：

相对密度	1.21	引燃温度	570.0℃
外观	无色液体	爆炸极限	5.6%~16%
气味	有不愉快气味	溶解性	不溶于水

（3）爆炸和燃烧。不易燃，其蒸气与空气可形成爆炸性混合物，遇明火、高热能引起燃烧爆炸。受高热分解产生有毒的腐蚀性烟气。与氧化剂接触猛烈反应。其蒸气比空气重，沿地面扩散并易积存于低洼处，遇火源会着火回燃。

（4）对人体的毒性。对中枢神经系统有抑制作用，主要为麻醉作用，并有眼及上呼吸道刺激症状。急性毒性：对眼有中度刺激性，接触后出现疼痛、结膜刺激感和短暂的角膜损害。皮肤接触高浓度本品，可出现灼伤样反应。慢性影响：长期接触，有黏膜刺激症状、头晕、失眠、接触性皮炎和肝功能损害。

（5）操作注意事项：

① 防护措施：远离热源、火花、明火、热表面；禁止吸烟；保持容器密闭；容器和接收设备接地、等势连接；使用防爆的电气、通风照明、电机设备；只能使用不产生火花的工具；采取防止静电放电的措施；戴防护手套、穿防护服、戴防护眼罩、戴防护面具；避免吸入烟、气体、烟雾、蒸气、喷雾；只能在室外或通风良好之处使用。

② 泄漏处置：消除所有点火源；根据液体流动和蒸气扩散的影响区域划定警戒区，无关人员从侧风、上风向撤离至安全区；建议应急处理人员戴正压自给式呼吸器，穿防毒、防静电服，戴橡胶耐油手套；作业时使用的所有设备应接地；禁止接触或跨越泄漏物；尽可能切断泄漏源；防止泄漏物进入水体、下水道、地下室或限制性空间。

③ 储运要求：储存于阴凉、通风的易燃气体专用库房；远离火种、热源；库温不宜超过 37℃；包装要求密封、不可与空气接触；不宜久存，以免变质；采用防爆型照明、通风设施；禁止使用易产生火花的机械设备和工具；储区应备有泄漏应急处理设备和合适的收容材料；应与氧化剂、酸类、碱类分开存放，切忌混储。

④ 灭火方法：使用泡沫、干粉、二氧化碳、沙土灭火。

2.1.3 第三单体

1. 甲基丙烯磺酸钠

(1) 名称：

化学名：甲基丙烯磺酸钠

化学式：$CH_2C(CH_3)CH_2SO_3Na$

(2) 特性：

相对分子质量	158	溶解性	易溶于水，可溶于热的醇类
外观	白色，薄片状晶体	熔点	260℃时分解

(3) 爆炸和燃烧：

无自爆和自燃危险。

(4) 对人体毒性：

尚无关于对人体毒性的报道。

(5) 操作注意事项：

甲基丙烯磺酸钠晶体易潮湿，储存时应防潮。

2. 苯乙烯磺酸钠

(1) 名称：

化学名：苯乙烯磺酸钠

分子式：$C_8H_7SO_3Na$

结构式：

(2) 特性：

相对分子质量	206.186
外观	白色至微黄色湿(结晶)

(3) 操作注意事项：

由于 SSS 是白色粉末，能刺激眼和肺，在使用时应注意：

① SSS 调配槽装料口处安装有粉尘淋洗器，防止操作人员呼吸到 SSS 粉尘。

② SSS 试剂储槽的循环管线上装有一个以冷冻水为介质的冷却器，保证储槽内温度维持在 20~25℃。

③ 其他则按通常处理工业化学品的安全措施操作即可。

2.1.4 其他化工料

1. 氯酸钠($NaClO_3$)

(1) 名称：

化学名：氯酸钠

（2）特性：

相对分子质量	106.45	相对密度	2.49（15℃/4℃，空气中）
外观	白色粉末	分解温度	450~500℃时剧烈分解

（3）爆炸和燃烧：

当氯酸钠与金属粉末、碳、硫氰酸盐、硫代硫酸盐、铵化合物、有机化合物等接触后会变得非常活泼，受热、敲击或摩擦会发生爆炸、燃烧。氯酸钠接触强酸后会爆炸性分解，放出 ClO_2、Cl_2和 O_2。

（4）操作注意事项：

① 防护措施：远离火种、热源和易燃、可燃物；避免与还原剂、醇类接触。建议操作人员佩戴自吸过滤式防尘口罩，戴化学安全防护眼镜，穿聚乙烯防毒服，戴橡胶手套。搬运时要轻装轻卸，禁止震动、撞击和摩擦。

② 泄漏处置：隔离泄漏污染区，限制出入；应急处理人员戴防尘口罩，穿防毒服；勿使泄漏物与可燃物质（如木材、纸、油等）接触；尽可能切断泄漏源；勿使水进入包装容器内。小量泄漏：用干净的铲子收集泄漏物，置于干净、干燥、盖子较松的容器中，将容器移离泄漏区。大量泄漏：泄漏物回收后，用水冲洗泄漏区。

③ 储运要求：储存于阴凉、干燥、通风良好的专用库房内，库温不超过 30℃，相对湿度不超过 80%；远离火种、热源；包装密封；应与易（可）燃物、还原剂、醇类等分开存放，切忌混储；储区应备有合适的材料收容泄漏物。

④ 灭火方法：用大量水扑救，同时用干粉灭火剂闷熄。

2. 焦亚硫酸钠（$Na_2S_2O_5$）

（1）名称：

化学名：焦亚硫酸钠

（2）特性：

相对分子质量	190.11	相对密度	1.48
外观	白色晶状粉末	熔点	150℃时分解

（3）爆炸和燃烧：

① 无自爆炸和自燃危险。

② 焦亚硫酸钠与氧化剂接触后剧烈反应并放出热量。

③ 储存时应远离氧化剂。

（4）操作注意事项：

若焦亚硫酸钠进入眼睛，可能会引起充血和发炎。此时，应立即用流动水清洗，必要时再请医生治疗。因此，在操作焦亚硫酸钠时，应使用合适的防护器具（防护眼镜、防护面罩、橡胶手套和橡胶围裙）。

3. β-巯基乙醇［$HSCH_2CH_2OH$（C_2H_6OS）］

（1）名称：

化学名：β-巯基乙醇

别名：巯基乙醇，乙硫醇，乙基硫醇，巯乙基醇，羟乙基硫醇

（2）特性：

相对分子质量	78.13	沸点	157~158℃（101.3kPa）
外观	纯净时为无色液体	气味	讨厌的臭味
相对密度（d_4^{20}）	1.114	溶解性	溶于水、醇和其他液体

（3）爆炸和燃烧：

β-巯基乙醇属于危险品，易燃烧。

（4）对人体的毒性：

致死量（LD_{50}）：300mg/kg（老鼠口服）。

（5）操作注意事项：

① 若β-巯基乙醇进入人眼，可能会引起充血。此时，应立即用流动水冲洗15min以上，然后请医生治疗。

② 若β-巯基乙醇碰到皮肤，应立即用肥皂和流动水冲洗。

③ 在操作β-巯基乙醇时，应使用合适的防护器具（防护眼镜、防护面具、橡胶手套）。

④ 禁止烟火，应使用无火花工具。在醒目处张贴“禁火”标志。

⑤ 若β-巯基乙醇溢溅到地面上，量很小时，应用布吸干，然后将布送焚烧炉焚烧；量很大时，应撒上次氯酸钠（NaClO）粉末，等待一会儿，然后冲洗干净。

（6）消防：

适用干粉灭火器或抗醇泡沫灭火器。

4. 氯化亚铁（$FeCl_2 \cdot 4H_2O$）

（1）名称：

化学名：氯化亚铁

别名：氯化铁，低氯化铁

（2）特性：

相对分子质量	198.83	溶解性	溶于碱性水和醇
外观	浅黄绿色晶体或晶体粉末		

（3）爆炸和燃烧：

无自爆炸和自燃危险。

（4）对人体毒性：

① 致死量（LD_{50}）：984mg/kg（老鼠口服）。

② 若氯化亚铁进入人眼，应用流水冲洗。

③ 若氯化亚铁接触皮肤，应用水或肥皂冲洗。

（5）操作注意事项：

① 氯化亚铁晶体易潮解，储放时要小心。

② 氯化亚铁晶体接触空气后会被氧化。

5. 氢氧化钠（NaOH）

（1）名称：

化学名：氢氧化钠

别名：苛性钠，烧碱

（2）特性：

相对分子质量	40
外观	无色、无味液体
相对密度	1.48（15℃时）

（3）爆炸和燃烧：

氢氧化钠无爆炸和燃烧性质，但要小心稀释时发热。

（4）对人体毒性：

① 碱会分解蛋白质，因此若粘在皮肤上的碱没有彻底洗净，碱可能会逐渐渗入器官。若氢氧化钠进入人眼，可能会引起失明。

② 即使低浓度的氢氧化钠也会像炽伤一样使人致伤，受到损伤的蛋白质炽烧、红肿。

③ 即使低浓度的氢氧化钠也会损伤皮肤表面的器官。若皮肤反复接触氢氧化钠，受到破坏的蛋白质会呈现出类似于直接刺激或慢性湿疹引起的皮炎症状。

④ 致死量（LD_{50}）：500mg/kg（小兔口服）。

（5）操作注意事项：

① 应使用合适的防护器具避免人体直接接触氢氧化钠（安全帽、防护眼镜、橡胶手套、橡胶鞋、橡胶围裙等）。

② 若皮肤碰到氢氧化钠，应立即用流水冲洗。若氢氧化钠进入人眼不能揉擦眼睛，需立即用水冲洗 15min 以上，然后请医生治疗。

6. 液氨（NH_3）

（1）名称：

化学名：氨

（2）特性：

相对分子质量	17
外观和气味	带有刺激性气味的无色液体
密度（液态）	0. 639kg/L（0℃，饱和压力） 0. 610kg/L（20℃，饱和压力）
相对密度（气态）	0. 553（0℃，101. 325kPa，空气为 1）
爆炸极限	15. 0%~28. 0%（空气中体积分数）
溶解性	易溶于水，可溶于甲醇、乙醇等

（3）爆炸和燃烧：

① 液氨混合气体易燃烧，严禁烟火。

② 液氨与卤素、强酸接触后会剧烈反应，发生爆炸、飞溅，应远离这些物质。

（4）对人体毒性：

① 0. 02%~0. 03%时，刺激眼睛和鼻子。此时应用水清洗，然后抹上橄榄油。

② 短时间内吸入高浓度的液氨会引起中毒的症状。

③ 若液氨接触皮肤或黏膜，会发生汽化，迅速吸收所接触的皮肤或黏膜的热量，并引起冰冻。

（5）操作注意事项：

① 应使用合适的防护器具（防护眼镜、橡胶围裙、手套等）。

② 以上操作现场应设立清洗设施。

③ 在给钢瓶容器加热时，应使用温度小于 40℃的热水。

④ 操作时缓慢开启钢瓶上的阀门，检查确认无泄漏。

⑤ 远离火种，醒目张贴“禁火”标志。避免阳光直接照射，储存在通风良好的地方。

7. 硫氰酸钠（NaSCN）

（1）特性：

相对分子质量	81. 1	相对密度	1. 367（25℃）
外观	白色或无色晶体	熔点	287℃

(2) 爆炸和燃烧：

无自爆炸和自燃烧的危险。

(3) 对人体毒性：

致死量(LD_{50})：764mg/kg(老鼠口服)。

(4) 操作注意事项：

① 若硫氰酸钠溶液溅到皮肤，应用水或肥皂彻底清洗。

② 若硫氰酸钠溶液进入人眼，则有可能会引起眼睛充血，应立即用流水清洗 15min 以上，然后请医生治疗。因此，应使用合适的防护器具，以避免人体直接接触硫氰酸钠(防护眼镜、橡胶手套等)。

(5) 储存：

① 硫氰酸钠晶体极易潮解，在储存时应防火防潮。

② 应避免接触氧化剂和强酸。

③ 具有强腐蚀性，应充分注意其容器等。

8. 二氧化钛(TiO_2)

(1) 名称：

化学名：二氧化钛

别名：钛酐，氧化钛，钛白粉

(2) 特性：

相对分子质量	79.9	分解温度	≥3000℃
外观	白色晶体粉末(锐钛矿型)	熔点	1640℃
相对密度	3.9	水中溶解度	不溶

(3) 爆炸和燃烧：

无自爆炸和自燃烧危险。除了发烟硫酸和氢氟酸外，对化学药品非常稳定。

(4) 对人体毒性：

尚无有关对人体毒性的报道。

(5) 操作注意事项：

① 应使用防尘面罩。

② 储存于干燥处。

9. 偶氮二异丁腈(AIBN)

(1) 名称：

化学名：2,2-偶氮二异丁腈

分子式：$NCC(CH_3)_2NNC(CH_3)_2CN$

(2) 特性：

相对分子质量	164.21	沸点	236.2℃(分解)
外观	白色结晶或粉末	熔点	102~104℃

(3) 爆炸和燃烧：

遇火种、高温或氧化剂混合后，受摩擦、撞击，有引起燃烧爆炸的危险。

(4) 对人体毒性：

① 属高毒类。对中枢神经系统、肝、肾有损害作用，对呼吸道有刺激作用。

② 中毒症状：轻度中毒头痛、头胀、疲乏等。中重度中毒上述症状加重，可出现呼吸

困难、昏迷等神经系统损坏症状。

（5）处理注意事项：

① 遵守消防法规和有关危险品处理的法规。

② 现场严禁明火、严禁穿钉鞋进入、严禁金属物撞击，应用防爆工具。

③ 应急处理人员必须佩戴防毒面具，穿相应的防护服、鞋、手套。

④ 若碰到皮肤，应用清水或5%硫代硫酸钠冲洗，若不慎进入眼睛，则立即用水冲洗并进行治疗。

⑤ 储存于阴凉干燥通风处，最高温度在20℃，远离火种及热源，应与氧化剂隔离堆放。储存期限不超过三个月，装卸时要小心尽快地进行，避免猛烈撞击。运输时冷藏温度应在20℃以下。

（6）消防：

泡沫灭火器、CO_2 灭火器、干粉灭火器。

10. 异丙醇（IPA）

（1）名称：

化学名：2-丙醇

分子式：CH_3CH_3CHOH

（2）特性：

相对分子质量	60.097	爆炸极限	2.0%~12.7%（空气中体积分数）
外观	无色透明液体	自燃温度	99℃
密度（20℃）	0.784~0.787g/cm³		

（3）爆炸和燃烧：

其蒸气与空气形成爆炸性混合物，遇明火或高温能引起燃烧和爆炸。其蒸气比空气重，能在较低处扩散到相当远的地方，遇火源引起回燃。若遇高热容器内压增大，有开裂和爆炸的危险。

（4）对人体毒性：

① 属微毒类。对鼻、喉、眼有刺激作用。

② 中毒症状：轻度中毒眼睛、皮肤充血，头昏晕眩，精神迟钝。中度中毒运动失调、昏睡。重度中毒呼吸心跳衰竭、深度麻痹，以致死亡。

（5）处理注意事项：

① 遵守消防法规和有关危险品处理的法规。

② 现场严禁明火、严禁穿钉鞋进入、严禁金属物撞击，应用防爆工具。

③ 应急处理人员必须佩戴防毒面具，穿相应的防护服、鞋、手套。

④ 若碰到皮肤，应用大量的流动水彻底冲洗；若进入眼睛，应用大量的清水或生理盐水清洗；若误入口中，应饮温水、催吐。

⑤ 储存于阴凉、通风处，温度不宜超过30℃，防止阳光直射。有接地装置，防止静电积聚，搬运时轻装轻卸。

⑥ 应禁止烟火，应张贴如“禁火”之类醒目的标志。

（6）消防：

泡沫灭火器、CO_2 灭火器或沙土。用水灭火无效。

11. 二氧化硫脲(TUD)

(1) 名称:

化学名:甲脒亚磺酸

分子式:$CH_4N_2O_2S$

(2) 特性:

相对分子质量	108.1
外观	白色粉末状结晶

(3)爆炸和燃烧。遇火种、高温或与氧化剂混合后,受摩擦、撞击,有引起燃烧爆炸的危险。

(4) 对人体毒性。无毒易分解,特别是其溶液在常温下,放置 2h 即分解。

(5) 处理注意事项:

① 应急处理人员必须穿相应的防护服、鞋、手套。

② 储存于阴凉干燥通风的仓库内,不得露天堆放,应避免日光照射受热,以防止剧烈分解。

(6) 消防:

泡沫灭火器、CO_2 灭火器、干粉灭火器。

12. 二氧化硫(SO_2)

(1) 特性:

相对分子质量	64.06	水中溶解度	11.5%(20℃)
外观	无色透明液体	沸点	-10℃
气味	刺激性臭味		

(2) 处理注意事项:

① 中毒者应移至新鲜空气处。

② 若溅入眼内,速用大量水冲洗。

③ 储藏时应置于低温、通风场所,防止日晒及高温。

④ 储运时严禁泄漏,卸料时应接地,防止产生静电。

13. 过硫酸钾($K_2S_2O_8$)

(1) 特性:

相对分子质量	270.33	相对密度	2.477
外观	白色单斜晶体	分解温度	100℃
溶解性	溶于水,不溶于醇		

(2) 处理注意事项:

① 不可与有机物共储混运,以防爆炸。

② 储存在阴凉清洁通风库房中。

③ 隔绝热源及火种。

14. 硫酸亚铁铵

(1) 名称:

别名:莫尔盐

分子式:$[(NH_4)_2Fe(SO_4)_2]\cdot 6H_2O$

(2) 特性：

相对分子质量	392.14	外观	透明浅蓝色单斜结晶
相对密度	1.864	水中溶解度	26.4g/L(20℃)
溶解性	溶于水，不溶于醇		

(3) 处理注意事项：

应用内衬塑料袋的编织袋包装，储存在阴凉干燥的库房中。

15. 乙二胺四乙酸四钠(EDTA 四钠)

(1) 分子式和结构式：

分子式：$C_{10}H_{12}O_8N_2Na_4$

结构式：$(CH_2COONa)_2{=}NCH_2{-}CH_2{=}N(CH_2COONa)_2$

(2) 特性：

相对分子质量	360.176
外观	无色透明晶体
溶解性	易溶于水，微溶于乙醇

(3) 处理注意事项：

① 运输和操作时应戴防护眼镜；

② 对皮肤有轻微刺激性，长期接触会引起烧伤。

16. 二亚乙基三胺五乙酸(DTPA)

(1) 名称：

化学名：二亚乙基三胺五乙酸

别名：二乙撑三胺五醋酸

分子式：$C_{14}H_{23}N_3O_{10}$

结构式：

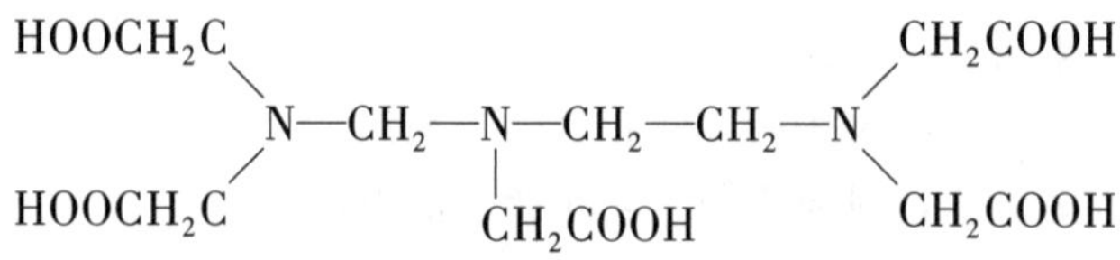

(2) 特性：

外观	白色晶体
溶解性	易溶于热水和碱溶液，微溶于冷水和 DMF，不溶于乙醇、乙醚等有机溶剂

17. 二甲基乙酰胺(DMAc)

(1) 分子式和结构式：

分子式：C_4H_9NO

结构式：

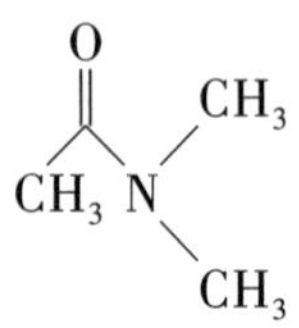

（2）特性：

相对分子质量	87.12	气味	略有氨的气味
外观	无色透明液体	熔点	-20℃
相对密度	0.9366(25℃)	溶解性	溶于水和大多数有机溶剂
沸点	165.5℃		

(3)处理注意事项：

DMAc 属低毒物品，应注意：

① DMAc 可使皮肤及眼睛受刺激，短期影响肝脏及肾脏，长期接触能引起食欲不振、恶心、腹痛，有时还会发生肝胰不舒等症状。

② DMAc 及其蒸气还能经皮肤被人体吸收，所以不能用手直接接触 DMAc，操作时必须穿戴好防护用品。

18. 液体亚硫酸氢钠(30%$NaHSO_3$)

（1）名称：

化学名：酸式亚硫酸钠、重亚硫酸钠

（2）特性：

相对分子质量	104.0609	外观	30%$NaHSO_3$ 为浅黄色透明液体
相对密度	1.28~1.32	气味	有二氧化硫的不愉快气味

（3）爆炸和燃烧：

本品不燃，具腐蚀性、刺激性，可致人体灼伤；接触酸或酸气能产生有毒气体；受高热分解放出有毒气体。

（4）操作注意事项：

工作场所不得进食、饮水、吸烟。操作人员应穿戴橡胶耐酸碱防护服、橡胶耐酸碱手套，戴化学安全防护眼镜，佩戴自吸过滤式防毒口罩。本品对水生生物有害，严禁未经处理直接排入水体。

2.2 聚丙烯腈生产工艺原理

丙烯腈聚合过程，就是低分子单体经过聚合反应，生成高分子物质的过程。丙烯腈具有双键，在聚合过程中双键被打开，生成聚丙烯腈大分子，通常把这种转变过程称为加聚反应。加聚是整个单体以共价键相互结合形成高聚物，在聚合过程中不会有其他低分子物生成，所以得到的聚合物与单体分子具有相同的化学组成，高聚物的相对分子质量为单体相对分子质量的整数倍。

丙烯腈的聚合属于自由基型链式聚合反应。

2.2.1 自由基型链式聚合反应

2.2.1.1 自由基

不论原子、分子或离子，只要其中有不成对的电子存在都叫作自由基。

自由基聚合的活性中心是自由基。自由基的形成是在一定条件下，化合物共价键均裂时两个电子分属于两个基团，形成两个带有独电子的基团而成为自由基(或称为游离基)。偶氮二异丁腈加热时发生共价键均裂，放出一个分子氮，同时形成两个异丁氰基自由基。

用多种方法可获得自由基，一般烯类单体在热、光、高能射线的辐射下或在引发剂作用下可产生自由基。

2.2.1.2 引发剂

所谓引发剂就是在外界能量(如热能)作用下比较容易生成自由基的物质，由它产生的活泼自由基作用于单体能得到单体自由基。

烯类单体如丙烯腈在外界能量或引发剂作用下，吸收外界能量后分子内部发生共价键均裂(指 π 键均裂)产生自由基，从而引发聚合反应。

应指出，在光、热等作用下，由单体直接变为单体自由基所需的能量是比较大的，而由引发剂自由基与单体作用引发出单体自由基所需能量却较小，并且引发剂又是易于分解产生自由基的物质，因此，自由基聚合反应多采用引发剂，丙烯腈的聚合反应就是采用引发剂引发的聚合反应。聚丙烯腈生产中使用的引发剂按不同分类方法做如下介绍：

(1) 按溶解性能，可分为水溶性引发剂和油溶性引发剂。如过硫酸钾($K_2S_2O_8$)、过硫酸铵[$(NH_4)_2S_2O_8$]等属于水溶性引发剂。油溶性引发剂中有偶氮二异丁腈、过氧化苯甲酰等。

(2) 按化学组成的反应性质，可分为有机偶氮化合物、有机过氧化物、无机过氧化物及氧化还原引发体系等。

有机偶氮化合物，如偶氮二异丁腈，加热时分解产生自由基，同时放出氮气，其分解活化能约为 121.3kJ/mol。

有机过氧化物，如过氧化苯甲酰等，加热时分解生成自由基，同时放出二氧化碳，其分解活化能为 125.5kJ/mol。

无机过氧化物，如过硫酸钾、过硫酸铵等。过硫酸钾分解活化能约为 151kJ/mol。

氧化还原引发体系通过电子转移反应可产生自由基，例如：$K_2S_2O_8$-$NaHSO_3$、$NaClO_3$-Na_2SO_3 等。氧化还原反应特点是活化能低，约为 42~54kJ/mol，可使引发剂分解速率和引发聚合速率大大提高。因此聚合反应可在室温或更低温度下进行。这样有利于抑制副反应，改善产品质量。应指出的是，氧化还原反应受 pH 值影响较大，因为不同的 pH 值会影响氧化还原电位差差值。如上述的 $K_2S_2O_8$-$NaHSO_3$ 实际反应 pH 值应为 2~5。不同 pH 值会影响氧化还原电位，从而影响氧化还原反应的速率。

在生产中，应根据实际的聚合反应特点及引发剂的特点加以综合考虑来选用合适的引发剂，如丙烯腈在硫氰酸钠的浓水溶液中聚合时，不宜采用过氧化物引发剂，因为过氧化物或无机过硫酸盐常常会氧化硫氰酸钠而生成硫氰，而硫氰有强烈的阻聚作用，因此在硫氰酸钠浓水溶液的丙烯腈连续聚合中就选用了偶氮二异丁腈作引发剂。

2.2.1.3 阻聚剂

单体在储存运输过程中由于受光、热、机械力等的影响会引发出一些自由基，这种单体自由基一经产生就会引发聚合反应，以致会使储运原料聚合起来。因此在储运单体中加入一些阻聚剂，如对苯二酚、对甲氧基苯甲酚、氨，通常加入的量仅为单体量的1%以下。

阻聚过程实际上也是链转移过程，形成了不活泼化合物，而不会继续引发单体聚合，只有当阻聚剂耗尽以后聚合反应才能开始进行。

但对硫氰酸钠溶液聚合来说，钠离子与对苯二酚反应生成棕色的酚钠，会使聚合得到的浆液颜色很深，甚至使纺出的丝色泽也不好，因此在生产上不希望用对苯二酚作丙烯腈的阻聚剂。

在阻聚剂选用时要注意两点：一是同一阻聚剂对不同单体有不同的阻聚能力；二是在不同情况下聚合，即使对同一单体也要选用不同的阻聚剂，因为聚合体系改变，在一定条件下某些阻聚剂所起的作用也会改变。

2.2.1.4 自由基型链式聚合反应

所谓链式反应就是当活性中心一旦形成，就可以通过活性中心的传递，瞬间地引起许多个分子进行反应。丙烯腈的聚合就是属于这种类型的反应。聚合过程中，当丙烯腈自由基一旦被引发产生后，成千上万个丙烯腈单体通过反应连接(聚合)起来，同时使自由基寿命得以延长，直至聚合物形成的自由基失去活性为止。按上述反应可形成丙烯腈多聚体自由基。

丙烯腈聚合具有自由基型链式聚合反应的一般特点：

① 聚合反应在聚丙烯腈分解温度以下进行，为不可逆反应。

② 自由基聚合是链式反应。反应链一旦被引发就立即长成一个大分子，反应不会停留在中间阶段，反应系统中只会分离出单体和聚合物，不存在中间产物。

③ 大分子增长到一定大小后就停止增长，因此延长聚合时间可提高转化率，而对相对分子质量的影响不大。

④ 反应对引发剂、阻聚剂和各种能量(如光、热等)非常敏感。

自由基型链式聚合反应历程通常由四个基元反应所组成，即链引发、链增长、链转移和链终止反应。

(1) 链引发。链引发反应是形成自由基活性中心的反应，引发过程是引发剂均裂成一对初级自由基，初级自由基再与单体加成生成单体自由基，即

$$In \longrightarrow 2R\cdot$$

$$R\cdot + CH_2{=}\underset{\displaystyle X}{\underset{|}{CH}} \longrightarrow RCH_2{-}\underset{\displaystyle X}{\underset{|}{CH}}\cdot$$

式中　In——引发剂；

$R\cdot$——引发剂均裂成的初级自由基；

$CH_2{=}\underset{\displaystyle X}{\underset{|}{CH}}$——单体。

上述两步反应中，引发剂分解是吸热反应，活化能大约为126kJ/mol。与单体反应是放热反应，活化能较低，约为21~33kJ/mol，反应速率高。所以引发剂的分解速率决定着引发反应速率。

实际情况表明，因为一些副反应可以使某些初级自由基不参与单体自由基的形成，自然也就无法继续增长过程，例如，氧、阻聚杂质与初级自由基作用而使其活性消失，或两个初级自由基结合而终止等，因此需要考虑引发效率的问题。

引发剂的引发效率是指单位时间内用于引发单体的自由基数目与引发剂分解产生的初级自由基数目的比值，通常用f表示这一比值。一般f值在0.5~0.8。一般影响引发效率的因素有：

① "笼蔽"效应：溶液聚合体系中引发剂分子分解后产生两个初级自由基，周围是溶剂分子，初级自由基扩散出被溶剂包围的"笼子"才能引发单体聚合，如果初级自由基扩散速度小于两个初级自由基由于热运动相互碰撞而结合的速度，就会使初级自由基结合，从而降低初级自由基数目使引发效率降低，这种现象称为"笼蔽"效应。

溶液聚合时引发剂效率小于本体聚合或悬浮聚合，其原因就在于"笼蔽"效应这一因素。

② 诱导分解和复分解：过氧化物引发剂的引发效率常低于偶氮类引发剂。其原因是过氧化物容易产生诱导分解和复分解反应，如下式所示：

$$CH_3—C(=O)—O—O—C(=O)—CH_3 \longrightarrow CH_3COO\cdot \longrightarrow CH_3\cdot + CO_2$$

$$CH_3COO\cdot + CH_3\cdot \longrightarrow CH_3COOCH_3$$

$$CH_3\cdot + CH_3\cdot \longrightarrow CH_3—CH_3$$

从上述反应看出诱导分解导致每个引发剂分子只产生一个自由基；复分解可导致部分初级自由基结合。二者均会使引发效率降低。而偶氮类引发剂不会产生诱导分解和复分解反应，相对讲其引发效率较高。

除上述两种影响因素外，引发剂的引发效率还与单体活性、浓度和体系黏度等因素有关。

以硫氰酸钠二步法丙烯腈水相悬浮聚合工艺为例，丙烯腈、丙烯酸甲酯和甲基丙烯磺酸钠为主要原料，用氧化-还原引发剂——氯酸钠和焦亚硫酸钠作为引发剂。

引发剂分解生成引发剂自由基：

$$NaClO_3 + 3H_2SO_3 \longrightarrow NaCl + 3\cdot OH + 3\cdot SO_3H$$

引发剂自由基使丙烯腈活化成为丙烯腈自由基：

$$\cdot SO_3H + CH_2{=}CH(CN) \longrightarrow \cdot CH_2—CH(CN)—SO_3H$$

(2) 链的增长。在链引发阶段形成的单体自由基活性高，能打开第二个单体分子的 π 键重新杂化结合形成新的自由基，链引发产生的单体自由基不断地和单体分子结合生成链自由基，如此反复的过程，形成大分子。丙烯腈链增长反应如下所示：

$$RCH_2—CH(CN)\cdot + CH_2{=}CH(CN) \longrightarrow RCH_2—CH(CN)—CH_2—CH(CN)\cdot$$

链增长过程是一个放热反应，聚合热约为84kJ/mol，链增长的活化能较低，增长速率极高，在瞬间就可形成具有成千上万个链节的长链自由基，可达到较高的聚合度。这样高的链增长速率有时是难以控制的。在聚合体系中几乎只有单体和聚合物，链自由基浓度极小。由于链增长反应活化能低，所以温度对链增长速率常数影响较小。

(3) 链转移。自由基有链转移特性，在自由基聚合反应中，链自由基除了进行链增长反应外，还能发生向体系中其他分子转移的反应，即从其他分子夺取或失去一个原子(氢、氧)而终止。

链转移的结果使增长着的活性链失去活性而成为一个大分子，但是自由基并没有真正消失，而是转移了出去(生成其他 A·自由基)，此时体系中自由基数目没有减少。所以链转移对聚合物相对分子质量、相对分子质量分布和分子结构有影响。至于对聚合反应速率的影响，要看转移出来的 A·自由基的活性：若 A·自由基比较稳定，活性比原来自由基小，则反应速度减慢，可能抑制聚合反应。

A·自由基可以代表单体、引发剂、大分子、溶剂和各种添加剂的分子。

链转移的形式有如下几种：

① 向单体转移

$$\sim\sim CH_2CH(CN)\cdot + CH_2{=}CH(CN) \longrightarrow \sim\sim CH{=}CH(CN) + CH_3—CH(CN)\cdot$$

链自由基将独电子转移到单体分子上产生的单体自由基开始新的链增长。

发生链转移的概率与单体结构有关。如向甲基丙烯酸甲酯、丙烯腈、苯乙烯等单体的转移较为困难，而向氯乙烯单体转移比较容易。

② 向引发剂转移：向引发剂链转移也称为引发剂的诱导分解。

$$\sim\sim CH_2\underset{\displaystyle CN}{\underset{|}{C}}H\cdot + R—R \longrightarrow \sim\sim CH_2—\underset{\displaystyle CN}{\underset{|}{C}}HR + R\cdot$$

其结果是自由基浓度不变，聚合物相对分子质量降低，引发剂效率下降。

在工业聚合体系中引发剂为重要的组分，一个引发剂分子本来可分解成两个初级自由基，形成两个活性中心，引发两个大分子链增长。而活性链向引发剂转移的结果，只能生成一个自由基，而另一个 R 基被夺走，自由基数目并无增减，浪费一个引发剂分子，因此向引发剂转移，结果除了使聚合度降低外，还使引发剂利用效率下降。

引发分解产生的初级自由基也有可能向引发剂分子转移发生所谓的诱导分解，使引发剂效率下降。

③ 向大分子转移：链自由基有可能从大分子上夺取原子而终止，产生的新链自由基又能进行链增长，形成支链高分子。

对成纤聚合物来讲，要求具有线形结构，希望大分子链上支化度小(接枝共聚物除外)，但当转化率高时，大分子的浓度较高，向大分子链转移机会增加，大分子支化倾向也增大，因此在工业生产中要控制转化率，从而达到控制大分子的支化程度的目的。另外，由于温度升高也有利于链转移形成支链型高分子物，所以实际操作中为了避免支链的产生，采用降低聚合温度，控制转化率不要太高，或在体系中加入调节剂的方法，以控制大分子支化程度。

④ 向溶剂的链转移：溶液聚合时，链自由基有可能向溶剂分子发生转移形成链自由基的终止。溶剂分子活化反应称为活性链向溶剂的链转移：

$$\sim\sim CH_2—\underset{\displaystyle CN}{\underset{|}{C}}H\cdot + S \xrightarrow{k_{tr.s}} \sim\sim CH_2—\underset{\displaystyle CN}{\underset{|}{C}}H_2 + S\cdot$$

式中 S——溶剂；

$k_{tr.s}$——向溶剂转移时的反应速率常数。

显然长链自由基向溶剂分子转移的反应与链增长反应是一对竞争反应：

$$\sim\sim CH_2—\underset{\displaystyle CN}{\underset{|}{C}}H\cdot + CH_2=\underset{\displaystyle CN}{\underset{|}{C}}H \xrightarrow{k_p} \sim\sim CH_2—\underset{\displaystyle CN}{\underset{|}{C}}H—CH_2—\underset{\displaystyle CN}{\underset{|}{C}}H\cdot$$

式中 k_p——链增长反应速率常数。

这两个反应速率常数之比称为溶剂的链转移常数，用 C_S表示。

$$\frac{k_{tr.s}}{k_p} = C_S$$

C_S反映了链转移反应与链增长反应相对快慢的程度。C_S值越大，越能说明链转移反应比链增长反应速率快，因此在链转移常数很大的溶剂中聚合不会得到相对分子质量大的聚合物。

⑤ 向链转移剂转移：为了避免产物相对分子质量过高需加入链转移剂以调节聚合物的

相对分子质量。链转移剂是指有较强链转移能力的化合物，它能限制链自由基的增长达到调节相对分子质量的目的。

丙烯腈在溶剂硫氰酸钠水溶液中聚合时采用链转移常数较高的异丙醇作为相对分子质量调节剂，以控制纺丝原液的黏度。而在水相聚合中常用β-巯基乙醇作为链转移剂。

上述五种链转移中以向链转移剂转移对腈纶生产工艺控制显得最重要。

(4) 链的终止。链自由基失去活性形成稳定聚合物分子的反应为链终止反应。终止方式有如下两种：

① 双基偶合终止：具有未成对电子的链自由基非常活泼，当两个链自由基相遇时极易反应失去活泼性形成稳定分子，这一过程称为双基偶合终止，以丙烯腈为例双基偶合终止反应为：

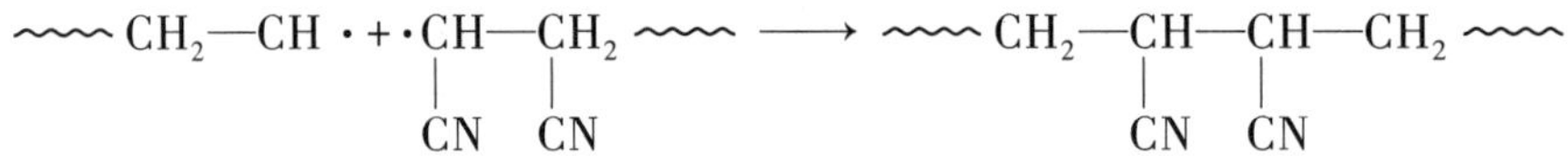

在双基偶合终止时，聚合物聚合度为链自由基重复单元数的两倍且大分子链的两端均存在引发剂残基。

② 双基歧化终止：链自由基夺取另一链自由基相邻碳原子的氢原子发生歧化反应相互终止。获得氢原子后的大分子端基饱和，失去氢原子的则不饱和，在双基歧化终止时，聚合度与链自由基中的单元数相同，仅大分子链的一端有引发剂的残基，在生成的两个大分子中，有一个大分子具有双键。工业生产时，活性链还可能与反应器壁碰撞被金属电子所终止。

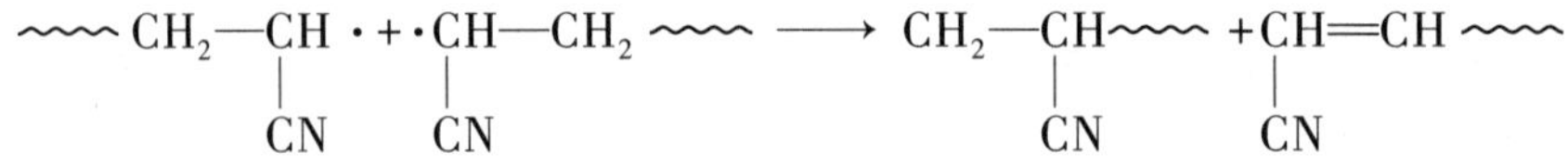

一般来讲，丙烯腈链式聚合反应，包括上述链引发、链增长、链转移和链终止四个基元反应，其中链引发速率最小，成为控制整个聚合速率的关键。

2.2.1.5 聚合条件对反应的影响

通过聚合条件的研究，找出反应速率与反应过程各参数(如反应物浓度、引发剂浓度、温度等)的关系，进一步确定聚合过程的机理，掌握各种因素(反应条件)对反应速率和产物质量(如聚合度)的影响，以便控制反应。

1. 高聚合物基本概念

1) 聚合度$\overline{DP}$

聚合度是指组成高聚物大分子基本结构单元的数目，由于聚合物相对分子质量的分布不均匀，一般所称的聚合度是指平均聚合度，用下式表示：

$$\overline{DP} = \overline{M}/M_0$$

式中 $\overline{DP}$——平均聚合度；

$\overline{M}$——高聚物平均相对分子质量；

M_0——结构单元相对分子质量。

聚丙烯腈大分子是线形结构，聚合度的大小表示了分子链的长短，聚合度越高，则大分子所连接的单体越多，分子链越长，大分子的抗张强度也增加。

2) 相对分子质量及其多分散性

(1) 相对分子质量。聚合物主要用作材料，材料的基本要求是强度。聚合物的强度与相对分子质量密切相关。因此在聚合物合成与成型加工、应用等科学技术中，相对分子质量是重要指标。聚合物的相对分子质量有两个基本特点，一是相对分子质量大；二是相对分子质量具有多分散性。

聚合物是由大小不同的同系物组成，其相对分子质量只具有统计平均意义，这种现象称为相对分子质量多分散性。有多种不同的相对分子质量表示，常用的有：

① 数均相对分子质量 $\bar{M}_n$：聚合物溶液冰点的下降、沸点的升高、渗透压变化等，只取决于溶液中大分子的数目，这就是聚合物溶液的依数性。根据溶液的依数性测得的聚合物相对分子质量平均值称为数均相对分子质量。

② 重均相对分子质量 $\bar{M}_w$：聚合物溶液另外一些性质，光的散射性质、扩散性质等，不但与溶液中大分子的数目有关，而且与大分子的尺寸直接有关。根据这类性质测得的聚合物平均相对分子质量称为重均相对分子质量。

③ 黏均相对分子质量 $\bar{M}_\eta$：根据聚合物溶液的黏度性质而测得的平均相对分子质量称为黏均相对分子质量。

各平均相对分子质量之间有如下关系：

$$\bar{M}_w \geqslant \bar{M}_\eta \geqslant \bar{M}_n$$

（2）相对分子质量多分散性。单独一种平均相对分子质量往往不足以表征聚合物的性能，需要了解相对分子质量多分散性。聚合物的相对分子质量多分散性可以用相对分子质量分布函数来完整地描述，但对实际而言，一般常用多分散性的大小即相对分子质量分布指数来表示。

① 以 $\bar{M}_w/\bar{M}_n$的比值表示相对分子质量分布的宽度，该比值称为分布指数。对于相对分子质量均一的体系，$\bar{M}_w=\bar{M}_n$，比值为 1，阴离子聚合中活性高分子接近这种情况。不同方法制得的聚合物相对分子质量分布指数在 1.5～2.0 至 20～50 间波动。比值越大，表明分布越宽。

② 通过相对分子质量分布曲线，可以了解相对分子质量分布情况。

对于合成纤维来说，希望相对分子质量分布窄一些，这样有利于加工及提高制品质量。纺织上用的典型的聚丙烯腈数均相对分子质量为 40000～70000，约为 1000 个结构单元，重均相对分子质量为 90000～170000，分布指数为 1.5～3.0。

3）玻璃化温度（T_g）

大分子链段热运动的转变点，称为玻璃化温度。温度低于玻璃化温度时，整个大分子链与链段都被冻结，在聚合物受力时，仅能发生链长与链角的微小改变；但温度高于玻璃化温度时，大分子链段可随外力作用而运动。腈纶的玻璃化温度一般在 75～100℃。

4）黏度

液体的黏度是由于液体的分子间受到运动影响而产生内摩擦阻力的表现。液体的内摩擦阻力越大，表现出的黏度就越大。

高聚物溶液的黏度与高聚物相对分子质量、相对分子质量分布以及温度等有很大关系。

2. 反应条件对聚合反应总速度和平均聚合度的影响

（1）引发剂浓度提高，则聚合反应总速度加快，聚合物平均相对分子质量 DP 下降。

这是因为一方面引发剂增加，加热后在单位时间内产生的引发剂自由基也增加，这样反应速度就快。另一方面因为引发剂自由基多，形成的活性中心也多，所以它们相互间终止的机会也多。它们与其他引发剂、单体等的链转移机会也多，因而生成大分子的速度提高，每个大分子就不易长大，相对分子质量就下降。

（2）单体浓度提高，聚合反应总速度加快。

从机理上来说，就是单体浓度增加后单体分子与活性链碰撞的机会随之增加，而聚合反应主要是活性链与单体分子加聚的过程，所以单体浓度越大，反应机会也越多，聚合反应速度就增加，产物平均相对分子质量也增大。

（3）反应温度上升总反应速度加快，而聚合物平均聚合度下降。从机理上来说，就是当温度升高时供给体系的能量增加，使引发剂分解的速度加快，链引发的速度加快，同时由于能量增加，加快体系中分子运动的速度，提高了有效碰撞机会，因而单体消耗得也快了，整个体系的反应总速度增加。

但在引发剂分解速度加快的同时，自由基浓度增加，体系中活性链的数量增加，因而与活性链相遇的机会也增加，使链终止反应速度加快，因而提高温度使相对分子质量下降。

（4）反应压力对气体聚合反应的影响表现为反应速度增加，平均相对分子质量增加，因为压力升高使单体浓度升高，从而导致反应速度、DP 增加。

对液相反应来说，仅仅几个大气压的影响是不大的，但在高压下和超高压下也有利于体积缩小的聚合反应，表现为反应速度增加，平均相对分子质量增加。

2.2.1.6 自由基型共聚反应在腈纶生产中的应用

单一的丙烯腈聚合称为均聚，所制得的纤维有较大的缺点，如发脆、弹性和手感不好、染色困难，并且在纺丝拉伸时容易断头。这些缺点是均聚聚丙烯腈纤维的内因造成的。

通过实践，发现如在丙烯腈生产腈纶的过程中加入一些其他的单体，则可以：

① 改变均聚聚丙烯腈的纺丝拉伸性能，使其能适应高倍拉伸。

② 改变纤维的脆性，增进纤维的弹性手感。

③ 改善纤维的染色性能，使其能够用常用的阳离子染料或酸性染料染色。

④ 依旧保持丙烯腈均聚物的优点，如耐光性和纤维强度等。

由此可以得出：

① 在聚合时只有一种单体称为均聚合，均聚合所得的聚合物称为均聚物。

② 当有两种或两种以上的单体混合在一起进行聚合，所得的聚合物中含有两种或两种以上的单体链节时称为共聚合；由共聚合所得的聚合物称为共聚物。我们前面所介绍的腈纶生产工艺，其聚合是共聚合反应。它是由丙烯腈、丙烯酸甲酯、衣康酸单钠盐三种单体一起共聚，称为三元共聚（当两种单体一起共聚时就称为二元共聚，依次类推），所得的产物是三元共聚物。

③ 共聚反应可以改变聚合物性能来适应实际应用的需要。

④ 当 M_1、M_2两种单体共聚时，往往 M_1和 M_2的消耗速度不一样，这样就使得聚合物中 M_1和 M_2的比例与投料单体 M_1和 M_2的比例不一样。

2.2.1.7 竞聚率及共聚反应时竞聚率选择原则

竞聚率是自聚速度常数与共聚速度常数之比，它反映了自聚与共聚的竞争能力。

竞聚率大小的意义：r_1表示～～～M_1·与 M_1自聚的反应速度常数和～～～M_1·与 M_2共聚的反应速度常数之比。当 $r_1>1$ 时，表示～～～M_1·与 M_1的自聚倾向大于～～～M_1·与 M_2的共聚倾向；当 $r_1<1$ 时，表示～～～M_1·与 M_1的自聚倾向小于～～～M_1·与 M_2的共聚倾向；当 $r_1=1$ 时，表示～～～M_1·与 M_1的自聚倾向等于～～～M_1·与 M_2的共聚倾向；当 $r_1\ll1$ 时，表示～～～M_1·与 M_1的自聚倾向远小于～～～M_1·与 M_2的共聚倾向。

共聚反应时，应选择竞聚率相同的单体进行共聚反应，各单体间竞聚率存在差别时，应对聚合时的进料配比做适当调整，竞聚率小的单体应补加。

2.2.2 溶液聚合

丙烯腈溶液聚合是指将单体溶于某一溶剂中进行聚合，生产的聚合物也溶解于该溶剂的聚合方法。它的优点是反应热容易控制，易于避免局部过热，所得的聚丙烯腈溶液均一，无需分离和再溶解即用于纺丝。

(1) 引发剂选择。溶液聚合采用溶剂不同，引发剂选择也有所不同。一般硫氰酸钠法和二甲基亚砜法用偶氮二异丁腈为引发剂；硝酸法用过硫酸盐、乙酰丙酮等作引发剂。

(2) 溶剂选择。用于溶解聚合物的溶剂有硫氰酸钠水溶液、$ZnCl_2$水溶液或HNO_3水溶液；有机溶剂DMF、DMAc、DMSO、EC或其水溶液。由于溶液聚合的溶剂参与聚合过程，因此溶剂选择要求链转移常数尽可能低。

(3) 浆液制备。丙烯腈溶液聚合即一步法浆液制备主要包括聚合、脱单体、混合，与丙烯腈水相悬浮聚合浆液制备相比较简单。

1. 聚合工序

(1) 溶液聚合工序的作用。将溶于硫氰酸钠溶剂中的单体在聚合釜中进行连续聚合反应，生成高聚物。

(2) 溶液聚合工序的任务。将溶于硫氰酸钠溶剂中的单体在聚合釜中以一定的反应时间、一定的聚合反应温度和一定的单体转化率进行连续聚合反应，制得具有一定的总固体含量、一定的特性黏度和相对分子质量的聚丙烯腈浆液。

(3) 溶液聚合反应的基本原理。试剂混合槽中调配好的反应液用电磁流量计按设定的反应时间控制流量，以转化率控制冷热交换器调节进料的温度，物料由聚合釜底部进入聚合釜，经反应生成的丙烯腈共聚体原液从釜的顶部流出。在连续聚合过程中聚合釜采用体外夹套调温，夹套调温水由夹套循环泵保持循环；温度由控制加入冷的脱盐水和控制加入低压蒸汽调节，可根据工艺控制要求，启闭两个调节阀，使夹套循环水升温或降温，达到控制聚合反应温度稳定的目的。聚合反应以偶氮二异丁腈为引发剂、二氧化硫脲为浅色剂，并用相对分子质量调节剂异丙醇及时控制聚合物的相对分子质量。

2. 脱单工序

(1) 脱单工序的作用。脱除聚合反应后浆液中未反应的单体。经聚合后浆液中尚有很大一部分单体没有参加聚合反应，这部分未转化的单体如不及时脱除，在原液输送、储存及后加工过程中会逐渐聚合，从而影响原液质量的稳定性。同时，不脱除单体的浆液，在后续生产过程中，单体散发不仅造成浪费，还恶化劳动环境，影响工人的身体健康和污染周边环境。

(2) 脱单工序的任务。在一定的真空度下，使浆液经第一脱单塔、第二脱单塔后含单体量脱净至0.15%以下，同时将脱出的单体返回至反应试剂混合槽中进行回用，并由第二脱单体抽出泵抽出浆液送入原液混合槽中。

(3) 脱单工序的原理。由聚合釜出来的原液直接进入维持一定真空度的第一脱单塔内，保持反应温度的原液进入脱单塔后即沸腾，使单体脱除。经过第一脱单塔后的原液，其中大部分未转化单体被脱除，剩下约3%的单体还留在原液中，需进行第二次单体脱除。由于第一次单体脱除时，单体和水分的蒸发带去部分热量，使原液温度下降到50℃左右。由第一脱单体抽出泵抽出经原液预热器加热至80~90℃后，进入维持一定真空度的第二脱单塔内，将原液中的含单体量脱净至0.15%以下。

由第一、第二脱单塔脱出的单体及水蒸气进入喷淋冷凝器。喷淋冷凝器中的喷淋液采用反应液，即由反应试剂混合槽经回用单体循环泵打至回用单体冷却器冷却到14℃左右，呈喷淋状进入喷淋冷凝器，将汽化单体、水蒸气等冷凝，流回反应试剂混合槽内循环使用。

脱单塔内的真空度由两部分产生，一是由回用单体循环泵将反应试剂混合槽反应液抽出，由单体冷却器冷却到14℃左右，从喷淋冷凝器顶部的螺旋喷嘴呈雾状高速喷下，造成冷凝器与脱单塔之间的压差；二是两个脱单塔脱出的汽化单体、水蒸气等与雾状低温料液接触，迅速冷凝成液体，体积骤缩形成负压。

由于单体冷凝器的出料口接到常压的反应试剂混合槽，为了克服系统的真空压力和出料口的阻力，一般都将脱单塔放在10m以上的楼面上。

经过二次脱单后，原液温度降至55℃以下，然后送往原液混合槽储存。防止原液储存时原液中残留引发剂而继续分解，引发反应。

3. 浆液混合工序

（1）浆液混合工序的作用。聚合反应是连续进行的，即使工艺条件控制得十分严格，在不同时间内所制得的浆液性质还是有些波动的。为了减少差异，稳定浆液质量，保证成品质量的均匀性，脱单以后的浆液必须进行充分混合。另外，浆液在槽内进行充分混合时，有一定的停留时间，能调节聚合与纺丝之间的联系，起缓冲作用。

（2）浆液混合工序的任务。将二次脱单后的浆液经过管道混合器后进入原液混合槽，并用混合泵与循环泵使槽内浆液进行混合循环，使槽内浆液均匀混合并使槽内储有一定的原液，保证纺丝生产的用浆需要。

（3）浆液混合工序的原理。二次脱单后的浆液经过管道混合器进入原液混合槽，槽内有7块挡板，把槽分成8个区域。槽由前向后略有倾斜，浆液在槽内沿挡板曲折向前流动。槽的周围有3台混合泵与1台循环泵，使槽内浆液进行混合循环，混合泵将槽内7个区域的原液抽出，然后送入管道混合器进行充分混合，循环泵则将槽内最后一个区域的浆液抽出，部分循环混合，部分供料。整个混合过程由管道混合器、混合泵、循环泵以及浆液的曲折运动来完成。

原液混合槽的液位不应控制太低，否则将会影响浆液的混合效果，引起纤维质量的波动。

4. 浆液脱泡（也称第三脱单）工序

（1）浆液脱泡工序的作用。脱除供纺原液中的气泡，脱除并回收其中的微量残余单体。因为储存在原液混合槽中的浆液残留引发剂偶氮二异丁腈分解产生的氮气和浆液输送过程中机械力的作用或泵的泄漏而含有相当数量的气体，将不能正常纺丝。含有气泡的浆液流经喷丝孔时，气泡破裂，造成单纤维断裂形成毛丝，严重时形成浆块，堵塞喷丝孔。较小的气泡通过喷丝孔时，残留在纤维中，形成气泡丝，使纤维中产生空隙和脆弱点，影响纤维物理机械性能。残余单体在纺丝工序散发，影响环境并浪费单体。

（2）浆液脱泡工序的任务。利用真空连续脱泡装置将浆液中的各类气泡和残余单体脱除到一定的质量要求，以满足纺丝生产的需要。

（3）浆液脱泡工序的原理。气泡和单体比浆液相对密度小，在一定条件下，能逐渐上升到液面而排出。浆液黏度越低，浆液层越薄，气体脱除的速度就越快。因此采用真空薄层连续脱泡装置（脱泡塔），使浆液以薄层状连续流经脱泡塔的伞面，在一定的温度和真空度下，连续排出薄层浆液中的气泡和单体。

5. 消光剂加入工序

(1) 消光剂加入工序的作用。腈纶表面光滑，有光泽。为了满足腈纶的增白和消光作用需要，在供纺原液中加入消光剂。

(2) 消光剂加入工序的任务。根据纺丝生产的不同品种，以不同的串级流量加入消光剂，使成品纤维中消光剂的含量满足用户的需要。

(3) 消光剂加入工序的原理。用硫氰酸钠配制好的二氧化钛溶液以供纺原液流量为基础，按工艺要求串级消光剂流量，由自动控制系统实现生产过程中的消光剂加入。

6. 调温工序

(1) 调温工序的作用。原液温度的高低，与纺丝能否顺利进行有密切的关系。温度高，浆液的流动性好，便于纺丝。但温度太高，会使凝固浴温度升高，成型速度过快，影响纤维质量。浆液温度过低，浆液的流动性差，会造成纺丝困难，并容易产生毛丝，影响纤维质量。因此调温工序的作用就是调节、控制供纺浆液的温度。

(2) 调温工序的任务。根据纺丝生产品种的需要，利用调温手段将供纺原液温度控制在一定的范围之内。

(3) 调温工序的原理。采用热交换器的热水流量来调节共纺原液温度。

7. 过滤工序

(1) 过滤工序的作用。除去浆液中的杂质和不溶性颗粒，以保证纺丝的正常进行。

(2) 过滤工序的任务。原液在一定的压力和流量下被滤布除去浆液中的杂质和不溶性颗粒，以保证纺丝的正常进行。

(3) 过滤工序的原理。利用板框式压滤机进行原液过滤，过滤时浆液由滤框进入，经过滤布滤去杂质。

2.2.3 水相悬浮聚合

水相悬浮聚合是指用水作为介质，单体在水中具有一定的溶解度，当水溶性引发剂引发聚合时，聚合产物不溶于水而不断地从水相悬浮起来。水相悬浮聚合，在腈纶生产中使用最为广泛，因为水相悬浮聚合具有下列优点：水相悬浮聚合通常采用水溶性氧化-还原引发体系，引发剂分解活化能较低，聚合可在30~60℃之间甚至更低的温度下进行，所得产物色泽较白；水相悬浮聚合反应的反应热容易控制，从水相聚合得到的产品相对分子质量分布较窄；水相悬浮聚合，所用引发剂价廉、易制备，聚合物转化率高，反应热易除去，回收率高；聚合速度较快；粒子大小比较均一；聚合物中不合格产品可被分离出来，聚合物经洗涤，不带反应中产生的杂质和未反应单体，因而配制的纺丝原液纯度高，纺丝稳定，分离后干聚合物可长期储存，也可远距离运输，灵活性大，工序间相互影响少，在溶解调配过程中采用掺入其他化合物的方法，易制得具特殊功能的新品种；由于聚合物粉料大批量相混，纤维质量稳定，特别是染色均匀性好。对于纺丝溶剂，如硫氰酸钠浓水溶液纯度的要求不像一步法那样高，回收工序相应地较简单。

它的缺点是需要增加聚合体的溶解工序，因而在工艺上把这种聚合纺丝称为二步法，即通过得到固体聚合物，再溶解制成纺丝原液进行纺丝。对二步法干法腈纶生产，聚合物需经分离、洗涤、干燥后再用溶剂溶解配制纺丝原液。在采用有机溶剂时，对聚合物中含水量要求尤为严格，故工序较长，连续化程度差，投资比一步法高。

（1）引发剂。多数氧化还原体系由过硫酸钾（$K_2S_2O_8$）或过硫酸铵［$(NH_4)_2S_2O_8$］、氯酸钠（$NaClO_3$）、过硫酸铵钠等氧化剂，二氧化硫、亚硫酸氢钠或偏硫酸氢盐等还原剂和二价铁或铜等促进剂组成。其只有在一定的酸性条件下才能引发产生自由基。

（2）水相悬浮聚合场所及颗粒特征。

① 聚合场所：在丙烯腈间歇聚合中，通常单体浓度较低，认为聚合场所为水溶液相和表面吸附有单体的聚合物颗粒相。在聚合初期，聚合主要发生在水溶液相，随着转化率的提高，颗粒相体积分率增加，颗粒相的聚合变得越来越主要。对于丙烯腈连续水相悬浮聚合，聚合同样主要发生在水溶液相和颗粒相，颗粒相占主导地位。

②丙烯腈连续水相悬浮聚合颗粒特征：典型的聚丙烯腈聚合颗粒如图 2-1 所示，聚合物颗粒呈球形或椭球形，轮廓较圆滑，表面较粗糙，粒径大致在 4~100μm 范围内，少数超过 100μm。聚合物颗粒（称三级粒子）系由更细小的次级粒子堆砌而成（图 2-2），即由粒径约 0.5~1.5μm 的二级粒子组成，二级粒子又由粒径约 0.05~0.2μm 的一级粒子组成。

（3）成粒机理。水相中的初级自由基引发单体增长至临界链长后沉析出来形成初级粒子，连续丙烯腈水相悬浮聚合时，初级颗粒刚析出时极不稳定，相互间快速凝聚，形成一系列的 P 粒子（含 P 个初级颗粒）。当 P 粒子达到 10^4 以上（粒径达到 0.1μm 以上）时，粒子已足够稳定，可以作为独立增长种开始粒径增长。

一级粒子吸附齐聚物自由基或初级颗粒或尚不稳定的 P 粒子，在表面进行链增长从而使粒径增长，直至形成稳定的一级粒子。同时，一级粒子间仍存在少量的凝聚生成相当稳定的二级粒子。二级粒子同样通过表面聚合使粒径增加，在二级粒子表面由齐聚物自由基或初级颗粒或 P 粒子增长形成的一级粒子间距离随增长反应不断缩小，最终结合成二级粒子，使二级粒子最终增长为三级粒子尺寸。

图 2-1　典型的聚丙烯腈聚合颗粒

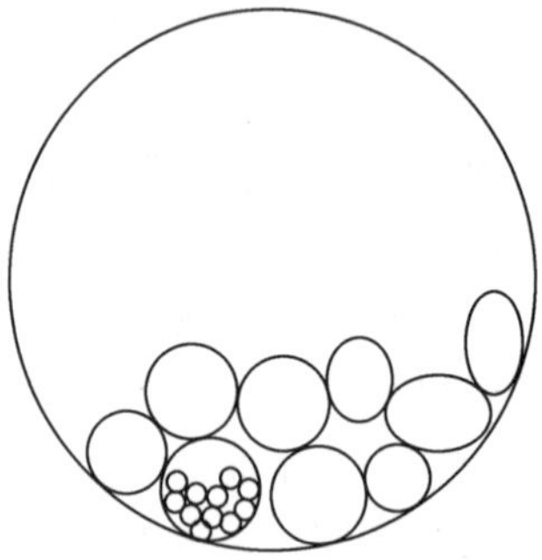

图 2-2　聚丙烯腈颗粒内部结构示意图

三级粒子稳定性非常高，但对搅拌强度较低的体系，仍会出现相互凝聚的现象，生成的粒子外形很不规则，此时粒径更大的粒子明显增多，粒子夹带的"沉淀液"明显增加，表现为体积分率增加，淤浆黏度上升，流动性变差。在无种子开车时，聚合初期粒径增长较快，但颗粒形态较差，沉降值高，颗粒凝聚也显著。

（4）聚合物颗粒形态表征。随聚合条件和成粒机理的不同，丙烯腈水相悬浮聚合得到的颗粒或圆整紧密，或疏松而形状不规则，粒径分布或宽或窄，甚至呈多峰分布，表现出不同的形态，并直接影响颗粒的各种物理性能。表征聚合物颗粒形态的直接手段有光学显微镜、电子显微镜、粒径及其分布；间接手段有淤浆黏度、临界体积分率、沉降值、滤饼或离心聚合物含水率、干聚合物粉料堆积密度或比容等。

沉降值实际上是聚合物淤浆自由沉降直至达到平衡时的比容，是一个能方便地表征颗粒形态好坏的方法。颗粒结构紧密、外形圆整光滑时往往沉降值低，淤浆黏度低，流动性好，滤饼含水率低。

(5) 原液制备。原液制备的任务是制得合格的、适宜于纺丝的原液。根据不同的生产工艺路线，原液制备的方法也有所不同。但制备的主要工艺过程基本相同，包括聚合、终止反应、脱单体、水洗、淤浆混合、溶解、脱泡等过程。下面主要介绍美国“ACC”二步法湿法工艺和二步法干法工艺。

2.2.3.1 水相悬浮聚合(硫氰酸钠)工艺

1. 聚合工序

(1) 聚合工序的作用。将配制好的各种化工料和单体及脱盐水在聚合釜中进行连续聚合反应，生成高聚物。

(2) 聚合工序的任务。采用水相悬浮聚合技术，将各种配制好的化工料、单体和脱盐水以一定的流量配比在聚合釜中以一定的反应时间、一定的聚合反应温度和一定的单体转化率进行连续聚合反应，制得具有一定的总固体含量和相对分子质量的聚丙烯腈淤浆。

(3) 聚合工序的基本原理。采用水相悬浮聚合技术，以丙烯腈(AN)、丙烯酸甲酯(MA)、醋酸乙烯酯(VAc)和甲基丙烯磺酸钠(MAS)为主要原料，同时加入氧化-还原引发剂——氯酸钠和焦亚硫酸钠、聚合促进剂——氯化亚铁、相对分子质量调节剂——β-巯基乙醇、介质——脱盐水，在常压、一定反应温度下，制得聚丙烯腈淤浆。在连续聚合反应中通过在聚合釜夹套中通入冷却水来带走热量，控制温度的稳定。聚合反应采用下进上出连续进料、连续出料，反应转化率控制在85%左右。因为从聚合釜出来的聚合物浆液中除含有一定相对分子质量的丙烯腈共聚物颗粒外，还含有一定量(约为15%~20%)的未反应的单体、残留的引发剂，所以将聚合釜出来的淤浆与终止剂NaOH水溶液混合，使聚合物浆液的pH值由1.9左右上升到3.7(安庆工艺一般在4.5)左右，使残留的引发剂失去活性，从而达到终止聚合反应的目的。

2. 脱单体(以下简称脱单)工序

(1) 脱单工序的作用。来自终止釜的淤浆中仍有15%的单体未反应，这部分单体仍残留在淤浆中，如果不加以脱除，在聚合以后的原液制备中，释放出来的单体既会严重污染操作环境，又会严重影响纤维的品质，同时也会增加单体消耗。为了提高产品质量，降低消耗，改善环境，必须进行脱单处理。

(2) 脱单工序的任务。在一定的真空度下，将终止釜出来的淤浆送入一定塔顶温度和保持减压状态下的脱单塔，脱除淤浆中的未反应单体，使淤浆中的残单含量达到工艺要求，稳定淤浆质量，并利用冷凝和分离技术，回收未反应单体，提高单体利用率。

(3) 脱单工序的基本原理。脱单塔是气液互呈逆流的连续微分接触式塔型。将终止釜中终止反应的淤浆送入用真空泵保持减压状态的脱单塔上部，将蒸气从塔底直接送入，使进料淤浆中的未反应单体在比常压沸点低得多的温度下沸腾，单体在从塔顶流下的过程中被蒸发。单体蒸气和水蒸气从塔顶溢出进入第一冷凝器，利用水的露点比单体的露点要高，使水在第一冷凝器中被冷凝液化并回流进入塔顶。然后单体在第二冷凝器中被冷凝液化，由于冷凝后的单体不与水完全互容，通过倾析槽分成单体相和水相。相对密度较重的下层水相作为回流液回入脱单塔上部，相对密度较轻的上层单体相溢至密封槽，从脱单塔顶部出来的单体中含有从聚合釜带来的自由基，为了避免回用单体在储槽中聚合，向回用单体内加入一定量的 NH_3 或 NH_4OH。经进一步分层后，上层单体相储存至回用单体槽，按一定比例与新鲜单体混合后重复使用，水相进入终止釜。

3. 水洗工序

(1) 水洗工序的作用。除去淤浆中未反应的微量单体、低聚合物和溶于水的盐等杂质。

(2) 水洗工序的任务。将脱单后的淤浆输送入具有一定喷淋水流量和喷淋水温度、一定稀释水流量和稀释水温度的水洗机系统中，在一定的真空度下，经过脱水、热脱盐水淋洗和空气剥落及热脱盐水稀释等一系列的操作，除去淤浆中未反应的微量单体、低聚合物和溶于水的盐等杂质，同时使淤浆的总固体含量达到工艺要求。

(3) 水洗工序的基本原理。将淤浆送到旋转过滤机，随着转鼓的转动，在真空作用下，淤浆中的聚合物就吸附在装有滤布的水洗机上，成为滤饼。经预热器加热至一定温度的水洗水以一定的流量均匀喷射在吸附着聚合体的转鼓上，由于转鼓内压力低于大气压力，水洗水依靠此压力差作为动力，穿过滤饼层进入转鼓内。水穿过滤饼层时，溶解了聚合体中的杂质和残余单体，一起进入转鼓内，达到洗涤的目的。水洗后的滤饼用鼓风机供的空气吹离旋转过滤机，并与一定温度和流量的稀释水一起由水洗机的斜槽进入淤浆缓冲槽中。脱水、热脱盐水淋洗和空气剥落一系列的操作在转鼓转动一周后自动完成。

水洗机内有一溢流挡板，保证转鼓的浸润面积，未溢流的淤浆均匀吸附于转鼓上，溢流出来的淤浆返回淤浆槽，维持淤浆槽的液位稳定。洗涤后的水由真空管线进入气液分离，液体排入地坑。

中石油大庆石化腈纶装置和中石化安庆石化腈纶装置同上海石化腈纶湿法两步法工艺基本相似，但在具体水洗流程设置上仍有一定的区别，其基本工艺流程为：

脱去单体后的物料在水洗机上洗去未脱净的残余单体及可溶性杂质及低聚物，然后进入混合罐。经混合罐混合后，在脱水机中再脱去部分水，变成含聚合物 45%的滤饼。

4. 溶解工序

(1) 溶解工序的作用。将聚丙烯腈淤浆溶解成一定总固体含量的聚丙烯腈原液。

(2) 溶解工序的任务。将聚丙烯腈淤浆、一定浓度和温度的硫氰酸钠浓溶液和一定浓度的焦亚硫酸钠溶液，按一定配比在高剪切溶解机中进行高速溶解(大庆石化、安庆石化用高聚物的溶胀和溶解二步实现溶解工序)，从而制得具有一定总固体含量的聚丙烯腈原液。

(3) 溶解工序的基本原理。在溶解过程中，溶剂小分子便向高聚物内部扩散，高聚物大分子也会向溶剂中扩散，由于高聚物大分子是一个具有巨大相对分子质量的柔曲长链，它行动很困难，扩散速度十分缓慢；相反，溶剂小分子因相对分子质量小，体积小，故很容易扩散到高聚物大分子链间的空隙中去。宏观上表现为在开始时高聚物出现膨胀现象，随着时间的推移，高聚物体积不断增加，最后高聚物完全溶解在溶剂中，形成高分子溶液。

上海石化采用高剪切机快速连续溶解。聚丙烯腈淤浆、硫氰酸钠和作为抗氧剂的焦亚硫酸钠同时进入 1800r/min 的高剪切机中进行快速溶解，剪切混合运动强制给予三股物料流体微团垂直于主流方向的分速度，使得它们相互碰撞、混合、溶解。切碎体积增大的溶胀粒子，使溶剂进一步快速渗透到大分子间。与溶解槽作溶胀、溶解相比，溶解机的高剪切混合使溶解速度大为提高。溶解机中任一点瞬时温度梯度、浓度梯度、速度梯度，不论在大小或方向上，都不断地随时间而迅速、有规则地变化，这是一种脉动现象，脉动现象意味着溶解机造成了三股物料流体微团的规则运动并相互碰撞和溶解混合。

高剪切机的主要作用是缩短聚丙烯腈高聚物在硫氰酸钠溶剂中的溶解时间，快速制备出理想的均相高分子溶液。所以影响溶解时间的因素就是影响高剪切机快速连续溶解的因素。

大庆石化、安庆石化等腈纶厂为了制备质量合格的高分子均相原液，将淤浆溶解过程分为两个阶段：高聚物的溶胀即浆化、溶解。脱水后淤浆先进入再浆化罐和56%冷硫氰酸钠混合，对聚合物进行再浆化处理。溶胀后的聚合物和热硫氰酸钠按一定比例溶解，变成均一溶液，经混合，头道压滤后进入脱泡塔，在负压下脱去原液中气泡，然后进入纺丝原液储罐，再经二道压滤(必要时加入二氧化钛)，然后送纺丝装置进行纺丝。

浆化就是溶剂分子挤进大分子链之间，但还不能把大分子链完全“拆开”，只能达到使分子链局部“拆开”，表现在宏观上就是高聚物吸收溶剂膨胀起来，既增加了质量也增加了体积。为防止浆化时出现胶块，向聚合物中加入温度比较低的硫氰酸钠，温度为66℃。为了维持硫氰酸钠的浓度恒定，硫氰酸钠进料量与高聚物进料成比例控制。

由于聚丙烯腈的水洗和脱水都是暴露在空气中操作的，因而空气中的氧就有可能进入聚丙烯腈淤浆中，原液在处理过程中也会接触氧气，从而会使溶剂氧化着色，使纤维发黄。在溶解机或浆化罐中加入抗氧剂亚硫酸氢钠($NaHSO_3$)可以起到抗氧化作用。为了增加纤维的白度，在浆液槽中加入加蓝剂。

溶解过程是将硫氰酸钠加热到121℃与浆液在静态混合器中混合，混合后的温度为78℃，在溶解罐中用搅拌器搅拌均匀。

5. 原液脱泡工序

(1) 原液脱泡工序的作用。脱除原液中存在的气泡，提高原液的可纺性。

(2) 原液脱泡工序的任务。通过脱泡塔将原液中的气泡脱除到工艺规定的范围之内，并使脱泡量能保持供纺原液槽的一定液位来满足纺丝生产。

(3) 原液脱泡工序的基本原理。将原液从脱泡塔上通过一定间隙的狭缝送入，形成薄膜。由于真空泵降低了脱泡塔中压力，当薄膜沿塔壁缓慢流下时，气泡从原液中脱除。脱泡采用温差控制，即通过脱泡塔进口原液温度和脱泡塔出口原液温度差来控制脱泡程度，温差大则脱泡激烈；温差小则脱泡较缓和。当脱泡处理量发生变化时，只要控制温差恒定，则每单位原液的蒸发水量恒定，也就稳定了原液组成，控制了原液含固量。

6. 过滤工序

二步法工艺过滤工序的作用、任务和基本原理与一步法工艺相同。

2.2.3.2 水相悬浮聚合(DMAc)工艺

1. 聚合工序

丙烯腈、丙烯酸甲酯、苯乙烯磺酸钠的共聚反应是在酸性水溶液中(pH=2.5~3.0)以过硫酸钾-亚硫酸氢钠氧化还原体系为引发剂的连续水相沉淀聚合反应，反应温度控制在60℃。

共聚单体、脱盐水和活化剂以一定的流量加入聚合釜，终止剂也以一定的流量加入聚合釜溢流管中，这些流量只随聚合釜的产量变化而改变。

引发剂和SSS的加料量是可变的，这些加料量不仅随聚合釜中的产量变化，而且在需要时，也可根据质检中心对特性黏度和E.G.T(端基滴定度)的分析结果进行调节。同时通过严格控制SO_2的加入量来避免反应釜内浆料pH值的意外波动。

由于氧含量高会阻止聚合反应的进行和影响聚合物的颜色，甚至会引起聚合釜的爆炸，所以必须严格控制氧含量。在聚合釜中控制氧含量的主要手段是通入氮气。氮气是一种惰性气体，它不会阻碍反应的进行或与其他物质起化学作用，是一种安全的保护性气体。为了保证氧含量不超出控制范围，还采用氧分析仪通过对反应釜放空气氧含量的测定来监测，当氧含量超过允许值时还会自动报警。

在聚合釜夹套内有两组喷嘴，每组 7 个。第二组与第一组成 90°角，反应开始时需要的热量由夹套水加热器使用 0. 2MPa 蒸汽提供，正常反应后用夹套水中的冷却水来带走聚合反应热。

聚合釜设有溢流口，淤浆通过溢流口不断地溢流到第一真空转鼓过滤机淤浆供给槽，浆料溢出量与物料进料量相等，使聚合釜内物料总量保持恒定，终止剂自溢流口下约 1m 处加入，终止聚合反应，防止聚合体继续聚合。

聚合釜停留时间根据产量不同而不同(110t/d 速率时约为 33min)，单体转化率为 81%，聚合物浓度约 20%~25%。

2. 浆料过滤和储存工序

(1) 浆料过滤和储存工序的作用。洗去浆料中未反应单体，滤去杂质和低聚物，使聚合物的质量更加均匀。

(2) 浆料过滤和储存工序的任务。采用真空转鼓过滤机进行过滤、水洗，达到洗去浆料中未反应单体、滤去杂质和低聚物的目的；用中和剂 NaOH 中和过量的游离酸，用淤浆储存及混合系统使聚合物的质量更加均匀，提高浆料质量。

(3) 浆料过滤和储存工序的原理。采用真空转鼓过滤机进行过滤、水洗。水洗转鼓部分浸在盛着淤浆的浆料槽中，通过真空泵将鼓内抽成一定的真空度，滤液源源不断地通过滤布进入转鼓内，聚合物就沉积在滤布上。随着转鼓的旋转，来自壳体上喷嘴的喷淋水(有两个系统：一是二道滤机的滤液，二是用加热的脱盐水)，将聚合物中未反应的单体和盐洗去，洗涤水也通过滤布被吸收到转鼓内，滤液再由自吸泵从过滤机中抽走，去回收。从真空泵回到真空过滤机管线上装有脉冲阀，用来进行反吹，湿的滤饼受振后从滤布上掉下，滤饼经聚合物溜槽进到再淤浆槽中，并用脱盐水再次浆化，同时加入中和剂 NaOH，以中和过量的游离酸。

在淤浆储存及混合系统中共有六个大的淤浆储槽，其中一个槽作为缓冲槽，聚合开车初期生产的或其他不合格聚合物在缓冲槽里进行混合，随后以一定的流量加入其他五个淤浆混合槽。这些混合槽是相互串联的，其物料来自再淤浆槽。储槽储存并混合了大量的不同时间所产生的聚合物，从而使聚合物的质量更加均匀，也起到了缓冲作用，从而提高了生产全过程的操作弹性，避免了前后工序的相互影响，使聚合釜和干燥机工作调节有序。

在混合之后，聚合物淤浆需用二道真空过滤机进一步水洗，以除去残余的单体及盐。二道真空过滤机与一道真空过滤机工作原理相同，所不同之处是二道真空过滤机用调节空气量来控制真空度，二道真空过滤机过滤的滤液一路去一道过滤供给槽，一路去回收。

3. 聚合物挤出成形及干燥工序

(1) 聚合物挤出成形及干燥工序的作用。将聚合物湿滤饼挤成“面条”，再干燥成水分合格的聚合物。

(2) 聚合物挤出成形及干燥工序的任务。用挤出机把湿滤饼挤成直径 6mm、长度约为 20mm 的“面条”，用干燥机将聚合物的水分含量由挤出机出来时的 54%左右降到小于 0. 5%。

（3）聚合物挤出成形及干燥工序的原理。将二道过滤机的滤饼从一个垂直的聚合物溜槽送入挤出机的加料斗，用挤出机将湿滤饼挤成“面条”。用聚合物干燥机内部的四个加热区、一个冷却区和横贯这几个区的表面涂有聚四氟乙烯的链板来支撑与运送聚合物，同时起到干燥聚合物的作用。在连续运转的上、下层链板(上层输送、下层返回)之间设有粉末收集器，这是一个与链板长度和宽度相同的盘子，收集从链板孔眼落下的聚合物。干燥机侧面装有翅片式换热器，侧上方为循环风机，它使热空气自链板上部通过聚合物床层，再从下部进入前一区域。干燥机的每个区有各自独立的温度控制系统。

4. 聚合物的风送和储存

（1）聚合物的风送和储存的作用。输送和储存聚合物。

（2）聚合物的风送和储存的任务。用氮气把干燥合格的聚合物经旋风分离器和粉碎机输送到聚合物计量料仓进行储存。

（3）聚合物的风送和储存的原理。用氮气把干燥合格的聚合物从干燥机输送到聚合物计量料仓上方的旋风分离器，然后通过一个回转阀喂到粉碎机，进而进入聚合物料仓，也可经转向阀送入聚合物计量料仓上方的旋风分离器进到聚合物计量料仓。

干燥合格的聚合物，经过聚合物储槽，再经回转供料器落入气流输送吸入管，管中聚合物用氮气流送至聚合物计量料仓(在室内)上方的旋风分离器，经回转给料器落入粉碎机，聚合物被粉碎后进入聚合物计量料仓。

过量的聚合物可经转向阀送入聚合物料仓(在室外)的旋风分离器，再落入料仓中备用。

该系统是一个闭合回路，输送用氮气要保持低的氧含量，以防粉尘爆炸并减少用于纺丝原液中的氧含量。

5. 原液制备工序

（1）原液制备工序的作用。将聚合物粉料制备成供纺原液。

（2）原液制备工序的任务。以一定流量的聚合物粉末在喷淋室中喷入一定流量和温度的含浅色剂(DTPA)的溶剂DMAc(在生产半消光纤维时，需加入消光剂TiO_2浆液)，通过连续流入马可混合机(同时兑入部分废丝原液)进行溶胀并溶解成一定总固体含量的供纺原液。

（3）原液制备工序的原理。通过聚合物计量料仓底部的螺旋给料器把聚合物粉末输送至质量流量计，计量后靠自重进入喷淋室。在喷淋室中喷入一定流量和温度的含浅色剂(DTPA)的溶剂DMAc。在溶剂DMAc中加入浅色剂(DTPA)能与红色Fe^{3+}和绿色Fe^{2+}反应，生成金属螯合物，不仅可降低原液色泽，而且可阻止原液中未反应的单体进一步聚合。DTPA能电离出H^+，中和溶剂DMAc中的碱性物质，防止聚丙烯腈因pH值升高而引起的水解，即阻止黄色脒基的生成，改善原液的颜色。

在喷淋室中使聚合物润湿后再连续流入马可混合机进一步溶胀并溶解，同时兑入部分废丝原液，经混合后进入原液混合槽，使聚合物充分溶解，成为均匀的原液，然后送入原液储槽，用增压泵送至纺丝工序。

2.2.4 工艺条件对丙烯腈聚合的影响

溶液聚合与水相聚合由于工艺的不同，工艺条件对聚合反应的影响也有所不同。

2.2.4.1 工艺条件对丙烯腈溶液聚合的影响

影响溶液聚合反应的因素很多，主要有引发剂用量、反应温度、单体浓度、浅色剂用量、相对分子质量调节剂、溶剂浓度、有机杂质、铁、钛、氯、pH值等。

（1）引发剂用量。在硫氰酸钠溶液中，进行丙烯腈与共聚单体的三元共聚时，其他条件都一样，只改变引发剂偶氮二异丁腈的用量，反应速度随引发剂用量增加而增加；聚合物平均相对分子质量随引发剂用量增加而减小，原液色泽随偶氮二异丁腈用量的增加而加深。

（2）反应温度。温度对聚合反应的影响主要表现在对聚合反应速度、相对分子质量及产物分子结构的影响。

对于自由基型链式聚合反应，一般链引发阶段的反应活化能 E_i 最大，链增长反应的活化能 E_p 次之，链终止反应的活化能 E_t 最小。由于温度变化对活化能大的反应影响大，所以温度上升总反应速度加快，而聚合物平均聚合度下降。

但在引发剂分解速度加快的同时，自由基浓度增加，体系中活性链的数量增加，因而活性链相遇的机会也增加，使链终止反应速度加快，因而提高温度使相对分子质量下降。所以生产上选择了适当的聚合反应温度之后，还必须采取有力的措施，来保证聚合温度的恒定，这是聚合工段的关键操作之一。

聚合反应是一个放热反应，如果在聚合过程中不把这些放出的热量和聚合釜搅拌时产生的热量带走，那么聚合釜中的温度将会越来越高，反应越来越剧烈，最后甚至引起爆炸，所以在溶液聚合生产过程中要十分注意四个温度：

① 内温，即反应釜内聚合物料的温度。

② 进料温度，即单体混合液进聚合釜前的温度。

③ 温差（或叫温升），即内温和进料温度的差。在特定的情况下它反映了聚合过程中所释放出来的热量，反映了转化率。在转化率-温差控制中起很重要的作用。

④ 夹套温度，即反应釜的夹套温度。另外还须注意夹套加热或冷却的情况。

这四个温度都是可以根据工艺要求控制和调节的。

（3）单体浓度和配比的影响。单体浓度越高，反应速度越快，生成的聚合物的相对分子质量也越大。因此随着反应液中总单体浓度的提高，在其他条件不变的情况下，转化率会相应提高。

必须指出，体系中其他几种单体浓度的变化，同样也会引起该种单体转化率的变化。故反应液配比的任何波动都会造成聚合物组成的变化，其结果必然导致成品纤维指标的不稳定。因此，控制反应液中单体浓度和配比的稳定是保证产品质量稳定的十分重要的环节。

在实际生产中，除了要控制好单体的配比外还要控制好聚合的各工艺参数及脱单体系统的温度和真空度，以便脱出的单体也能保持稳定。

（4）浅色剂的影响。二氧化硫脲（TUD）浅色机理：在硫氰酸钠一步法的丙烯腈聚合反应中加入浅色剂二氧化硫脲，能防止空气中氧或氧化物对聚合反应中的有机物、溶剂及铁离子等起氧化作用，保证反应体系 pH 值的稳定和纤维白度。

二氧化硫脲受热转化成甲脒亚磺酸，甲脒亚磺酸分解为次硫酸，次硫酸是强还原剂，使 Fe^{3+} 还原为 Fe^{2+} 而起浅色作用。同时，由于次硫酸在水溶液中可进一步氧化生成亚硫酸（H_2SO_3），亚硫酸又可起到稳定反应体系 pH 值的作用。

浅色剂 TUD 在聚合过程中也能起链转移的作用，因而加入过多会降低转化率、聚合速度及平均聚合度。

（5）相对分子质量调节剂的影响。相对分子质量调节剂异丙醇（IPA）在聚合过程中起着链转移作用，从而将聚合物的相对分子质量控制在一定范围内。但是 IPA 加入量太大，也会降低聚合速率，降低转化率。

（6）溶剂硫氰酸钠的影响。对以硫氰酸钠水溶液为溶剂的一步法来说，要求溶剂既能溶解丙烯腈等单体，又能很好地溶解聚合体而呈均相溶液；同时所形成的这一均相溶液经脱单体后黏度应符合工艺要求，不致出现因黏度过高导致脱泡、过滤无法进行的局面。所以硫氰酸钠浓度的确定是十分重要的问题。

当原液中硫氰酸钠浓度在44%左右时溶解性能最好。当溶剂浓度降低时，对聚合物的溶解能力会降低。随着溶解度的降低，单体或增长着的大分子在溶液中碰撞机会减少，聚合反应速度变慢，黏度变高，原液稳定性变差。过高的浓度也会因无机盐本身的引力增加，出现结晶的趋势，使溶解度降低。

（7）pH 值影响。pH 值在硫氰酸钠一步法溶液聚合中对聚合反应的转化率、原液黏度和色泽都有影响。

pH 值小于 4 时，少量的硫氰酸钠分解产生某些硫化物（SO_2、SO_3、H_2S 等）起链转移作用和阻聚作用，使聚合转化率降低，黏度下降。但 pH 值较低时，原液色泽透明。

pH 值大于 12 时，由于丙烯腈剧烈水解，聚合反应因单体减少而下降。另外，pH 值过高，原液的色泽发黄、发浑。实践证明，pH 值在 5 左右时，聚合转化率最合适，黏度影响较小，原液的色泽也较淡。

（8）原料中杂质的影响。

① 有机杂质的影响。丙烯氨氧化法制造丙烯腈过程中产生多种副产品，例如，氢氰酸、丙烯醛、丙酮、乙腈、丙腈等。这些有机杂质分子结构中有活泼的氢原子，能吸收游离基，使聚合反应转化率和平均聚合度下降，降低反应速度，并且会影响纤维的白度及纤维的耐疲劳性。

② 铁质的影响。在丙烯腈聚合反应体系中，铁质的含量应严格加以控制，这是因为铁具有十分明显的阻聚作用。铁的链转移常数特别大，如 Fe^{3+} 可达 5630000。当聚合系统中引进极小量的铁质时，就会造成反应速度大幅下降，转化率降低，产物相对分子质量大幅下降，纺丝原液黏度也大幅下降，影响聚合反应的正常进行。

三价铁（Fe^{3+}）和二价铁（Fe^{2+}）对聚合反应都有十分明显的影响。相比较而言，Fe^{3+} 的阻聚作用更大。在硫氰酸钠水溶液中两种铁离子的阻聚机理是不一样的，二价铁以失去电子的形式使聚丙烯腈活性链的增长终止。

$$\sim\sim CH_2\text{—}\underset{\underset{CN}{|}}{CH}\cdot + Fe^{2+} + H_2O \longrightarrow \sim\sim CH_2\text{—}\underset{\underset{CN}{|}}{CH_2} + Fe^{3+} + OH^-$$

三价铁是以夺取增长着的聚丙烯腈游离基的一个不成对电子使链增长终止。

$$\sim\sim CH_2\text{—}\underset{\underset{CN}{|}}{CH}\cdot + Fe^{3+} \longrightarrow \sim\sim CH{=}\underset{\underset{CN}{|}}{CH} + Fe^{2+} + H^+$$

同时铁质的存在对纺丝原液的色泽也有明显的影响，这是因为 SCN^- 与 Fe^{3+} 生成血红色的 $Fe(SCN)_3$ 以及介于 $[Fe(SCN)]^{2+}$ 与 $[Fe(SCN)_6]^{3-}$ 之间的各种红色硫代氰酸盐。当 Fe^{3+} 含量达到 0.00005%时，溶液即呈橙色，超过 0.00007%时显红色，纺丝原液色泽明显变深。当这些红色化合物沉积在初生纤维的微孔中，很难洗去，明显影响纤维的色泽。

（9）反应时间的影响。延长聚合反应时间，可使引发剂充分分解，反应过程中活化中心相应增多，单体可以较完全地进行聚合，从而使反应的转化率提高。但是随着反应时间延长，单体浓度将逐步降低，反应速度随之下降，相应生成的大分子平均相对分子质量也逐渐降低，相对分子质量的分布变宽，大分子支化度增加，使纤维的机械性能下降，影响纤维质量。同时，对设备的利用率也有一定的影响。

(10)聚合釜材质和形式的影响。硫氰酸钠水溶液对碳钢和普通不锈钢都有强烈的腐蚀作用。在实际生产中广泛采用含钼不锈钢(Cr18Ni12Mo2Ti)作聚合釜和其他设备的材质。

除材质外，聚合釜的形式对聚合反应能否顺利进行也有一定的影响。由于聚合反应是一个放热反应，所以釜的结构应有利于散热。此外，搅拌器的形式，应有利于反应均匀和较佳的混合效果。

前面分析了各种工艺条件对聚合反应的影响，但不能孤立地看待这些工艺条件。这些工艺条件是相互影响、相互牵制的，在实际生产中应根据具体情况灵活运用。

2.2.4.2 工艺条件对丙烯腈水相悬浮聚合的影响

影响丙烯腈水相聚合反应的因素很多，但丙烯腈水相悬浮聚合(硫氰酸钠湿法)和丙烯腈水相悬浮聚合(DMAc 干法)的影响因素基本相同。下面以齐鲁石化的工艺技术来分析一些影响水相悬浮聚合反应的主要因素。

(1) 引发剂浓度。$NaHSO_3$-$K_2S_2O_8$氧化还原引发体系，在其他条件不变时，提高引发剂用量(即改变$K_2S_2O_8$与单体的比例，0.01%)，聚合物平均相对分子质量有稍许下降(特性黏度下降 0.03 个单位)，转化率上升。

如果氧化剂用量不变，只是提高还原剂$NaHSO_3$用量，聚合物平均相对分子质量有稍许下降，转化率上升。其可能是由于HSO_3^-起链转移作用所致。但是提高还原剂用量对提高白度和保证质量稳定能起到较好的效果。

水相聚合时，引发剂用量(以氧化剂为基准)占单体的 0.2%~0.8%，而氧化剂与还原剂的比例则取 1∶3~1∶20。引发剂浓度为 0.9%(中和剂浓度为 0.8%)。

(2) 总单体浓度(三单总和)。单体混合液(又称试剂混合液)中，总单体浓度的增加有利于聚合反应速度和平均相对分子质量的提高。

在水相沉淀聚合时，进料单体浓度的增加引起聚合物平均相对分子质量下降的原因可能是在固定引发剂与单体的比例后，单体量增加时，引发剂量也增加，但单体仅部分溶于水，而引发剂却全部溶于水，这样相对提高了水相中引发剂的浓度，所以在聚合时，平均相对分子质量有所下降。

(3) 聚合温度。提高聚合温度，聚合反应速度加快，平均相对分子质量有所下降，转化率提高(反应体系能量增加，引发剂分解速度加快)。

(4) 聚合时间。对$NaHSO_3$-$K_2S_2O_8$氧化还原引发体系来说，聚合时间短，则转化率低，随着时间的延长，转化率上升。因此水相沉淀聚合时间一般控制在 1~2h。

对于水相沉淀连续聚合，一般认为从反应开始到体系达到稳定所需要的时间约为聚合釜平均停留时间的 4 倍左右。

(5) 介质 pH 值。pH 值会影响亚硫酸氢根离子的浓度，其浓度在 pH 值为 3.5 时最大。在丙烯腈水相沉淀聚合反应中酸对于氧化还原引发体系能起活化的作用。当采用带有磺酸基团的第三单体时，控制好一定的 pH 值，还能得到颗粒大小均匀的聚合体。这可能是由于磺酸化合物使聚合体颗粒带有负电性，当整个反应体系 pH 值较小时，体系中H^+浓度较大，颗粒间的静电相斥能力则较小，致使颗粒间的聚集较多，亦即使颗粒间的分布偏大。同时颗粒大小还影响着聚合体表面吸附单体能力的强弱。一般来说，pH 值增大时，吸附单体能力就减弱。

(6)单体中含有的有机杂质。如 HCN、CH_2═CHCHO(丙烯醛)、CH_2COCH_3、CH_3CN(乙腈)、CH_3CH_2CN(丙腈)、CH_3CHO 等杂质普遍地使反应速度降低。这是因为这些杂质在分子结构上都带有负电性较强的氰基(—C≡N)或羰基(>C═O),这些基团在吸收自由基放出质子的同时又由于自身的共轭作用,生成较稳定的自由基,从而增长了聚合的诱导期。

此外,这类有机杂质本身都有与丙烯腈单体发生加成作用以及自身聚合的特性,同样也会影响反应速度,导致反应温度下降。

(7) 铁质(亚铁离子)。微量的 Fe^{2+} 会加速聚合反应。当无铁存在的流动聚合物被铁污染后,便成为稠厚的浆液。

大量的铁含量能影响聚合反应和聚合物颜色。该系统的设备必须是由耐腐蚀不锈钢或铝制造,并且没有被铁污染。

(8) 搅拌的影响。搅拌是使体系热平衡、聚合釜内物料受热均匀和保证聚合物淤浆有足够的流动性使操作顺利进行的必要条件。搅拌若不够强,则聚合釜会出现局部单体浓度过高及黏结等现象。

搅拌在无空气条件下,对聚合物平均相对分子质量和转化率影响不大,但搅拌速度对聚合体粒子的大小和分布却有影响,进而影响到聚合体淤浆的过滤性能。

(9) 氧气的影响。对水相沉淀聚合来说,微量溶解在料液中的氧和微量空气没有多大影响,但如果反应体系中鼓入大量空气则反应速度减慢而相对分子质量却升高,这可能是氧首先使一部分初级自由基失去活性所致,另外要引起注意的是,有氧参与的聚合会有副产物 HCN、HCHO 和 CO_2产生,有氧存在时聚合反应产生的聚合物的色泽也将加深。

(10) 丙烯酸甲酯与丙烯腈比率。为了生产出具有一定特性的聚丙烯腈共聚物,混合单体中丙烯酸甲酯浓度需控制在一定比率。虽然丙烯酸甲酯增加了上色速率,但它使初生纤维的湿-热强度损失了一小部分,过高的丙烯酸甲酯与丙烯腈比率将加大热水牵伸的负荷,给后道工序加工带来困难。

2.3 工艺流程

根据工艺路线的不同,腈纶聚合装置有多种工艺流程,本教材着重介绍湿法和干法工艺流程。湿法工艺流程以上海石化的工艺为主线,插入大庆石化、安庆石化等有差异的部分流程,干法以齐鲁石化的腈纶聚合装置为主线进行介绍。

2.3.1 湿法工艺流程

湿法工艺流程分为湿法一步法工艺流程和湿法二步法工艺流程。这两种工艺从聚合到原液制备都存在较大的区别。

2.3.1.1 湿法一步法工艺流程

湿法一步法工艺流程是一种连续溶液聚合直接供纺的生产,湿法一步法聚合装置主要包括聚合、原液准备两个工段,由配料、聚合、脱单、脱泡、供纺五大环节组成,见图 2-3、图 2-4。

(1) 聚合工艺流程。甲基丙烯磺酸钠通过加料斗加入第三单体调配槽,脱盐水高位槽来的脱盐水经脱盐水加热器加热后进入第三单体调配槽,在第三单体调配槽中配成 10% 的甲基丙烯磺酸钠的水溶液,由第三单体输送泵将该水溶液打入第三单体储槽。

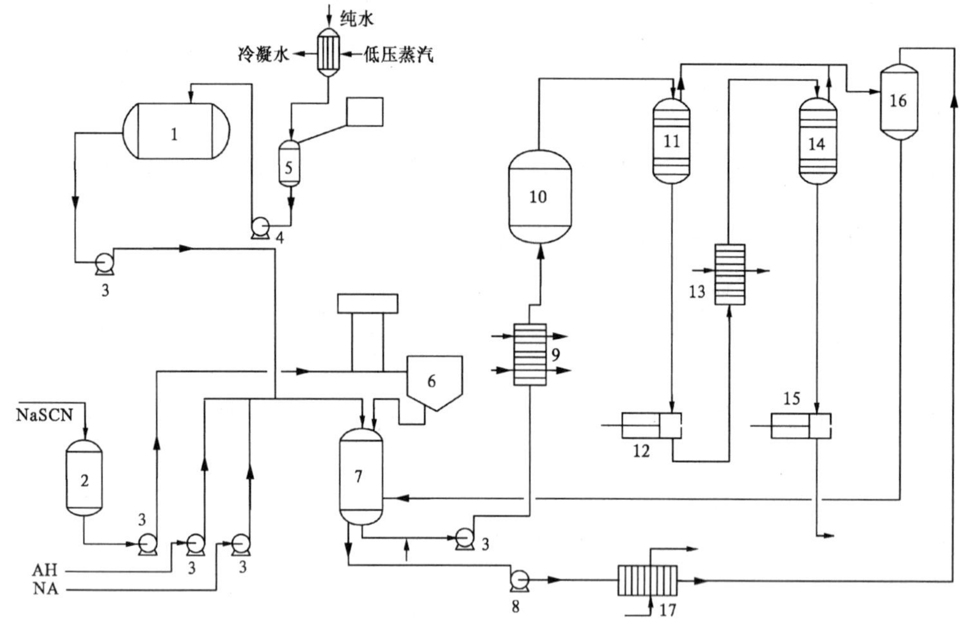

图 2-3　湿法一步法聚合工艺流程图

1—第三单体高位槽；2—试剂匀温槽；3—供料泵；4—输送泵；5—调配槽；6—淤浆槽；7—反应试剂混合槽；8—回用单体循环泵；9—转化率控制器；10—聚合釜；11—第一脱单塔；12—第一脱单塔抽出泵；13—原液加热器；14—第二脱单塔；15—第二脱单塔抽出泵；16—气体冷凝器；17—冷却器

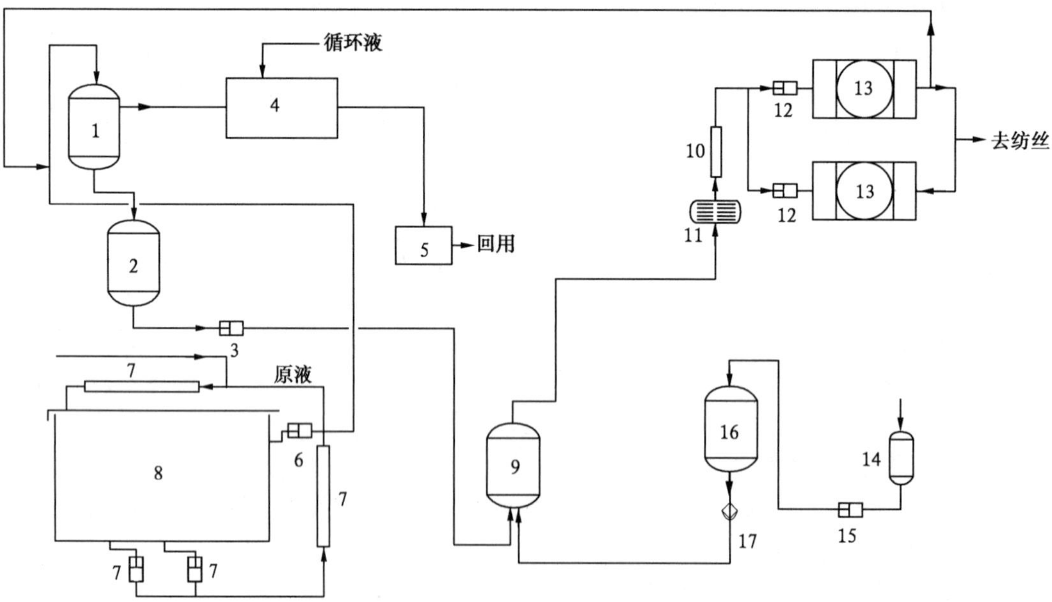

图 2-4　原液工艺流程图

1—脱泡塔；2—脱泡液封桶；3—脱泡原液抽出泵；4—水喷射泵；5—循环液槽；6—原液循环泵；7—原液混合泵；8—原液混合槽；9—多级静态混合器；10—原液多级混合器；11—加热器；12—原液加料泵；13—板框式压滤机；14—粗料槽；15—消光卸料泵；16—消光精料槽；17—消光加料泵

从化动车间板框式压滤机来的硫氰酸钠溶液从试剂匀温槽顶部进入，底部出料。三种单体及从硫氰酸钠供料泵输送来的硫氰酸钠分别经四台质量流量计按工艺要求以一定比例计量，其中丙烯腈、丙烯酸甲酯、甲基丙烯磺酸钠从计量计出来后汇成一股直接进入反应试剂混合槽，计量后的硫氰酸钠先进入反应剂淤浆槽，粉末状的偶氮二异丁腈(AIBN)和二氧化硫脲(TUD)经偶氮二异丁腈加料器和二氧化硫脲加料器定量进入淤浆槽，在淤浆槽内形成悬浮液从出口的U形管溢流至反应试剂混合槽。

回用单体循环泵与反应试剂混合槽桶体相切的出口管相连接，当回用单体循环泵启动时，反应试剂混合槽中混合液出现旋转运动而自然混合，混合液经回用单体循环泵后被送到过滤器，再经回用单体冷却器，最后到达单体冷凝器顶部，混合液急速回旋成细滴状喷下而使单体冷凝器设备形成负压，两个与单体冷凝器直接连接的脱单塔中未反应的丙烯腈、丙烯酸甲酯以及IPA、水被汽化，进入单体冷凝器后冷凝为液态并随同喷淋混合液返回反应试剂混合槽，在反应试剂混合槽中与原混合液进行充分混合。

反应试剂混合槽中的混合液被反应剂给料泵送至转化率控制器，以一定流量进入聚合釜进行聚合反应。为了控制相对分子质量，由异丙醇高位桶来的IPA直接进入反应剂给料泵进口并随混合液进入聚合釜。控制一定的温度、压力和聚合反应时间。反应器外有夹套保温，通过加入脱盐水或低压蒸汽来调节夹套水温，并用夹套循环泵进行夹套水的强制循环，从而保证内温的稳定。

由反应器顶部出来的聚丙烯腈浆液进入第一单体脱除器伞面，脱出约90%~95%的未反应单体进入气体冷凝器，经第一次脱单后的原液通入大气腿，由第一脱单抽出泵抽出经原液预热器加热，再进入第二单体脱除器。经第二次脱单后，原液中残余单体含量已控制在≤0.15%,原液经过第二脱单塔大气腿由第二单体抽出泵抽出，在原液混合器混合后进入原液混合槽。

(2)原液工艺。经第二次脱单后的浆液进入原液混合槽，原液循环泵将原液混合槽中的浆液抽至静态混合器，再次混合后进入原液混合槽而达到完全混合的目的。

原液混合泵不断将原液混合槽中原液抽出并送到原液混合器进行混合，混合后的浆液一部分至原液混合泵与新原液混合又进入原液混合槽，另一部分由脱泡加料泵抽出后送入脱泡桶，浆液经脱泡桶内的锥形伞面流下形成浆液薄膜，在真空条件下气泡穿透浆液薄膜呈沸腾状态脱出，脱泡桶内的真空度由水喷射循环泵形成。脱泡后的原液靠重力经大气腿流入脱泡原液液封桶，脱泡原液抽出泵将脱泡原液液封桶中的浆液送到原液消光混合器，与由消光加料泵打到多级静态混合器的消光浆料进行混合(生产消光时)，从而成为消光浆液。由于原液进料量大大超过消光浆料进料量，为保证消光浆料注入多级静态混合器，要求消光浆料输入压力比原料输入压力高0.05~0.10MPa。经消光后的原液由消光原液输送泵被送到消光原液换热器，控制一定的原液温度后进入原液多级混合器，原液过滤泵将消光原液送至原液过滤机进行过滤，除去机械杂质后保持在一定的出口压力下供纺。

2.3.1.2 湿法二步法工艺流程

湿法二步法工艺流程分为水相聚合工艺流程和原液工艺流程。

(1) 聚合工艺流程。由配料、聚合、脱单、水洗、储存五大环节组成。流程简图见图2-5、图2-6。

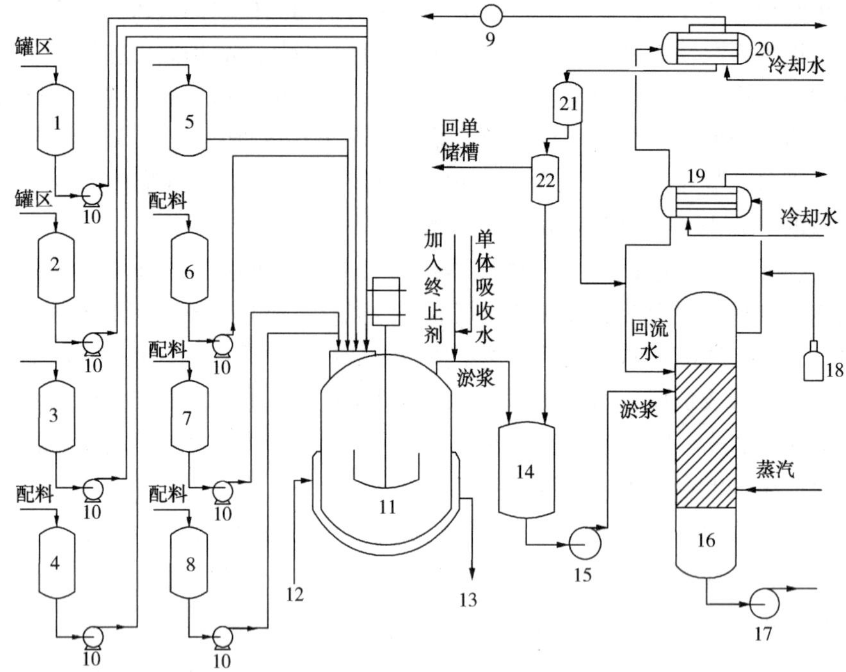

图 2-5　湿法二步法水相聚合工艺流程图(1)

1—VAc 储槽；2—丙烯腈储槽；3—回用单体储槽；4—氯酸钠储槽；5—脱盐水储槽；6—β-羟基乙硫醇储槽；7—焦亚硫酸钠储槽；8—甲基丙烯磺酸钠储槽；9—真空泵；10—供料泵；11—聚合釜；12—夹套水进；13—夹套水出；14—终止釜；15—终止釜抽出泵；16—脱单塔；17—脱单塔抽出泵；18—液氨；19—第一冷凝器；20—第二冷凝器；21—倾析槽；22—密封槽

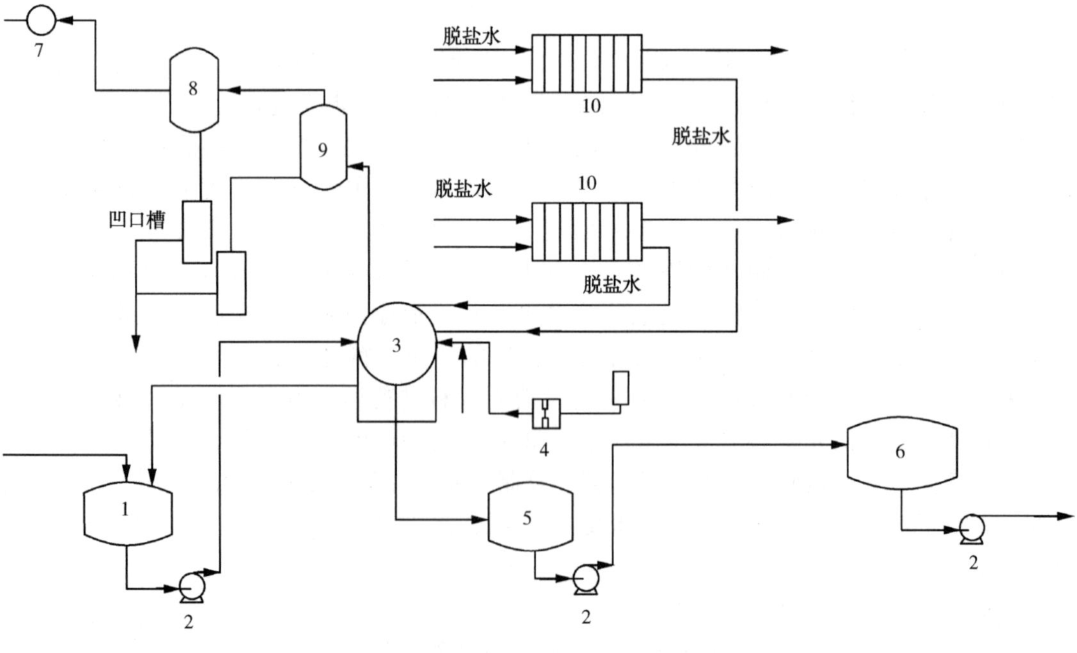

图 2-6　湿法二步法水相聚合工艺流程图(2)

1—淤浆储槽；2—输送泵；3—水洗机；4—鼓风机；5—液浆缓冲槽；6—聚合物储槽；7—真空泵；8—2[#]分离器；9—1[#]分离器；10—加热器

按聚合反应的工艺生产需要，需配制甲基丙烯磺酸钠、焦亚硫酸钠、氯酸钠、氢氧化钠等化工料。测试合格后放入供料槽备用。

进聚合釜共有八种物料，它们分别是丙烯腈、丙烯酸甲酯、回用单体、甲基丙烯磺酸钠、氯酸钠、焦亚硫酸钠、β-羟基乙硫醇和脱盐水，分成四股物料同时进入聚合釜：第一股物料是混合单体(丙烯腈、丙烯酸甲酯、回用单体)，第二股物料是甲基丙烯磺酸钠和焦亚硫酸钠，第三股物料是氯酸钠，第四股物料是β-羟基乙硫醇和脱盐水。各物料流量均由DCS按比例控制。

聚合物淤浆从釜顶溢流口溢出到终止釜，由终止釜抽出泵送至脱单塔脱单。单体在真空状态下被加热沸腾，从淤浆中汽化出来，随蒸汽一同从塔顶逸出进入第一冷凝器，冷却介质为70℃左右的热水，大部分水在第一冷凝器中先冷却下来回流至脱单塔，未冷凝的单体进入第二冷凝器中，第二冷凝器的冷却介质为20℃的冷却水，单体在第二冷凝器中冷凝下来后送至倾析槽中，由于单体和水不互溶而发生分层，单体的相对密度小于水的相对密度，单体在上层，水在下层。水层回脱单塔，单体溢流至密封槽中进一步分离，密封槽中分离出的水层靠重力送至终止槽内，与溢流淤浆一起再经终止槽、脱单塔，重新回收水中的单体。密封槽中的单体层回到回用单体槽中，与新鲜单体混合后作聚合反应的单体。因回用单体具有活性中性仍能继续反应生成低聚合物，为了防止单体聚合，在脱单塔顶至第一冷凝器的管线上加入阻聚剂液氨。液氨的加入量根据回用单体的pH值来确定。经脱单后的淤浆由脱单塔抽出泵输入淤浆储槽中，浆液在淤浆储槽中停留1h以上，使在脱单中未脱除的少量单体溢出，经管线至吸收塔被水吸收。浆液由泵送到真空旋转过滤机水洗。

淤浆从水洗机的底部进入，随着转鼓的转动，在真空作用下，浆液就吸附在装有滤布的水洗机上，成为滤饼。一定温度的洗涤水从顶部喷淋在滤饼上，水洗后的滤饼用水洗机鼓风机产生的压缩空气吹离水洗机，并与稀释水一起由水洗机的斜槽进入淤浆缓冲槽中。热脱盐水淋洗、脱水和空气剥落一系列的操作在转鼓转动一周的同时自动完成。

水洗机内另有一溢流挡板，未溢流的淤浆均匀吸附于转鼓上，溢流出来的淤浆返回淤浆储槽，维持淤浆储槽的液位稳定，以保证淤浆在淤浆储槽中1h的停留时间。

洗涤后的水由真空管线进入1#分离器、2#分离器中，使气液分离，气体由水环式真空泵抽除，液体从分离器的底部依靠重力的作用进入旋转过滤机凹口槽中。分离后，底部液体排入地坑，顶部液体进入旋转过滤器、分离器进一步分离，排入地坑。在旋转过滤器、分离器管线上装有浊度仪，防止水洗机滤布破损而引起聚合体跑损。随稀释水一起进入淤浆缓冲槽的淤浆被稀释至浓度34.7%，稀释水的加入量由DCS控制，经稀释调整后的淤浆在淤浆缓冲槽内储存。

淤浆缓冲槽内储存的淤浆由输送泵输送至聚合物储槽内储存，供原液制备。聚合物储槽有4只，B、C、D槽接受合格淤浆，A槽接受不合格淤浆，A槽内淤浆按工艺要求翻入B、C、D槽。为满足聚合体的溶解工艺要求，储槽外有热水盘管保温。

大庆腈纶厂和安庆石化腈纶厂淤浆的水洗工艺与上海石化腈纶厂的水洗工艺不同，其淤浆的水洗和脱水是在两个设备中进行，即水洗机和脱水机，在水洗机和脱水机之间有混合罐进行浆液混合。从混合罐来的浆液进入浆液脱水机脱除浆液中的水分，进入脱水机的浆液中聚丙烯腈的含量为28%，脱水后滤饼中聚丙烯腈含量为45%。脱水后聚合物被一定压力的压缩空气吹出转鼓，并稀释滤饼到一定的聚合物浓度后，稀释的浆液用螺旋推进器送到浆液混合槽中。

(2) 原液制备工艺流程，其流程简图见图2-7。

从聚合物储槽来的聚合体淤浆和从硫氰酸钠储槽来的浓硫氰酸钠以及从焦亚硫酸钠槽中来的$Na_2S_2O_5$溶液，按一定体积比进入高剪切溶解机，聚合物在溶解机中受高速剪切、研磨而溶解，进料比例是由 DCS 自动串级控制。为了获得较好的溶解效果，浓硫氰酸钠必须经过溶剂加热器加热才能进入溶解机，以保证溶解温度。加入焦亚硫酸钠的目的是改善纤维色泽。然后，粗原液进入原液供料槽。由于刚从溶解机出来的聚合体可能仍有部分处于未完全溶解状态，为了获得组成均一的原液，必须在原液供料槽中停留 1h 以上，并充分搅拌，以促进聚合体的完全溶解。

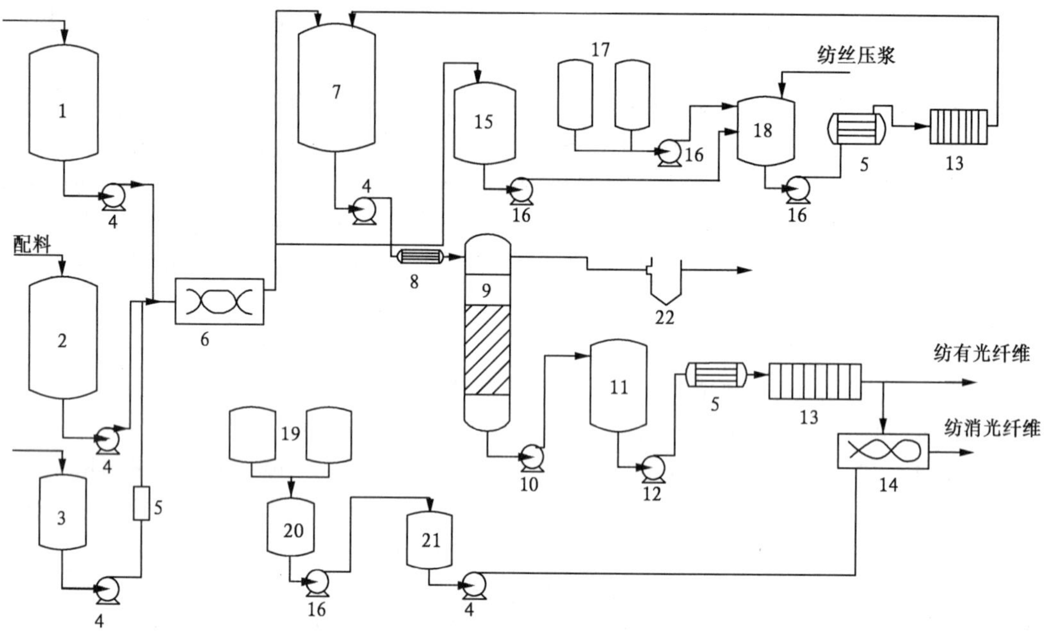

图 2-7 原液制备工艺流程图

1—聚合物储槽；2—焦亚硫酸钠储槽；3—硫氰酸钠储槽；4—供料泵；5—加热器；6—溶解机；7—原液供应槽；8—脱泡预热器；9—脱泡塔；10—脱泡塔泵；11—纺丝原液储槽；12—纺丝原液泵；13—板框式压滤机；14—分散机；15—1#原液混合槽；16—输送泵；17—废丝溶解槽；18—2#原液混合槽；19—二氧化钛调配槽；20—粗料槽；21—供料槽；22—气体冷凝器

原液供料槽中的粗原液由脱泡塔供料泵将槽内的粗原液输送到脱泡预热器中，将原液加热后进入脱泡塔脱泡。经脱泡后的原液由脱泡塔泵输送到纺丝原液储槽储存。脱出的空气及少量水，经真空管线进入大气冷凝器，水分随循环冷却水一起进入地坑，由地坑泵送回循环冷却水站。

纺丝原液储槽中的原液由纺丝原液泵送至原液加热器加热到符合纺丝工艺要求的温度后进入板框式压滤机进行杂质过滤后送纺丝。

溶解机开停过程中的不合格料进入 1#原液混合槽，由泵送入 2#原液混合槽，与来自废丝溶解槽的浆液和纺丝压浆的原液混合后，经泵通过 2#原液加热器加热，再进入 2#压滤机过滤，按一定比例掺入原液供料槽中使用。

二氧化钛消光液按工艺要求在二氧化钛调配槽中配制后，传送到粗料槽，由泵送至供料槽，消光液再由泵按供纺原液量串级输送入分散机，进行消光纤维生产。

2.3.2 干法工艺流程

干法工艺流程也分为聚合工序工艺流程和原液工序工艺流程。

2.3.2.1 干法聚合工序工艺流程

聚合工序设试剂调配、聚合、过滤与混合、干燥、风送及储存等五个环节，见图 2-8。

聚合物的制备是一个连续过程，从回收调配好的丙烯腈、丙烯酸甲酯混合单体经供给泵经混合单体冷却器送到聚合，经过流量控制后与 SSS、部分脱盐水一起进入聚合釜。引发剂

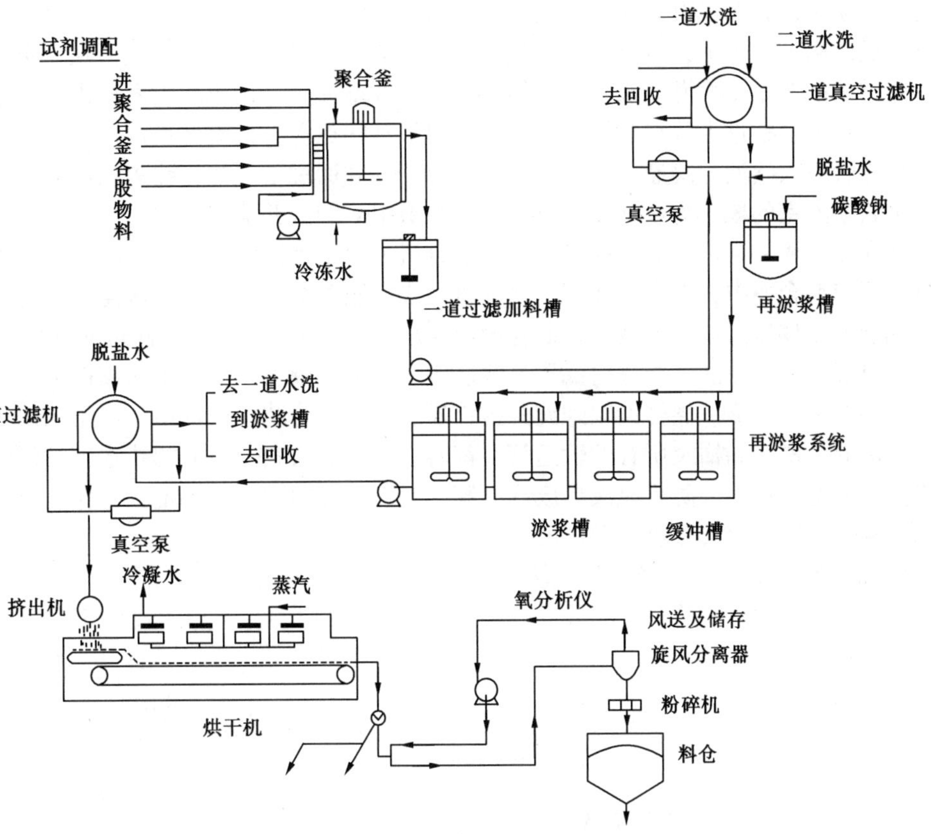

图 2-8　干法聚合工艺流程图

和活化剂分别经流量控制后，在同一管口进入聚合釜。为确保连续生产出质量均匀的合格聚合物，对加入聚合釜中的各组分的量要严格控制。脱盐水经总流量控制后，一路通活化塔及活化塔放空淋洗器；一路通反应釜放空喷淋和视镜冲洗；一路进反应釜环管喷淋，防止飞溅上来的浆液黏在釜顶上，其他部分的水通过自控阀与混合单体一起进入聚合釜。当反应出现异常情况，釜内温度超高(65℃)时，高位水槽的水会自动进入反应釜以保证设备安全。聚合物淤浆从聚合釜连续地溢流出来，并通过在溢流管中加入终止剂而终止聚合反应，随后用真空转鼓过滤机将聚合物从淤浆中过滤出来并在过滤的同时对滤饼进行彻底水洗，洗去聚合物中未反应的单体。将聚合物用脱盐水再形成淤浆，并充分混合，再经二道水洗过滤，最后，脱水挤出呈"面条"状，干燥合格后送料仓。

2.3.2.2　干法原液工序工艺流程

来自聚合物计量料仓的聚合物粉末在料仓底部振动器的作用下，连续稳定送入螺旋给料器，经质量流量计计量后通过一个垂直溜槽进入 DMAc 喷淋室。来自回收工序的 DMAc 经转子流量计计量后进入溶剂加热器加热，由加热器出来的 DMAc、TiO_2浆液(生产半消光纤维时)、DTPA 溶液分别通过输送泵经计量后与 DMAc 一起进入静态混合器。DMAc、TiO_2浆液、DTPA 溶液在静态混合器内充分混合后进入喷淋室，喷淋室内共有 12 个喷头，其中 9 个喷头(分三排设置)用于喷淋由溜槽落下的聚合物。喷淋室内聚合物润湿情况与喷头尺寸、喷淋压力有关。当喷淋压力过小时，由于喷淋所形成的扇形面不足以将溜槽下来的聚合物充分润湿，中间部位的聚合物有部分未被喷淋到，因此，当聚合物落下时，就可能使马可混合机堵塞，影响正常操作。当喷淋压力过大时，会产生飞溅现象，如果聚合物溅到喷头上，就可能堵塞喷头，影响喷淋效果。喷头尺寸是根据计算结果选择的，如选择的喷头尺寸过小，喷淋形成的扇形面较窄，对聚合物的喷淋就不充分。如果喷头尺寸过大，在一定的喷淋压力下，喷淋角度变小，喷淋效果不好。另外三个为放空喷头，用于对喷淋室内的放空气体进行喷淋，防止聚合物进入放空系统。放空淋洗喷头外接放空管，喷淋室内产生的气体经淋洗后通过放空管进入气液分离器，将气相和液相分开，并通过不同的管线进入原液混合槽。

进入喷淋室的聚合物被含 TiO_2 和 DTPA 的 DMAc 润湿并溶胀后进入正下方的马可混合机中，并在此加入一定比例的废原液。马可混合机是一个连续的螺旋混合机，将上述物质混合后排入原液混合槽中，聚合物在混合槽内进一步溶胀并溶解。为使原液混合均匀，混合槽内设单螺旋式搅拌器。混合槽液位控制在 50%~70%，由气动阀及液位测量元件控制。

来自混合槽的原液经篮式粗滤器过滤后进入原液储槽，原液在进入储槽之前有黏度计对原液的黏度进行检测。储槽设双螺旋式搅拌器。原液储槽液位根据纺丝产量来调整。

原液混合槽、储槽及所有的输送管线都有夹套，通入 65~75℃的热水进行保温，其目的是提高原液的流动性，防止原液形成冷凝胶。原液温度的控制原则是：在保证流动性的前提下越低越好，以防原液颜色加深。

原液制备系统都用 N_2 来保护，氧含量对原液的色泽至关重要。

混合槽、储槽均设放空冷凝装置，将排出气体中的 DMAc 冷凝回收，既防止环境污染，又节约原料，见图 2-9。

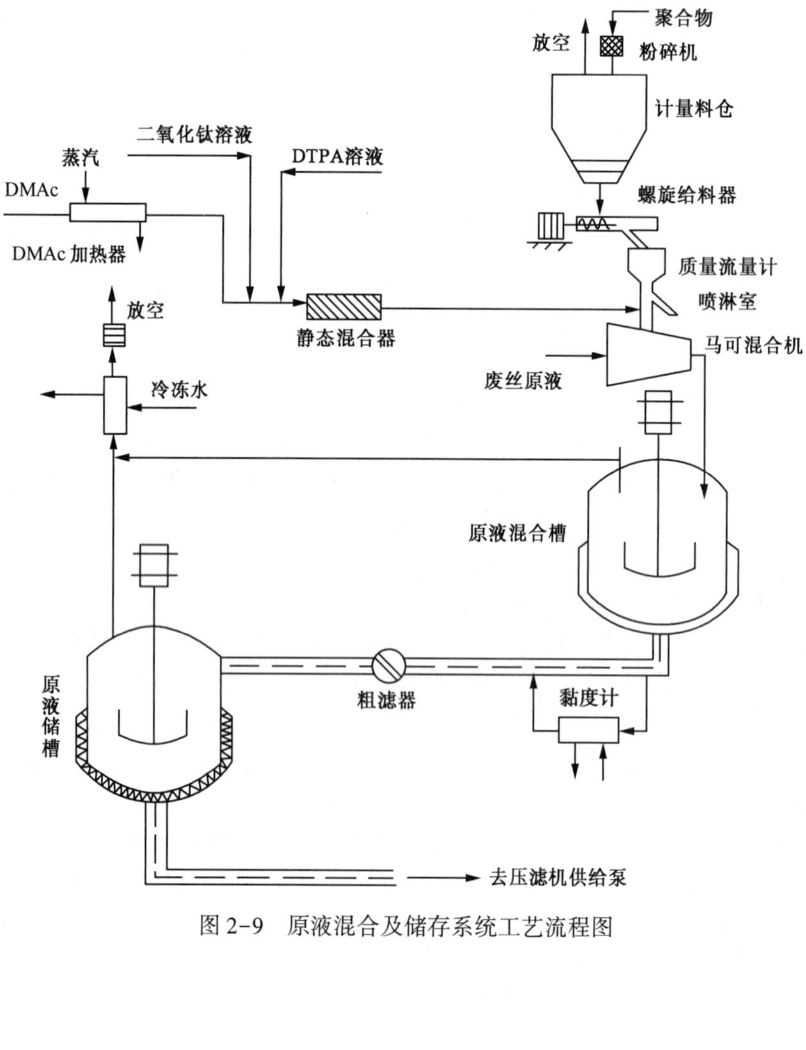

图 2-9　原液混合及储存系统工艺流程图

第3章　主要设备

本章根据湿法一步法、湿法二步法和干法纺丝三种腈纶聚合工艺路线，分别介绍腈纶聚合装置的主要设备。

3.1　湿法一步法聚合系统的主要设备

湿法一步法聚合系统的主要设备包括淤浆槽、反应试剂混合槽、进料温度控制器、聚合釜、脱单塔、原液混合槽、脱泡塔和板框式压滤机等。

3.1.1　淤浆槽

(1) 淤浆槽的作用。一步法溶液聚合时，硫氰酸钠和甲基丙烯磺酸钠先进入淤浆槽，与此同时，偶氮二异丁腈和二氧化硫脲由粉末加料器定量加入淤浆槽，在槽中搅拌器的连续搅拌下，使偶氮二异丁腈和二氧化硫脲均匀地分散在硫氰酸钠和甲基丙烯磺酸钠溶液中，形成混合液，然后进入试剂混合桶。

(2) 淤浆槽的结构(图 3-1)。

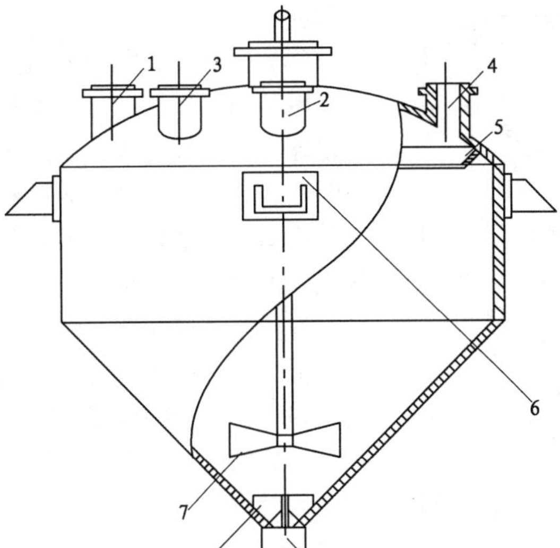

图 3-1　淤浆槽的结构示意图

1、4—粉末进料口；2—粉末进料备用口；3—溶剂进料口；5—防湍折板；6—支架；7—搅拌器；8—分流板；9—出料口

(3) 淤浆槽的特性。由于淤浆槽储存高浓度的硫氰酸钠溶液，所以它的材质是SUS316L，为了使槽内的物料混合均匀，槽中安装有搅拌器。淤浆槽底部有一根 U 形管，物料经出口 U 形管溢流至试剂混合桶。

(4) 淤浆槽的使用和维护。淤浆槽只是起到均匀混合的作用，操作简单，维护简便，需要特别注意的是，防止空槽启动搅拌而造成搅拌器损坏。

3.1.2 反应试剂混合槽

(1) 反应试剂混合槽的作用。在溶液聚合连续生产中，反应试剂混合槽是一个重要的设备。它一方面起各种化工料和反应剂与循环反应液的混合、稳定配比的作用，另一方面向聚合釜供料，保证生产正常进行。

(2) 反应试剂混合槽的结构(图 3-2)。

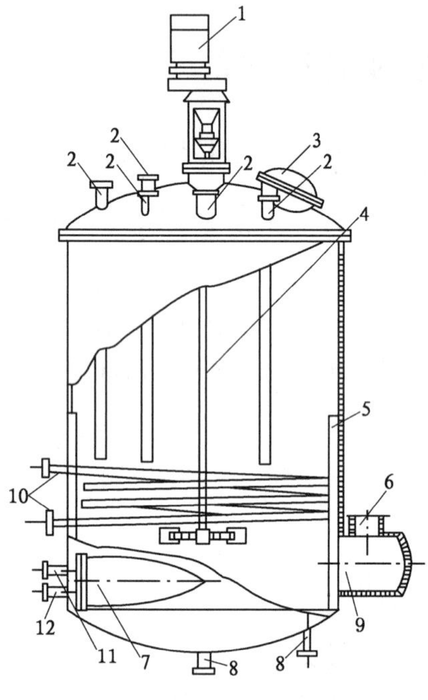

图 3-2 反应试剂混合槽结构示意图

1—电动机；2—物料入口；3—人孔；4—搅拌器；5—折流板；6—喷淋液返回入口；7—喷淋液输出口；8—去聚合出料口；9—测 pH 值和密度料液出口；10—冷却蛇管；11—温度检测；12—液位检测

(3) 反应试剂混合槽的特性。溶液聚合中使用的反应试剂混合槽是一个带有搅拌器的封闭式圆柱形桶，材质是 SUS316L，桶外有夹套(或内有蛇管)，夹套内可通冷冻水，使混合液保持较低的温度。这样可减少单体冷却器(在正常运转中，输至喷淋冷凝器的喷淋液须先经过冷却器进行冷却，保证脱单所用的喷淋液有足够低的温度，喷淋液喷淋后再返回试剂混合桶)和转化率控制器的热交换面积，工艺控制方便，同时避免在正常生产或聚合停车时(每次停车以前，由于料液已接近用完，喷淋不能再继续，冷却器也已停止工作)混合液由于温升而产生的自聚现象。因此，必须用夹套(或蛇管)冷冻水，使混合液维持一定低的温度。

(4) 反应试剂混合槽的使用。丙烯腈、丙烯酸甲酯、甲基丙烯磺酸钠、硫氰酸钠、偶氮二异丁腈和二氧化硫脲从顶部进入；单体冷凝器返回的喷淋液则从侧壁进入，均匀混合后的料液从试剂混合桶底部用活塞泵或离心泵抽出，按工艺要求以规定流量，经过进料温度控制器送至聚合釜。送喷淋冷凝器的料液抽出口的方位与桶成切线方向，这样当料液被泵抽出时就有一个切向力产生，使混合桶内物料形成旋涡，起到搅拌和均匀混合的作用。

(5) 反应试剂混合槽的维护。定期校正温度检测仪和液位检测仪，定时巡检混合槽搅拌器运行情况。

3.1.3 进料温度控制器

(1) 进料温度控制器的作用。混合液在进入聚合釜以前，先经过进料温度控制器(也称变换控制加热-冷却器)，起到控制进料温度的作用。

(2) 进料温度控制器的结构。其结构实际上是一个分段的加热器和冷却器，它的构造有列管式和板式之分。图 3-3 所示为板式结构。它设计成下部为一个冷却段，用 1℃冷冻水冷却；上部为一个加热段，用约 60℃水加热，使混合液能调节保持在一定的温度范围内。一般控制聚合釜进料温度为 13~32℃。

(3) 进料温度控制器的特性。板式进料温度控制器由一系列平行板所组成，平行板片牢固地夹持在一组坚实的端架之间。板与板之间用橡皮密封垫圈隔开。

(4) 进料温度控制器的操作。操作时禁止单向受压，防止交换器击穿，造成交换器一面

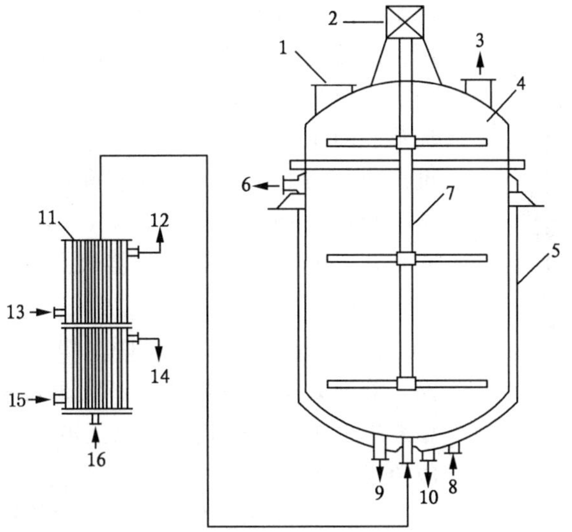

图 3-3　板式进料温度控制器结构示意图

1—视镜；2—电机；3—出料口；4—聚合釜；5—夹套；6、12—热水出口；7—搅拌器；8、13—热水进口；9、10—排污口；11—进料温度控制器；14—冷却水出口；15—冷却水进口；16—进料管

的料液穿入另一面料液中。

（5）进料温度控制器的维护。定期维护温度检测仪、温度自动控制调节阀，根据交换效果进行不定期清洗交换器。

3.1.4　聚合釜

（1）聚合釜的作用。使按工艺配比进入的物料在聚合釜内进行溶液聚合反应，以获取合格聚丙烯腈高聚物。

（2）聚合釜的结构（图 3-4）。

（3）聚合釜的特性。釜外有加热夹套可调节反应温度。釜内有三排四桨叶的搅拌器，第一和第三排桨叶能使聚合液向上运动，中间的一排桨叶能使聚合液向下运动，保证釜内聚合液混合均匀，有利于出料，物料进出釜的路线是下进上出。溶液聚合的聚合釜材料通常用 SUS314L。釜在安装配管时还安装安全阀或防爆膜。

（4）聚合釜的使用和维护。溶液聚合的聚合釜是压力容器，操作时必须严格按操作法操作，严禁高温，防止爆聚。定期检查温度检测仪、安全阀或防爆膜、搅拌器、温度自动控制调节阀和搅拌密封件等。

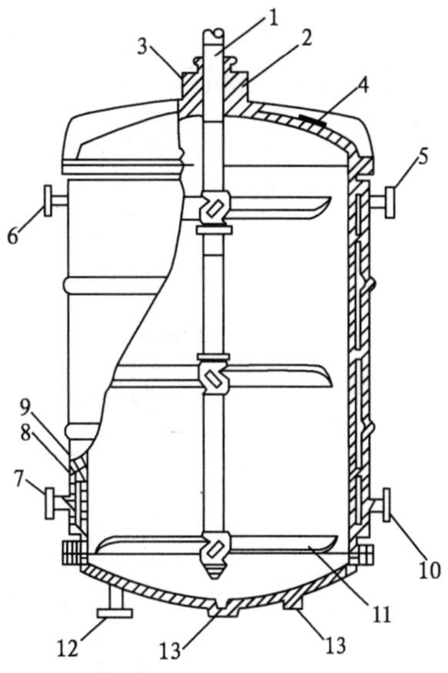

图 3-4　聚合釜结构示意图

1—搅拌器；2—冷却夹套；3—填料；4—出料口；5—夹套水溢流口；6—夹套水出口；7—夹套水进口；8—夹套；9—隔板；10—夹套排水口；11—三桨叶搅拌器；12—进料口；13—排料口

3.1.5　脱单塔

（1）脱单塔的作用。脱除未反应单体降低单耗，稳定浆液黏度，改善生产环境。

（2）脱单塔的结构（图 3-5）。

（3）脱单塔的特性。一步法脱单塔外有低压蒸汽盘管

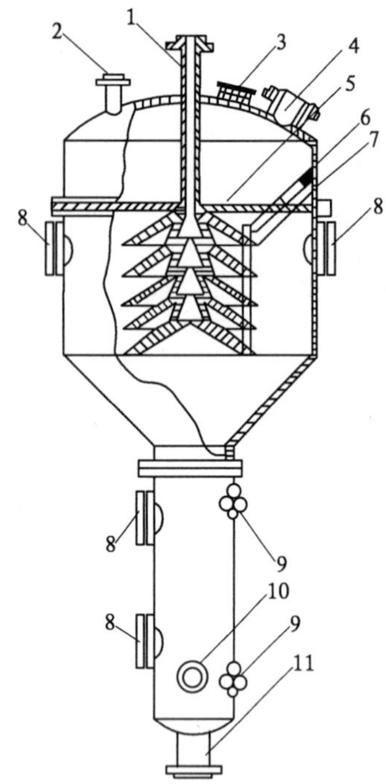

图 3-5 脱单塔结构示意图
1—进料口；2—真空表；3—灯孔；4—抽真空口；5—锥形套管；6—固定梁；7—伞面；8—视镜；9—液位计；10—安全阀口；11—出料口

保温。塔内有五层伞，第一层(最上一层)伞起到阻挡作用，以免逸出的单体蒸气带着料液雾沫直冲喷淋冷凝器(或真空管道)；第二至第四层伞是使浆液在伞上布成薄膜以增加蒸发面积，使浆液内的单体(或气体)易于逸出。伞的圆锥角通常为120℃(伞的圆锥角度关系到浆液在伞面上的停留时间和伞面上液层的厚度)。浆液进脱单塔时采用两个同心套管，内、外管各通二层伞，目的是使浆液能分布得更均匀一些。

(4) 脱单塔的操作。脱单塔操作时须经常注意控制液面。液面太低，易被抽空；液面太高，会浸没伞面影响脱单效果，更主要的是不使浆液被抽吸到单体喷淋冷凝器中，以免发生事故。

(5) 脱单塔的维护。定时巡检脱单塔的运行情况，定期检查液位高低报警器。

3.1.6 原液混合槽

(1) 原液混合槽的作用。减少原液质量的离散性，通过一定时间的停留，使原液在混合槽内混合，达到性质稳定。同时起到前后工序的缓冲作用，以保证连续生产的稳定性。

(2) 原液混合槽的结构(图 3-6)。

(3) 原液混合槽的特性。湿法一步法原液混合槽的材质是含钼不锈钢，槽内有挡板隔成许多区，原液在槽内形成循环。循环原液和脱单后送来的原液在管道混合器内相遇，进行充分混合，然后再进入原液混合槽。从原液混合槽抽出的经

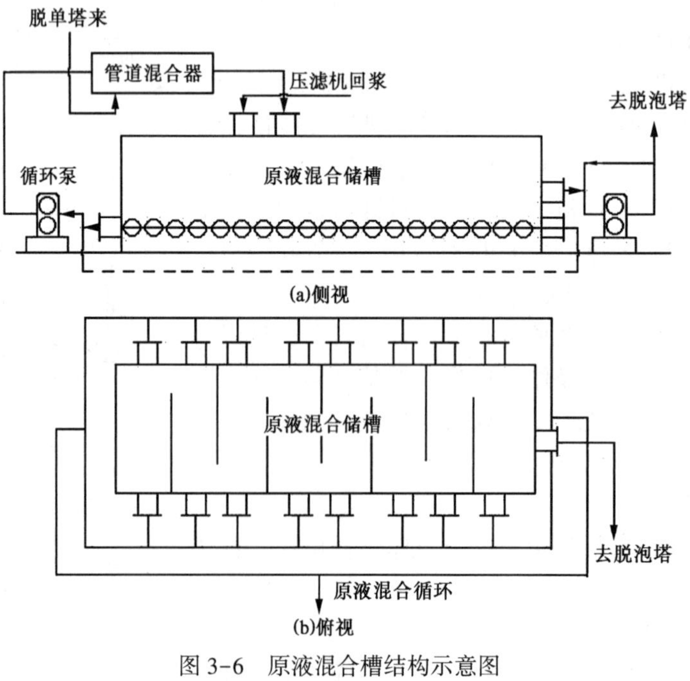

图 3-6 原液混合槽结构示意图

充分混合的原液，就用泵送往脱泡塔。

(4) 原液混合槽的使用。原液混合槽操作简单，但要注意不让原液在槽内走捷径，各循环泵和管线阀门必须按操作法规定操作。

(5) 原液混合槽的维护。定期检查和维护液位检测仪，维护各循环泵的设备状态。

3.1.7 脱泡塔

(1) 脱泡塔的作用。脱除原液中的气泡，提高原液的可纺性。

(2) 脱泡塔的结构(图 3-7)。

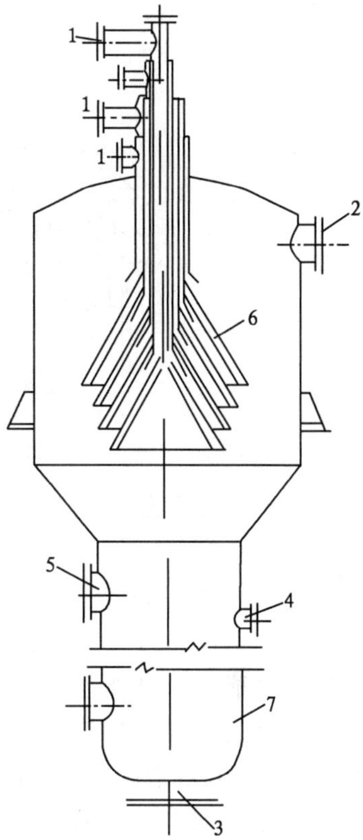

图 3-7 脱泡塔结构示意图
1—进料管；2—抽真空管；3—出料口；4—视镜；5—人孔；6—伞面；7—大气腿

(3) 脱泡塔的特性。脱泡塔与脱单塔相似，但也有不同点，其区别在于：

①脱单塔锥形伞面为 120°角，而脱泡塔为 60°角。这是因为进脱泡塔的浆液黏度比进脱单塔的浆液黏度要高，较大的倾斜角有利于黏稠的浆液向下流动。脱泡过程比脱单过程困难，在同样塔径下，60°角的锥形伞面行程比 120°角的锥形伞面行程长，即伞形表面积较大，有利于薄膜展开。

② 脱单塔四个锥形伞面的最上层另有一层伞面起阻挡作用，以避免逸出的气体料液泡沫直冲抽真空的管道。脱泡塔处理的浆液组成与前者完全不同，而且在低于环境温度下抽真空，脱除的是水蒸气、气体和少量单体，因此没有起阻挡作用的伞面。

③ 脱单塔只有一根进料管，而脱泡塔浆液进口为一根同心管，在每一层伞面上面开有若干小孔，这样伞面上的薄层厚度可分别控制，使各伞面上薄层分布均匀。这是由于脱泡过程比脱单过程困难，操作条件强化，薄层厚度控制更为重要的缘故。脱泡真空的产生是由水喷射泵形成，经冷却的循环液高速喷射形成真空。

(4) 脱泡塔的操作。操作三级蒸汽喷射泵抽真空时，要先排放冷凝液再开蒸汽。严格控制脱泡塔的液位和真空度。

(5) 脱泡塔的维护。定期检查和维护液位检测仪、三级蒸汽喷射泵系统检修后要进行捉漏调试。

3.1.8 板框式压滤机

(1) 板框式压滤机的作用。除去在配料、输送等工艺过程中混入原液的杂质，以免在纺丝过程中阻塞喷丝孔，造成断头，引起毛丝。

(2) 板框式压滤机的结构。板框式压滤机是滤布介质过滤机中的一种，由几十块滤板和滤框交替迭合组成，滤布夹在板框之间。装合时，转动压紧机构螺杆，使板框相互压紧。每块滤板有两个过滤面，过滤面上有凸缘，凸缘间的沟槽经过左上角通道和左下耳环的空穴相连。滤板内空间则经过右下角通道和右下耳环的空穴相连。装合后，板、框的右下耳环的各个空穴迭成一个右下耳管道，与每个滤框相通，是原液的进料管；板框的左上耳环的各空穴迭成一个左上耳管道，与滤板面上的沟槽相通，是过滤后原液的出料管。图 3-8 表示一组板框中原液流经路线：右下耳管道→滤框→滤布→滤板沟槽→左上耳管道→排出压滤机。

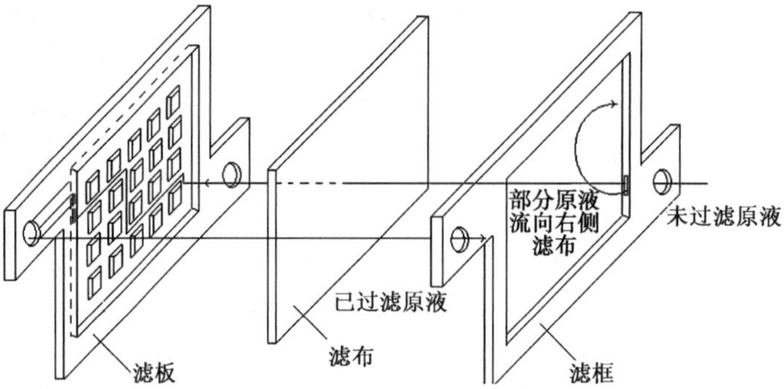

图 3-8　一组板框中原液流经路线示意图

（3）板框式压滤机的特性。板框式压滤机各块滤板过滤面积的总和，即压滤机的总过滤面积。一般滤布由一块绒布，两块细布迭合。绒布的绒面朝滤框，细布贴滤板。

（4）板框式压滤机的操作。

①控制送浆压力。通过滤机的原液，因黏度大，流经滤布时的阻力也大，因此，需要一定压力才能流过滤布层，并以足够的压力供给纺丝计量泵。送浆压力要求比较稳定，以免影响计量泵的吐浆量。一步法一般送浆压力在 0.5MPa。压力大小可改变齿轮泵(或螺杆泵)的回流量来调节，回流量由回流阀控制，回流阀开得大些，回流的原液就多，进压滤机的原液就少，送浆压力就低；反之回流阀开得小些，回流的原液就少，进压滤机的原液就多，送浆压力就高。这个回流阀也可以用自控装置控制。压滤机进口处的压力要求控制在一定的范围内，一般控制在 2.0MPa，根据滤机的材料而不同，以免压力过高导致压滤机破裂。

② 定期更换滤布。压滤机随着过滤时间的延长，滤布不断阻塞，原液滤出速度越来越慢。但进压滤机的齿轮泵仍以原来的流量送入原液，在这种情况下，压滤机内压力将不断上升，这时需要及时拆换滤布，否则可能引起爆框。

③ 投用前充浆。新装好的压滤机(即刚换过滤布的压滤机)在开车时要先回浆，就是把刚滤出来的原液送回原液混合槽。因为滤机原来是空的，脱泡后的原液进入新换滤布的滤机，将有大量的气体混入原液，这些原液就不能送去纺丝，只能让它回到原液混合槽重新脱泡、过滤。此外，过滤作用不仅依靠过滤介质——滤布，而且依靠滤渣自身在滤布上形成的过滤层(称为滤饼)，在滤饼形成以前，过滤出来的原液通常总是免不了仍含有若干杂质，所以压滤机更换滤布以后，要充浆一定的时间才能投用。

④ 滤布安装要规范。装滤布时候，滤布一定要向四周拉平，如有皱褶，往往会漏浆。滤布的四个孔要对准压滤机导管管孔。若对不准，会降低压滤机的使用效率。

⑤ 开停压滤机要正确。一步法开滤机操作时应先打开压滤机出口阀，再打开压滤机进口阀；停滤机操作则相反，先关压滤机进口阀，再关压滤机出口阀，以保证压滤机不受到意外高压。

（5）板框式压滤机的维护。定时巡检压滤机的进出口压力和压滤机的压紧机构情况，及时维护压滤机系统的设备、仪表。

3.2 湿法二步法聚合系统的主要设备

湿法二步法聚合系统的主要设备包括聚合釜、终止釜、脱单塔、水洗机、高剪切溶解机、脱泡塔、分散机、板框式压滤机和废丝溶解槽等。

3.2.1 聚合釜、终止釜

(1) 聚合釜和终止釜的作用。聚合釜的作用是使按工艺配比进入的物料在聚合釜内进行聚合反应，以获取合格聚丙烯腈高聚物。终止釜的作用是将聚合釜出料的淤浆终止聚合反应，稳定淤浆质量。

(2) 聚合釜和终止釜的结构。聚合(反应)釜和终止釜的主体材料采用特种铝，在丙烯腈水相悬浮聚合中，聚合釜具有容易结疤的特点。常采用特种铝作为聚合釜的本体材料，通过铝的腐蚀实现电化学抗疤。但铝的腐蚀速率必须控制，否则会直接影响聚合釜的使用寿命。要重视材质和焊缝的抗腐蚀能力，要求材料抗腐蚀速率达到小于 2mm/a 的要求。水相聚合釜的结构见图 3-9。

聚合反应是放热反应，为稳定釜内温度，在聚合釜夹套和内冷却管通入冷却水，DCS 系统通过调节冷却水流量控制聚合反应温度在设定值。

聚合釜由电机、减速机、机架、釜体、挡板、进料管、搅拌器等组成。聚合釜的釜体由上、下封头(均为椭圆形封头)和圆柱形筒体制作成。釜体外有导流夹套，夹套内通冷却水，釜内有四块长方形挡板，挡板内也分别通有冷却水。釜体内、外套之间有 50mm 夹层，装有螺旋式导流板，焊接牢固，使内、外筒形成一个整体。

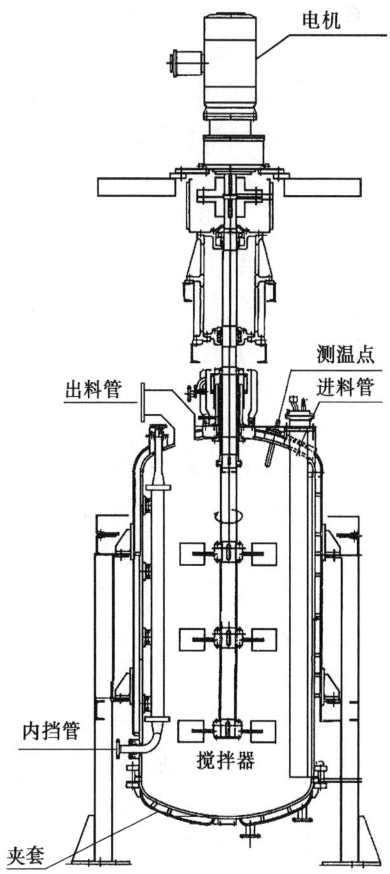

图 3-9 水相聚合釜结构示意图

终止釜为单层容器，上面为平盖可拆卸，下部为椭圆形封头，搅拌轴上装有两层互呈 90°的桨式搅拌器，在筒体下端设有液位变送器接口，搅拌电机为防爆电机。

(3) 聚合釜的特性。聚合釜釜体上方装有防爆电机、减速器、水封内/外套结构；釜体支架，将其釜体、机架、减速器、电机等联成一个整体。并将搅拌轴部件、机架、减速器、电机等静载荷与运行工作时的动负荷分别传递给钢结构支架，使釜体成为一个独立的受力系统，与搅拌动力系统无关，总体上提高了聚合釜的工作可靠性。聚合釜中心部位装有不锈钢搅拌轴，采用三层六叶圆盘式涡轮搅拌结构，该型式的搅拌器同时具有较强的剪切和循环能力，适合于非均相固-液悬浮体系的搅拌，釜内的四块挡板也增加搅拌效果。

聚合釜内还装有进料管，进料管插到接近釜的底部，这样有利于保证停留时间和充分反应。聚合釜反应生成物从顶部溢流，出料用跨接管连接。为改善浆液的流动性，防止溢流管线结疤堵塞，在溢流管线上有三道喷淋水：

① 在溢流管线的上端加一道脱盐水喷淋，以吸收汽化单体。

②在溢流管线的中端，加入终止剂 NaOH，调节终止釜 pH 至规定值，使引发剂失活而终止反应。为了防止终止釜 pH 值过高而使副产物增多，NaOH 的加入量用 pH 计控制。

③ 在溢流管线的下端，用脱盐水和单体吸收水喷淋。

(4) 聚合釜的使用和维护。

①初次使用搅拌器时，应先进行手动盘车，确认无转动异常时，再给搅拌器电机供电，进行点动，确认搅拌器方向(应为俯视顺时针)，一切处于正常状态下方可开机。开机时，应经常有专人巡视，发现异常立即报告有关人员，及时采取紧急措施，防止事故的发生。

② 容器内外表面应避免机械损伤，在制造、安装和使用时，都要采取有效措施，防止铝材表面划伤和损伤，尤其在每次清疤时更要加以重视。

③ 聚合釜搅拌器严禁空转。为满足此条件，应按下列程序进行操作：先给内筒加料，同时给内、外水封结构供水，给夹套供冷却水，进入正常运行。停机时，应先停止给夹套筒体(及上封头)供冷却水，后排放内筒中的淤浆。

④ 每运行一个周期，应检查搅拌轴是否有腐蚀现象，并给予记录，同时检查设备外观是否正常。对聚合釜内筒壁厚应给予监测，其最小壁厚应≥11mm。

⑤ 应设有基础沉降观测水准点，聚合釜基础与终止釜基础之间的沉降差≤70mm。

搅拌部分运转时，釜体和支架要平稳，无异常振动，聚合釜允许最大工作电流为 150A，减速箱规定温升为室温加 40℃。

3.2.2 脱单塔

脱单塔的作用：脱除未反应的单体并回收单体重新配制使用，降低单耗，稳定淤浆质量，减少污水中的含腈量，改善生产环境。

(1) 脱单塔的结构。

① 有回流水的脱单塔[图 3-10(a)]。脱单塔有高开圆形固定阀做成的塔盘 15 层。

② 无回流水的脱单塔[图 3-10(b)]。

脱单塔是气液两相操作的汽提塔，采用填料结构，共有 15 层填料。填料为 316L 材质的波纹板式塔盘，具有较大的处理量。为了防止壁流，每两层塔盘布置一个聚四氟乙烯垫片，塔盘采用瓦楞形式，与水平方向成一固定的角度，相邻两块为相反方向布置，有利于浆液与蒸汽的充分接触。蒸汽从脱单塔底部通入，是为了与浆液形成对流，在波纹塔板表面充分接触，进行热交换使更多的单体进行挥发，提高脱单效果，塔板表机上的小孔有利于蒸汽的通过。

(2) 脱单塔的特性。减压状态下，淤浆从塔顶进入，蒸汽从塔顶进入，料液与蒸汽逆向而流，使单体从淤浆中汽化出来，从塔顶随蒸汽逸出，进入单体冷凝器。由于未反应的单体是在较高温度下被汽化，控制不当容易造成回用单体在脱单塔内自聚。

(3) 脱单塔的使用。为了防止料液在塔内液泛和自聚，在操作时要严格控制脱单塔液位、塔底和塔顶温度，提高淤浆进料温度。

(4) 脱单塔的维护。定期检查和维护脱单塔的液位检测仪、温度检测仪、流量检测仪，定期清洗脱单塔内的塔盘和各进料口管线。定时从视镜中观察脱单塔的运行情况。

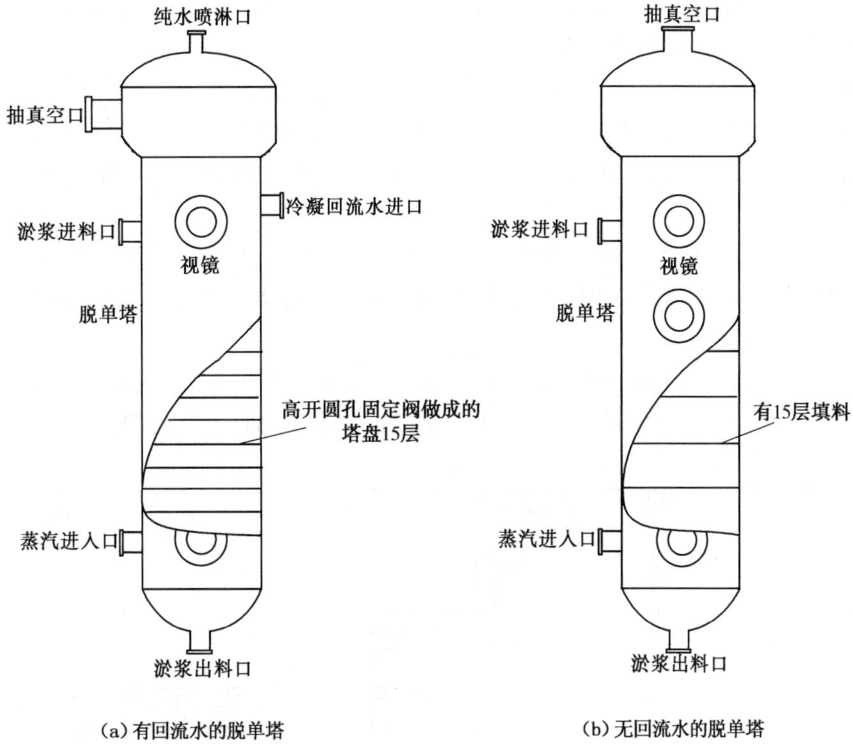

图 3-10　脱单塔结构示意图

3.2.3　水洗机

1. 水洗机的作用

除去淤浆中残余的未脱除的微量单体、低聚合物和溶于水的盐等杂质，提高淤浆质量。

2. 水洗机的结构

(1) 水洗和脱水一体化的水洗机(图 3-11)。水洗机的主要结构有转鼓、中心管、反吹阀、槽、外壳、轴承座和中心管托架等。

① 转鼓。转鼓是本机的关键部件，由筒身和两端的轴头组成，轴头和筒身是用螺栓连接并用销钉锁紧，用密封圈密封。筒身内外壁是经精密加工之表面，转鼓转动时和反吹阀之间有 0.03~0.10mm 的间隙。筒身上开有许多孔，能使滤液通过。

② 中心管。中心管是一根用隔离板分成两室的钢管，一边为真空，另一边为吹气室。中心管配有连接阀门的法兰。在真空室，中心管配有用来吸抽气体和滤液的真空管。当转鼓运转时，中心管是固定不动的。

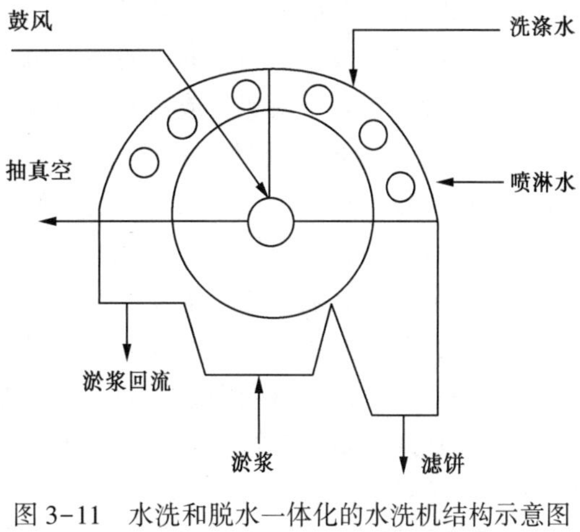

图 3-11　水洗和脱水一体化的水洗机结构示意图

中心管一头是吸入端，另一头是反吹端。中心管与转鼓筒身轴头间的密封是采用填料密封。吹走滤饼的反吹阀固定位置，通常在滤饼出口以上的 1.5 倍固定棒间距的距离。

③ 回吹阀。回吹阀包括前阀门、后阀门和回吹门，并固定在中心管的法兰上，还配有可移动和可更换的聚四氟乙烯的阀板。

④ 槽和外壳：槽是盛接悬浮液容器，在吹下滤饼的一侧，有一滤饼下料管，在相反的一侧有一溢流器，悬浮液进口和放空口在容器的底部。通过调节溢流板，转鼓的浸没率能调整在 28%～32%。上壳罩住整个转鼓，它不能密封气体，两边设有小门以便于调换滤布，又可作为巡检口。

⑤ 轴承座和中心管托架。轴承座内装有球轴承，两侧有橡胶油密封。轴承安装在承接转鼓两端的轴头上，起到支撑作用。中心管托架用固定中心管和固定反吹阀方位的托架一锁定，反吹阀的位置就确定了。

（2）单一水洗功能的水洗机。水洗是在转鼓真空过滤机内完成的，转鼓真空过滤机主要由转鼓、储槽、分配头、动力传动装置、洗涤装置、搅拌器、卸料装置等构成，如图 3-12 所示。

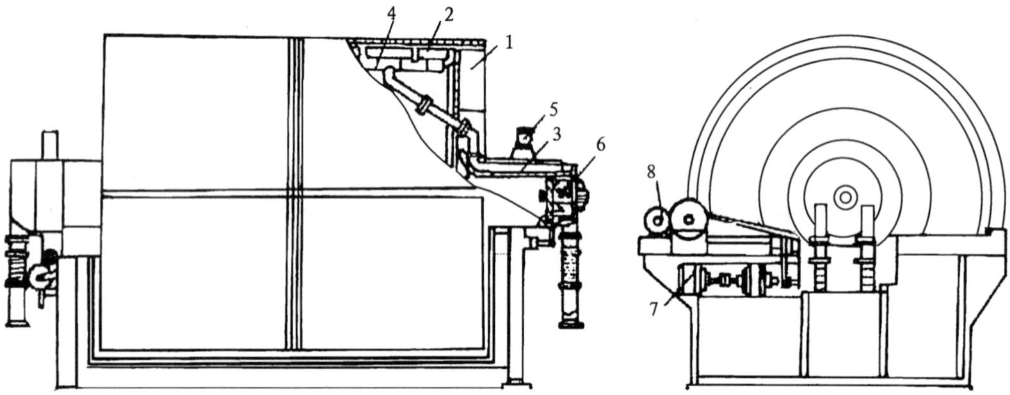

图 3-12 转鼓真空过滤机结构示意图

1—筒体；2—转鼓；3—喉管；4—洗涤装置；5—轴承；6—分配头；7—搅拌器；8—传动装置

① 转鼓。转鼓是转鼓真空过滤机的主要部件，主要由主轴、轴承座、错气盘、外滤面等组成，水平放置在储槽之上，转鼓通常由不锈钢板材及其他强度较高的材料焊接而成。转鼓内部的空间分割成彼此独立的小滤室，每个滤室都由单独的管道与主轴颈段的分配盘相连接，转鼓外表面有若干块塑料或其他材质的筛网板，形成转鼓外滤面。

② 分配头。分配头为转鼓过滤机的重要部件。它通过固定错气盘与旋转错气盘接触，其作用是使转鼓的每一个过滤区在旋转时通过错气盘、旋转错气盘的对应通道轮流与过滤装置的真空系统接通，从而依次进行吸滤，一次干燥、洗涤，二次干燥，卸料等阶段的操作。分配头内部分为相互隔开的若干扇形空间，形成吸滤、洗涤、干燥区，固定错气盘固定在分配头端面上，与分配头上的两个扇形区间孔对应。过滤机工作时旋转错气盘随转鼓一起旋转，分配头和固定错气盘则固定不动。为了保证错气盘接触面密封良好，在分配头的外圆上均匀地装有压缩弹簧，弹簧将分配头紧压于旋转错气盘上，并使错气盘接触面保持足够的密封压力。

③ 储槽。储槽是用来储存被过滤的悬浮液，通常由板材焊接而成，过滤机各部件均安装在储槽之上，槽体相应部位设有进料口、清洗口、排液口及溢流口，在安装过滤机时，进料口、溢流口、排液口均与相应的管道相连接。

④ 洗涤装置。转鼓真空过滤机的滤布清洗装置一般为喷淋冲洗。

⑤ 搅拌器。为了防止悬浮液中固相物的沉降，储槽底部装有搅拌器，搅拌器通常由往复式气动装置作为动力，也可以通过曲柄连杆机构由电机驱动，使其按一定的频率往复摆动。

⑥ 卸料装置。反吹法卸出滤饼是比较常见的方法之一，这种方法的优点是卸除滤饼后较为清洁，渗透性恢复较好，缺点是反吹往往带出一部分水分，降低了脱水效果。

3. 水洗机的特性

无格式转鼓真空过滤机是在标准型转鼓真空过滤机的基础上发展起来的新机种，具有结构简单、单位面积过滤能力大、反吹管与滤液管隔开、洗涤能力强、效率高等优点。转鼓真空过滤机是一种连续操作的过滤机械，转筒的过滤面积一般为 $3\sim40m^2$，浸没部分占总面积的 30%～40%，转速可在一定范围内调整（可无级变速调节），主体材料为 SUS316L。

无格式转鼓真空过滤机由于设有空格室，整个转鼓内都是真空状态，反吹压缩空气与转鼓真空密封技术要求很高，同时对转鼓的刚度有一定要求。

4. 水洗机的使用

(1) 启动前的准备。转鼓过滤机启动前应仔细检查浆液槽、转鼓、滤布等部位，不得有杂物，滤布安装位置正确、松紧合适，各减速器润滑油位达到规定要求，转动方向正确。

(2) 启动转鼓。启动转鼓电机（由低到高直至调节到所需要的转速）；检查空转情况，如发现有其他异常现象应立即停车检查、排除。

(3) 进料。进料速度要均匀，将液面维持到工艺要求的液面。

(4) 启动真空泵。启动真空泵，根据被过滤浆液的性质，调节真空度的高低，使其保持在最佳水平。

(5) 过滤。过滤过程中应观察真空度的波动及卸料情况，出现异常及时调节。

(6) 停车。停车时应先关进料阀，当浆液槽内的浆液低于转鼓底部时关闭冲洗水等阀门，再停真空泵。停机后，应用水将浆液槽、滤布、刮刀等冲洗干净，以免影响下一次过滤效果，冲洗完毕后，停转鼓电机。

5. 水洗机的维护

水洗机的正确维护，对保证其正常运行和延长使用寿命是十分重要的，因此在使用维护过程中应注意下列事项：

在启动前，要检查转鼓、槽体、管道等部位以确认没有异物。主传动变速箱等部位，要定期更换与适当加油和油脂，加到油位表的标准位置。过滤机在未通真空和槽内没有供应淤浆情况下，应采用最低速进行试运转。在启动阶段，运转太快，会造成聚四氟乙烯阀板破裂损坏。检查溢流板安置在适当水平，使形成所需的浸积率。在过滤机运行时，回吹压力和过滤容量应适当调整，回吹压力过大，容易过早地损坏滤布，使转鼓表面未滤尽的料液成为滤渣排掉。因此，回吹压力必须保持在足以把滤渣从过滤布上吹走的程度。真空操作必须调节到能取得理想效果的状态。非操作工人不得任意开动转鼓真空过滤机，严禁在机器运转时加油，严禁在机器运转时开启安全护罩。

3.2.4 高剪切溶解机

(1) 高剪切溶解机的作用。缩短聚丙烯腈高聚物在硫氰酸钠溶剂中的溶解时间，快速制备出理想的均相高分子溶液。

（2）高剪切溶解机的结构（图 3-13）。

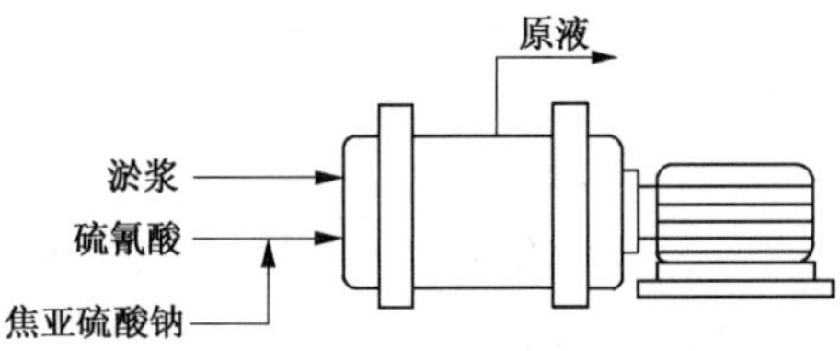

图 3-13　高剪切溶解机结构示意图

溶解机左侧安置高精度成对双联向心推动力轴承，由它承受任意方向的轴向力，并达到调整控制转子部套轴向窜动量的目的。设备右端装有向心球轴承，起到活动支点作用。当主轴转子部套受热膨胀时，以成对双联轴承为固定点，转子向右膨胀。为了提高浆料混合和剪切效果，转子叶片边缘处和定子流道通孔处需保持锐边。

（3）高剪切溶解机的特性。溶解机是利用转子的高速转动与定子孔之间产生剪切和搅拌混合，分散性能良好，生产效率高。其转子与定子之间的法向间隙可进行调整，一般在 0.6~0.8mm；转子与定子的两个 60°内外锥面相吻合。为了使三对转子和定子之间的法向间隙保持一致，转子与定子的加工精度要高。

（4）高剪切溶解机的使用。启动溶解机前要检查确认各类润滑油和油脂按规定选用无误，否则可能会引起过热和损坏机器，在设备运转前，确保油位正确。用手转动转子，需确认：轴承安装合适；在定子和转子之间无擦碰、接触；转动较轻巧，确保各种接管连接安全可靠，确保各种紧固螺栓等无松动和齐全。

（5）高剪切溶解机的维护。通过视觉、触觉和用温度计来检查轴承温度，不超过室温加 40℃。运行中如发现有异常声音，检查轴承有无磨损、过烧现象，应及时更换损坏的轴承。定期检查润滑油的污染情况，如发现有严重污染，应更换润滑油。经常检查是否发生泄漏，用肉眼检查溶解机的各种泄漏点，如轴密封处、连接管道、管塞及法兰处的泄漏。如果出自轴密封处的明显泄漏，就要修理或更换机械密封。

3.2.5　脱泡塔

（1）脱泡塔的作用。脱除原液中的气泡，提高原液的可纺性。

（2）脱泡塔的结构（图 3-14）。

为了使原液分布均匀和防止原液在管道内减压或汽化，脱泡塔沿周向均匀分布有 12~22 根原液分布管。在脱泡塔第一锥面处有一个空心套筒。该空心套筒的作用为防止液膜飞溅、起泡，同时，套筒外表面，也为脱泡提供成膜场所。套筒与锥面的空隙是原液脱泡的重要地区，其空隙大小与原液的起泡性、液膜表面的气流速度等有关。

（3）脱泡塔的特性。脱泡塔是负压设备，其主体材料为 SUS316L。脱泡塔第一锥面（上锥面）上沿内径为脱泡塔主体尺寸，它决定了原液在脱泡塔内展开的液膜厚度，同时又是脱泡塔其他尺寸的基准。

（4）脱泡塔的使用。由于脱泡塔是负压设备，在操作过程中防止脱泡塔受正压而变形。在开停脱泡塔时防止水进入脱泡塔而结块。

（5）脱泡塔的维护。定期检查和维护脱泡塔系统的压力计、温度计、液位计等仪表测量器具，定时从视镜中观察脱泡塔的运行情况。

3.2.6　分散机

（1）分散机的作用。将二氧化钛水溶液快速均匀地分散到供纺原液中，供纺丝生产消光纤维。

（2）分散机的结构。分散机的外形和结构与高剪切溶解机基本相同。为了提高浆料混合细化的效果，在分散机转子叶片边缘处和定子流道孔口处均有锐边。由于物料中含有较高的硫氰酸钠溶液，所以该机械的过流部分零件与主要零部件均采用耐腐蚀性能良好的316L不锈钢。设备左侧装有高精度成对双联轴承，由它承受任意方向的轴向力，该点为设备固定支点，受热膨胀时，旋转部套可向右端延伸，右端至向心球轴承在轴向为一活动支点。设备两端装有两套机械密封，摩擦副材料选用硬质合金，为单弹簧结构，它能适应高黏度颗粒的工况下工作。为便于装卸和延长主轴寿命，在机械密封安装部位设置了轴套。

(3) 分散机的特性。分散机的转子具有一定的泵效应，但由于叶片分布较疏，所以转子对物料流向的约束力不强，物料通过转子后所获得的有效能量亦不大，因此进出口压差很小，若要提高流速与流量，则需调整进口管路中的物料压力。

(4) 分散机的使用。操作分散机时要注意物料的切进顺序，防止分散机中的原液在水溶液结块以及开分散机时要排尽空气，避免对纺丝生产造成冲击。

(5) 分散机的维护。定期检查和维护分散机的机械密封。

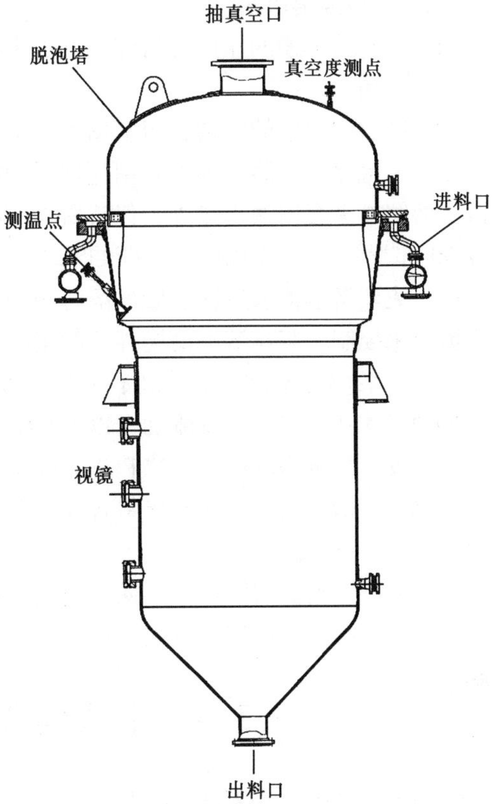

图3-14　脱泡塔结构简图

3.2.7　板框式压滤机

(1) 板框式压滤机的作用。滤除供纺原液中的各种杂质，提高原液的可纺性。

(2) 板框式压滤机的结构。二步法板框式压滤机的结构与一步法板框式压滤机的结构基本相同，板框式压滤机有若干组板框，但二步法板框式压滤机的滤布无空穴。每台板框下面安装有下液孔的托盘和连接废原液地坑槽的浆液管，以便调换滤布时的废原液得到回收利用。

(3) 板框式压滤机的特性。压滤机都有各自相应的油压系统，压紧板框时，当压力达到22MPa时，油泵自动停止增压，按钮切换至保压。在板框式压滤机投用过程中，若压力下降到18MPa，油泵自动启动，压力再次到达22MPa，确保板框式压滤机压力在18~22MPa，防止板框漏浆。

(4) 板框式压滤机的使用。压滤机进口处的压力要求控制在一定的范围内，以免压力过高导致压滤机破裂。压滤机随着过滤时间的延长，滤布不断阻塞，原液滤出速度越来越慢，压滤机内压力将不断上升，这时需要及时拆换滤布，否则可能引起爆框。新装好的压滤机(即刚换过滤布的压滤机)在开车时要先充浆，以排尽空气并在滤布上形成一层均匀的过滤膜。装滤布时候，滤布一定要向四周拉平，如有皱褶，往往会造成漏浆。

(5) 板框式压滤机的维护。定时巡检压滤机的进出口压力和压滤机的压紧机构情况，及时维护压滤机系统的设备、仪表。

3.2.8 废丝溶解槽

（1）废丝溶解槽的作用。将配比好的废丝在槽内进行溶解，以获得合格的废丝溶解原液给予掺和使用。

（2）废丝溶解槽的结构。溶解槽为一个带有夹套装置的常压容器，在容器内，可加入废丝、废胶、硫氰酸钠溶液等。利用搅拌器的搅拌桨叶做90°的摆动旋转，把废丝废胶溶解成原液。溶解槽夹套内通入热水，保持所需的溶解温度。废丝溶解槽搅拌器的搅拌桨叶为四层互成90°布置，带有三角形截面的桨叶。

（3）废丝溶解槽的特性。废丝溶解槽的材质是含钼不锈钢，溶解温度靠溶解槽夹套中的热水流量来控制。废丝溶解槽搅拌器的桨叶为三角形截面，外端截面尺寸小、根部截面尺寸大的双叶平桨。搅拌轴上下共装有四层平桨，相互成90°交错排列，利用平桨的三角形斜面，推动液体在槽内作对流流动，以提高溶解速率。

（4）废丝溶解槽的操作。物料进入废丝溶解槽必须严格按照操作法中规定的顺序进行，防止废丝溶解槽内结块而堵塞出料管线。废丝废胶投料时要均匀缓慢，防止搅拌器瞬间负荷太大而损坏。

（5）废丝溶解槽的维护。定期检查主轴Ⅲ、摆动轴Ⅳ、传动臂以及球面轴承运行情况，定期对需要润滑的部件加润滑油，定期检查和维护温度检测仪。

3.3 干法聚合系统的主要设备

干法聚合系统的专用设备主要包括：聚合釜、真空过滤机、聚合物干燥机、喷淋室、马可混合机、原液混合槽、原液储槽、二氧化钛砂磨机、废丝离心脱水机和废丝干燥机等。

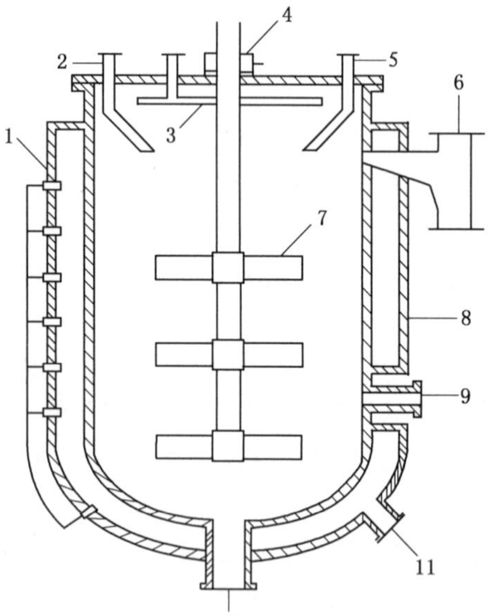

图3-15 聚合釜主体结构图

1—冷却水喷嘴；2—活化剂-催化剂喷嘴；3—喷水环；4—搅拌水封；5—共聚单体/脱盐水/SSS喷嘴；6—聚合釜溢流口；7—搅拌器；8—冷却水夹套；9—温度探头；10—聚合釜排放口；11—聚合夹套排放口

3.3.1 聚合釜

（1）聚合釜的作用。将根据工艺配比计量进入的单体在釜内进行聚合反应，以获得合格的聚丙烯腈高聚物。

（2）聚合釜的结构。主要结构分主体、搅拌装置和传动装置。

① 主体结构(图3-15)。

② 搅拌装置结构。轴的材质为SS304，包覆铝。搅拌桨为三排四桨叶多层搅拌器。上层、中层桨叶是有向下压流作用的折叶式。下层桨叶是平桨。折流板4块：挡流作用，上下翻腾，共有24个折流板支座。

③ 传动装置结构(图3-16)。

（3）聚合釜的特性。聚合釜的外形是平盖立式圆柱形，釜内常压。与浆料接触的零件都要包覆铝，如螺栓、搅拌轴、桨叶等。筒体材质和夹套材质为特种铝。

（4）聚合釜的使用。允许小负荷启动、无级变速。搅拌最佳转速以不产生飞溅和涡流的最大速度为宜。正常时为 140r/min，开车时为 90r/min。

（5）聚合釜的维护。根据釜内结疤情况平均 1～2 个月清理一次聚合釜，清疤后的聚合釜用脱盐水和一定比例的盐酸浸满，加热 4～6h，再用脱盐水冲洗干净。闲置时要充满含二氧化硫的脱盐水。定期检查和维护聚合釜的搅拌装置和传动装置、温度控制系统的检测仪。

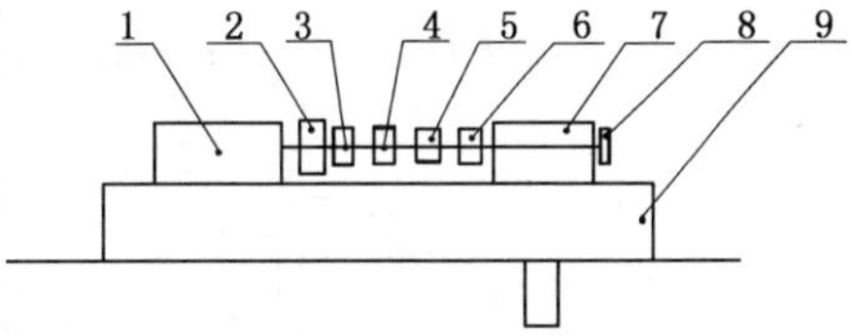

图 3-16　传动装置结构图

1—电机；2—无级调速；3—液压传动箱冷却器；4—联轴节；5—测速器；6—减速器；7—不锈钢变节管；8—减速器冷却器；9—支架

3.3.2　一道真空过滤机

（1）一道真空过滤机的作用。洗去未反应单体和过滤淤浆中的杂质和低聚物。

（2）一道真空过滤机的结构（图 3-17）。

（3）一道真空过滤机的特性。一道真空过滤机的机器形式是卧式连续真空过滤机，过滤介质是用多孔尼龙布（二层），设备材质是 SS304。

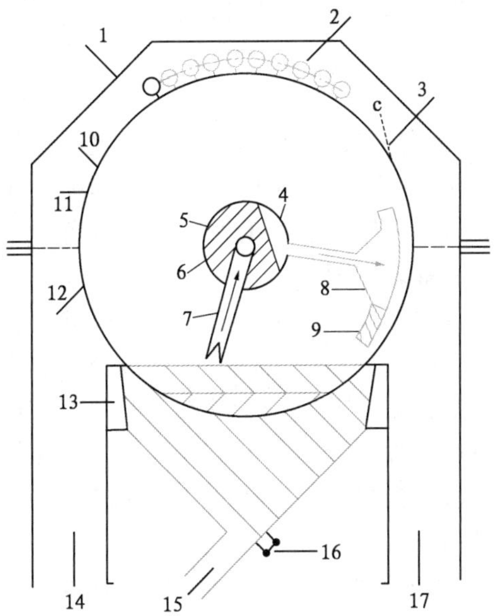

图 3-17　一道真空过滤机结构图

1—可移动过滤器盖；2—水洗水喷嘴；3—帘水；4—反吹口；5—抽真空；6—空心管；7—滤液吸出管；8—反吹靴；9—靴末尾；10—上紧 U 形槽；11—转鼓桥片；12—有孔转鼓；13—溢流堰；14—溢流管；15—进料管；16—液位测点；17—淤饼排出管

（4）一道真空过滤机的使用。在操作过程中要控制滤饼厚度、真空度及反吹压力。

（5）一道真空过滤机的维护。定期检查和维护传动装置、真空泵以及脉冲阀等。

二道真空过滤机的结构与一道真空过滤机的结构相同，只是外形尺寸和生产能力小于一道真空过滤机。

3.3.3　聚合物干燥机

（1）聚合物干燥机的作用。将来自聚合物挤出机的“面条”状聚合物烘干，使水分小于 0.5%。

（2）聚合物干燥机的主要结构（图 3-18）。

聚合物干燥机的机壳为箱式隔热壳体，分 4 个加热区，一个冷却区。每个加热区有 4 台风机。加热装置是多管套片式蒸汽盘管，送料装置为铺匀器。

（3）聚合物干燥机的特性。聚合物干燥机的机器形式是连续链板式。

（4）聚合物干燥机的使用。应避免干燥机中的聚合物粉末在局部地区积聚过热，防止可能发生的粉尘爆炸，本设备配备一套自动喷淋系统，当任何一区的温度升高到 145℃ 左右时，喷淋系统便会自动喷水以保证安全。尽量减少聚合物在干燥机内的破碎，控制挤出机含水量 54%。严格控制各区干燥温度，如果干燥不彻底，纺丝工序会出现断丝、聚合物风送系统出现堵塞的现象。反之如果聚合物干燥过度，发生聚合物降解，会使聚合物的颜色泛黄。

（5）聚合物干燥机的维护。每周清扫一次聚合物干燥机。每半年拆去横隔板，拖出加热器彻底清洗。定期检查和维护聚合物干燥机的温度控制系统仪表、各循环风机、自动喷淋装置等。

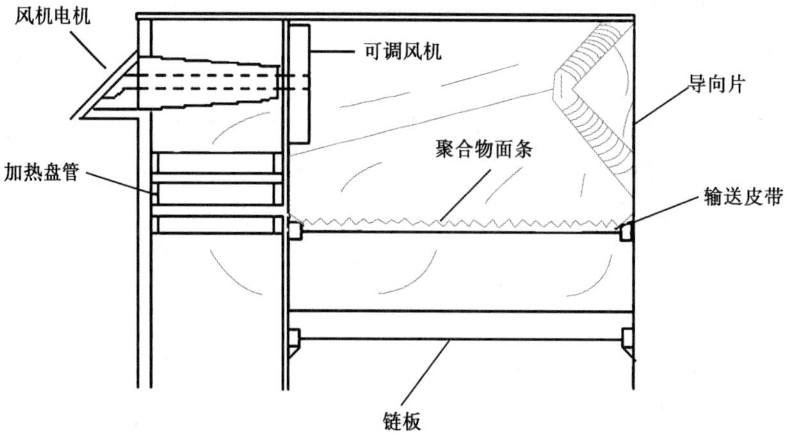

图 3-18　聚合物干燥机结构示意图

3.3.4　喷淋室

（1）喷淋室的作用。聚合物粉末从喷淋室的上部进入，通过由喷嘴向聚合物粉末喷溶剂 DMAc，使聚合物粉末湿润并溶胀。

（2）喷淋室的结构（图 3-19）。

喷淋室安装在聚合物质量流量机的下方，马可混合机的入口处，喷淋室的主体是一个用 SS304 制成的等边三棱柱，在棱柱的每个角上安装有 3 个喷嘴，共有 9 个水平喷嘴，每排喷嘴上都装有阀门。

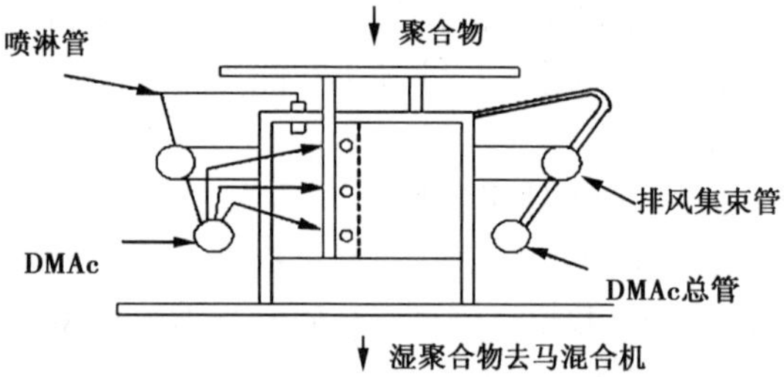

图 3-19　喷淋室结构示意图

在等边三棱柱外侧，有一同心圆筒与棱柱内接，筒外侧斜向上均布 3 个放空管，在每根放空管上方各有一个喷嘴，其尺寸与前面所述的喷嘴不同，喷淋方向向下，其作用是防止聚合物堵塞，聚合物中夹带的 N_2 从放空管排出。

（3）喷淋室的特性。喷嘴尺寸要根据聚合物流量变化进行选择，以使 DMAc 流率在所要求范围内，喷淋压力也有一定要求，喷淋压力低，喷淋曲线不稳，可能使聚合物溶胀不充分，喷淋压力高，易引起飞溅，产生堵塞危险，因此要根据聚合物流率，选择不同的喷嘴。喷嘴的断面近似于长方形，在安装或调换喷嘴时，一定要把喷嘴调节到横放位置，不可竖装或斜装。如果喷嘴压力不够，可关小或关闭一排喷嘴，使喷淋压力正常。喷嘴压力过高，可使 DMAc 走旁路进入马可混合机。

（4）喷淋室的使用。控制喷淋室的喷淋压力，若喷淋压力小，由于喷淋所形成的扇形面不足以将溜槽下来的聚合物充分润湿，中间部位的聚合物有部分未被喷淋到，就可能发生马可混合机堵塞，影响正常操作；当喷淋压力过大时，会产生飞溅现象，如果聚合物溅到喷淋头上，就可能堵塞喷头，影响喷淋效果。

（5）喷淋室的维护。定期检查和维护各喷嘴。

3.3.5　马可混合机

（1）马可混合机的作用。马可混合机的作用是使从喷淋室下来的被溶胀的聚合物进一步溶胀并溶解。

（2）马可混合机的结构。马可混合机的结构如图 3-20 所示，它由不锈钢制成，卧式锥形壳内装有一组螺旋叶片的螺杆。螺杆由一电机驱动，通过螺杆的旋转将聚合物混合，并将聚合物推向混合机的小的一端，经计量的废原液从马可混合机的大端后盖板进入。

（3）马可混合机的特性。马可混合机的主要材质是 SUS316，马可混合机采用单端面机械密封形式，出口压力为 0.06MPa，转子直径为 ϕ131.19mm，转子级数为 3 级，转速是 1800r/min。锥体和壳体喷涂一层聚四氟乙烯，目的是减轻原液黏结，马可混合机堵塞时便于清理。

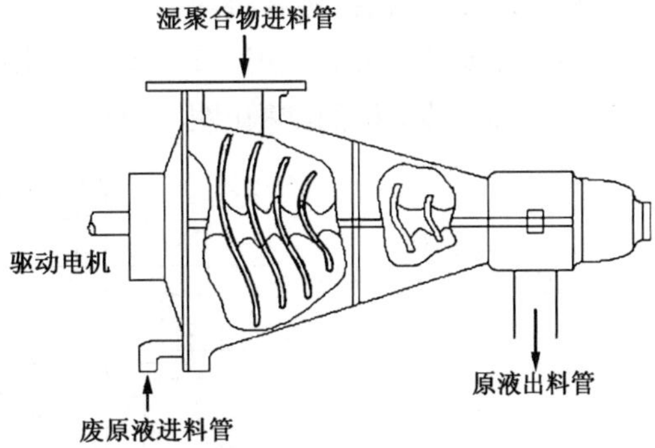

图 3-20　马可混合机结构示意图

（4）马可混合机的使用和维护。马可混合机常见的故障是被堵塞，需要打开壳体清理混合机，马可混合机轴的填料，经过一段时间磨损后，也需要进行更换。

3.3.6　原液混合及储存设备

（1）原液混合及储存设备的作用。原液混合槽的作用是把自马可混合机小端排出的原液进一步溶解，消除短时间原液含固量的波动，以使纺丝原液黏度、浓度均匀一致。原液储槽的作用是使原液溶解得更充分，以保证纺丝生产的连续性，当聚合工序停车时，可保证在短时间内不致影响纺丝生产，储槽的能力足以使纺丝机在最大纺速下工作 6h。

（2）原液混合槽和原液储槽的结构。

① 原液混合槽的结构（图 3-21）。

原液混合槽是立式罐体，目的是增加原液的流动性，槽内装有一个液流向上的单螺旋桨搅拌器，搅拌器带有水封。

② 原液储槽的结构（图 3-22）。

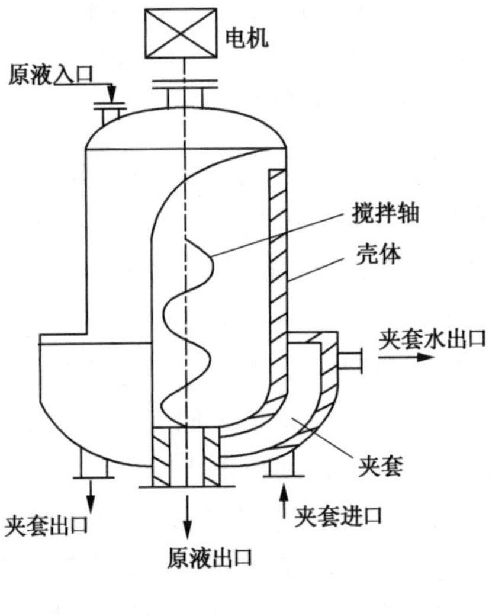

图 3-21　原液混合槽结构示意图

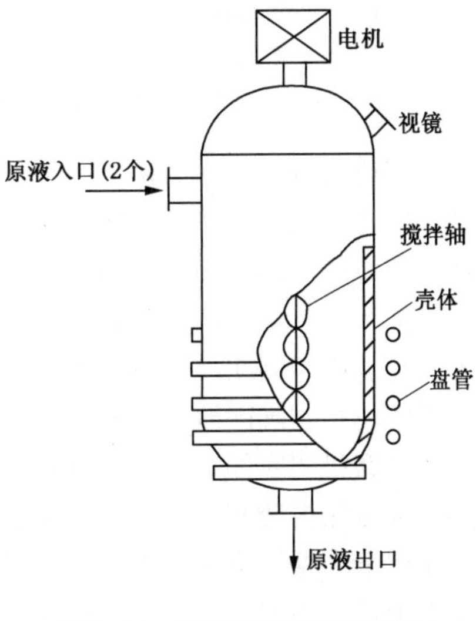

图 3-22　原液储槽结构示意图

原液储槽的结构、材质与原液混合槽大致相同，槽内装有一个液流向上的双螺旋桨搅拌器，原液储槽的外部设有盘管，内通循环热水，以使原液保持在一定温度。

3.3.7　二氧化钛砂磨机

（1）TiO_2砂磨机的作用。TiO_2砂磨机用来将 TiO_2粉末均匀地分散在 DMAc 中。

（2）TiO_2砂磨机的结构(图 3-23)。

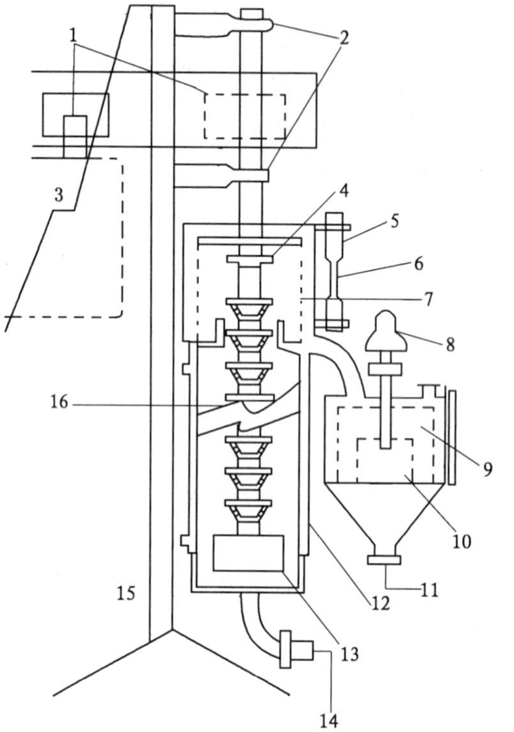

图 3-23　砂磨机结构示意图

1—六皮带带轮；2—衬座；3—电机；4—抛砂器；5—密封板；6—视镜；7—滤砂网；8—磁放大液位控制器；9—篮式滤网；10—80 目料斗滤网；11—出口；12—冷冻水夹套；13—稳定装置；14—入口；15—支架；16—10 层研磨盘

（3）砂磨机的特性。砂磨机有一带夹套的圆柱室，内有一特殊设计的带有 10 层研磨盘的搅拌器，砂子装入室内作为工作介质，进入砂磨机的物料流量通过自动控制阀调节以达到所要求的停留时间。砂子用过 1~4 月后会有些磨损，必须及时补充或更换。

TiO_2在研磨时，由于摩擦产生热量，这些热量通过夹套冷冻水排除，砂磨机底部装有温度传感器，将温度控制在(50±10)℃，并控制搅拌电机上的切断装置，避免砂磨机过热。冷冻水供给系统的控制阀同砂磨机电机联锁，保证砂磨机停转时系统中储有一定水量。

浆料从砂磨机的底部进入，经过石英砂多级研磨后，从研磨机侧上部的排料口排出，进入溢流箱，溢流箱内装有一个可以拆卸的、带有一定目数的滤网过滤篮，浆料通过过滤篮时，把砂子留下，这样确保微小的杂质不会进入调配槽。滤网堵塞使溢流箱内液位升高。由浮子联动的液位开关就会切断砂磨机的供料泵。溢流箱底部的三通阀控制最初砂磨机的物料回到混合槽(在循环状态下)。砂磨机入口的三通阀允许系统溢流回到混合槽。装在砂磨机底部的止回阀用以防止砂子进入浆料供给系统。

浆料输送泵与砂磨机电机联锁，二者不能单独运行。砂磨机溢流箱料位高时，通过自动流量控制阀的浆料流量变小，就会使输送泵停转，并切断砂磨机电机。砂磨机温度高，也会联锁使其电机和输送泵停转。

(4) 砂磨机的使用和维护。砂子用过 1~4 月后会有些磨损，必须及时补充或更换。定期检查和维护砂磨机系统的自动控制阀、切断装置、电机联锁、液位开关等仪表控制系统以及各润滑传动部件。

3.3.8 废丝离心脱水机

(1) 废丝离心脱水机的作用。从纺丝区和牵伸区来的废丝是湿的，并且含有 DMAc，而作为纺丝原液必须是无水的，这些废丝必须干燥，否则将导致溶解性不好。未牵伸废丝所含 DMAc 也必须在干燥之前经洗涤及离心分离除去。

(2) 废丝离心脱水机的结构(图 3-24)。

废丝离心脱水机为三足式离心机，内有吊篮，可装载湿纤维，吊篮上开有许多小孔，离心机与物料接触的部件均由不锈钢制成。

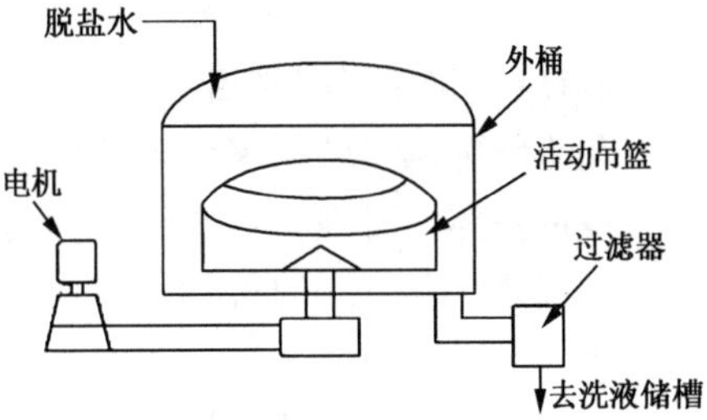

图 3-24 废丝离心脱水机结构示意图

(3) 废丝离心脱水机的特性。离心机是通过联锁系统驱动的，在电机启动之前松开制动装置，罩好转筒盖子并加以啮合，并对定时器进行时间设定。通电期间转筒盖子不能打开。

(4) 废丝离心脱水机的使用。将废丝装入离心机中心的吊篮内，启动电机并用水喷淋，脱出的溶液被送入 DMAc 稀溶剂罐，然后经过少量水旋转漂洗及甩干。收集来自两个过程的溶液用于第一次水洗。整个操作过程由定时器来控制。被洗涤脱水后的废丝，连同吊篮一起从离心机中吊出，送到废丝切断机。

(5) 废丝离心脱水机的维护。定期检查和维护电机和转动部件。

3.3.9 废丝干燥机

(1) 废丝干燥机的作用。废丝干燥机的作用是除去切断后的废丝中的水分，将水含量由 32%降到 2%，以使废丝有良好的溶解性。

(2) 废丝干燥机的结构。废丝干燥机为箱式结构。

(3) 废丝干燥机的特性。干燥机由三个区组成，两个干燥区，一个冷却排出区，输送带由有孔的不锈钢链板组成，切断后的丝在链板上的堆积厚度为 50mm。由 0.55MPa 蒸汽盘管加热的逆流空气经离心风机穿过分布板，向下穿过移动床进行循环。一个细网目的不锈钢滤网捕集所有可能穿过输送带的纤维屑。

第4章　湿法工艺操作

由于腈纶聚合装置分为湿法工艺技术和干法工艺技术，它们的工艺操作各成系统且差别很大，所以分章进行介绍。本章介绍湿法中的一步法工艺操作和二步法工艺操作。

4.1　化工料配制

4.1.1　化工料配制目的

化工料配制是腈纶聚合装置的头道工艺操作，进入腈纶聚合装置的化工料一般是固体或高浓度的液体，必须将这些固体和高浓度液体的化工料调配成符合工艺要求(如浓度、相对密度、温度、液位)的稀溶液，才能提供给聚合、原液生产使用，这就是化工料配制的目的。

4.1.2　化工料的收料操作

当化工料储存量低于工艺要求所需要的储存量时，就必须进行化工料的收料操作，使化工料储存量达到工艺要求。腈纶生产中的主要单体一般都是储存在罐槽中，一方面当罐槽液位偏低时，会造成聚合釜单体进料泵的进口压力下降而影响正常的进料流量；另一方面主要单体都是外单位用管道或槽车输送过来，要受到外单位生产和运输的制约，所以要保证主要单体有一定的储存量，从而保证正常供料。

4.1.2.1　丙烯腈的收料操作

1. 丙烯腈收料操作的条件

当丙烯腈储槽液位低于工艺要求的液位时，在DCS画面上出现液位报警，说明需要进行丙烯腈收料操作。

2. 丙烯腈的收料(图4-1)

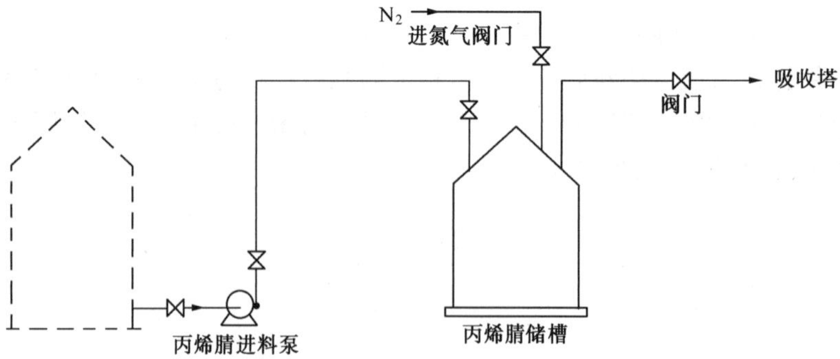

图4-1　丙烯腈收料示意图

(1) 确认吸收塔系统正常运行。丙烯腈储槽内的丙烯腈气体是通过吸收塔进行吸收回用，所以在进行丙烯腈收料操作时首先要保证吸收塔系统正常运行。

(2) 关闭进氮气阀门，停止氮气供向丙烯腈储槽。在平时生产过程中丙烯腈储槽是用氮气密封，以防止丙烯腈单体与氧气接触和挥发的单体汽化逸出，进入大气环境而污染空气。当丙烯腈储槽进料时，关闭氮气，以便新鲜丙烯腈料液能顺利进入丙烯腈储槽。进料过程中挥发的丙烯腈单体由吸收塔进行吸收回用。

（3）检查丙烯腈储槽的液位和温度。检查丙烯腈储槽的现场液位是否与 DCS 显示液位一致，确定新鲜丙烯腈的加入量；检查丙烯腈储槽的温度，确定在新鲜丙烯腈加入时是否对丙烯腈储槽进行降温处理。

（4）按离心泵输送料液的操作方法，前后开启相关阀门，并开启丙烯腈储槽至吸收塔的阀门，因为当丙烯腈储槽进行收料时，由于新鲜丙烯腈单体进入储槽时，会有部分单体挥发成气态，若丙烯腈储槽连接吸收塔系统的阀门处于关闭状态，会使丙烯腈储槽内的气态单体通过储槽的呼吸阀(或安全阀)外排到环境中去，这样既造成环境污染，又浪费了原料。启动丙烯腈进料泵，先点动再启动。

（5）检查丙烯腈输送管线是否泄漏。在新鲜丙烯腈进料过程中，检查丙烯腈输送管线是否泄漏，若发生泄漏，不但会损耗丙烯腈物料，而且会污染环境或使丙烯腈收料操作人员中毒，当发现丙烯腈输送管线有泄漏时，应立刻停止丙烯腈收料操作，按发生丙烯腈管线泄漏的应急预案处理。

（6）当丙烯腈储槽液位达到设定值，按离心泵操作方法停丙烯腈进料泵，关闭相关阀门，恢复向丙烯腈储槽供氮气。

（7）检查丙烯腈储槽的液位和温度，确认收料的总量。

4.1.2.2 丙烯酸甲酯(或 VAc)卸料操作

1. 丙烯酸甲酯卸料操作条件

丙烯酸甲酯是由槽车运输过来的，每星期定期到货，当丙烯酸甲酯的槽车进入装置后，就要进行丙烯酸甲酯卸料操作。

2. 丙烯酸甲酯卸料(图 4-2)

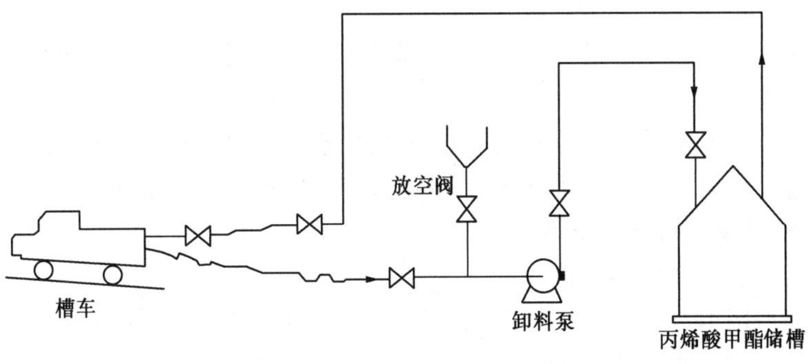

图 4-2　丙烯酸甲酯卸料示意图

（1）核查供货商的分析数据。确认槽车内的丙烯酸甲酯的技术指标符合化工料的质量要求。将槽车开至卸料位置，用软管与卸料泵进口连接，并与槽车排气管连接，做好丙烯酸甲酯槽车的卸料准备。接地去除静电 15min。消除槽车所带的静电，确保丙烯酸甲酯储槽和卸料操作的安全。

（2）检查丙烯酸甲酯储槽液位与温度。检查丙烯酸甲酯储槽的现场液位是否与 DCS 显示液位一致，确定新鲜丙烯酸甲酯的加入量；检查丙烯酸甲酯储槽的温度，判断在新鲜丙烯酸甲酯加入时是否对丙烯酸甲酯储槽进行降温处理。

（3）按离心泵输送料液的操作方法，前后开启相关阀门，再启动丙烯酸甲酯卸料泵，检查管线泄漏情况。在新鲜丙烯酸甲酯卸料过程中，检查丙烯酸甲酯卸料管线是否泄漏，若发生泄漏，不但会损耗丙烯酸甲酯物料，而且会污染环境或使丙烯酸甲酯卸料操作人员中毒，当发现丙烯酸甲酯卸料管线有泄漏时，应立刻停止丙烯酸甲酯卸料操作，按发生丙烯酸甲酯管线泄漏的应急预案处理。

（4）检查丙烯酸甲酯卸料泵压力表，从压力表上判断槽车内的丙烯酸甲酯是否被抽空，丙烯酸甲酯卸料是否结束。

（5）确认槽车内的丙烯酸甲酯抽空后，关闭槽车出口阀门，开启放空阀门，将软管中的丙烯酸甲酯回收至丙烯酸甲酯储槽。关相关阀门，停离心泵，移去接地线。将软管收好。检查丙烯酸甲酯储槽液位、温度，确认丙烯酸甲酯卸料的总量。

4.1.2.3 丙烯酸甲酯(或 VAc)的冷却操作

1. 丙烯酸甲酯(或 VAc)冷却的目的

含有少量阻聚剂的纯丙烯酸甲酯在室温下仍能聚合，放出大量聚合热，形成一种多孔不溶性“端基”聚合物。所以丙烯酸甲酯的储存温度应控制在 20~25℃。

2. 丙烯酸甲酯的冷却(图 4-3)

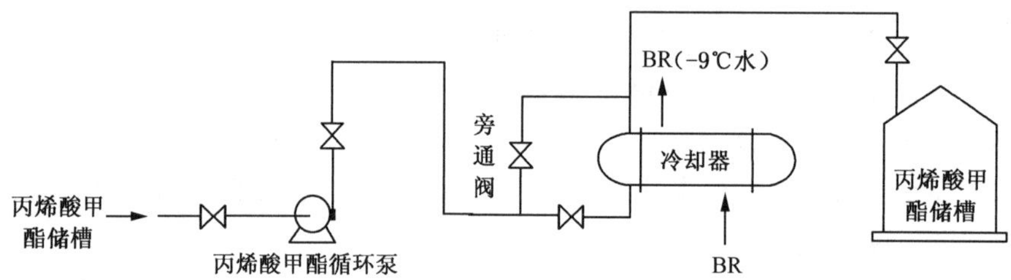

图 4-3　丙烯酸甲酯冷却示意图

（1）当丙烯酸甲酯温度超过 25℃，对冷却器建立冷冻水循环，为丙烯酸甲酯储槽内丙烯酸甲酯的冷却提供冷能。

（2）启动丙烯酸甲酯循环泵，使丙烯酸甲酯储槽内的丙烯酸甲酯进行循环冷却。当温度低于 20℃时，停止冷却，停丙烯酸甲酯循环泵和停冷却器的冷冻水循环。

4.1.2.4 β-巯基乙醇的卸料操作

1. β-巯基乙醇卸料操作的条件

β-巯基乙醇是用卡车桶装运输过来的，每星期定期到货，当β-巯基乙醇桶装车入装置后，就要进行β-巯基乙醇的卸料操作。

2. β-巯基乙醇卸料(图 4-4)

（1）当β-巯基乙醇桶装车入装置后，从 DCS 控制画面上检查β-巯基乙醇储槽的液位，确认具体卸料条件。DCS 操作人员手动关闭至β-巯基乙醇中间槽的阀门。

（2）停止供应作β-巯基乙醇储槽液封用的氮气，以便β-巯基乙醇卸料操作的顺利进行。将β-巯基乙醇卸料软管一头插至β-巯基乙醇桶底部，另一头与β-巯基乙醇卸料阀门连接。

（3）将软管中充满β-巯基乙醇后，排除软管中的空气，防止泵发生气蚀而使卸料无法正常进行。启动β-巯基乙醇卸料泵将桶中β-巯基乙醇卸料至β-巯基乙醇储槽。检查卸料是否泄漏，若发生泄漏，不但会损耗β-巯基乙醇，而且会污染环境或使β-巯基乙醇卸料操作人员中毒，当发现β-巯基乙醇卸料管线有泄漏时，应立刻停止β-巯基乙醇卸料操作，按发生β-巯基乙醇管线泄漏的应急预案处理。从β-巯基乙醇卸料泵的压力表上确认桶中β-巯基乙醇卸料卸完后，调换其他满桶。

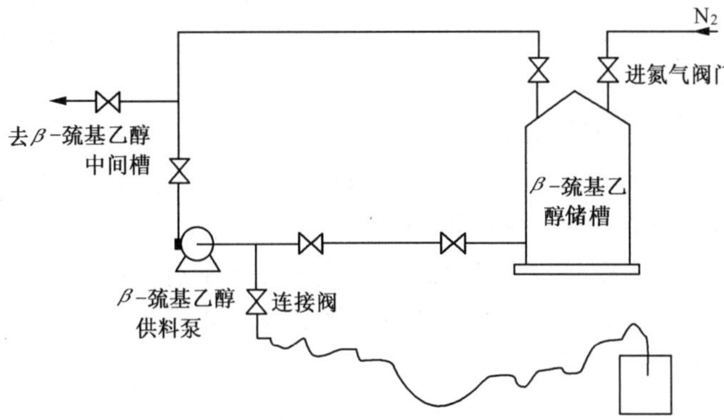

图 4-4　β-巯基乙醇卸料示意图

(4) 桶底无法抽完的β-巯基乙醇料统一集中在一个有底阀门的方槽中，再用软管抽至β-巯基乙醇储槽，最后将方槽冲清干净。

(5) 卸料结束后，停β-巯基乙醇卸料泵，关闭相关阀门，重新启动β-巯基乙醇泵作β-巯基乙醇供料泵之用，DCS 操作人员恢复β-巯基乙醇中间槽的正常运行。恢复供应液封用的氮气。

(6) 检查β-巯基乙醇储槽和管道的冷却水伴管是否正常运行(β-巯基乙醇是热敏性的化工料，储存时必须冷却至一定的温度之下)。DCS 操作人员检查β-巯基乙醇储槽液位及温度，确认β-巯基乙醇的总卸料量。

4.1.3　第三单体溶液的配制

4.1.3.1　一步法第三单体溶液的配制

(1) 检查甲基丙烯磺酸钠调配槽是否卸空。若甲基丙烯磺酸钠调配槽内有液位会使调配时发生料液溢出，造成物料浪费和污染环境。若有液位必须输送到甲基丙烯磺酸钠供料槽。

(2) 开始配制甲基丙烯磺酸钠水溶液时，首先开启计量桶脱盐水阀门进行脱盐水计量。开启疏水器隔离阀门，再打开加热器蒸汽阀门。当脱盐水计量结束时，打开脱盐水计量桶出口阀门，经加热器进入甲基丙烯磺酸钠调配槽，控制脱盐水温度到工艺值，使甲基丙烯磺酸钠调配时快速均匀地溶解。

(3) 第三单体水溶液配制人员按配比要求将一定量的甲基丙烯磺酸钠物料慢慢地倒入甲基丙烯磺酸钠调配槽中，开启搅拌和检查确认调配槽至供料槽管道上的阀门处于关闭状态，再按离心泵操作法开启离心泵循环系统(将配制好的甲基丙烯磺酸钠水溶液从调配槽底部抽出再从调配槽顶部输入，起到均匀混合作用)。若调配槽至供料槽管道上的阀门处于开启状态，会将没有充分混合均匀的甲基丙烯磺酸钠水溶液输送到供料槽而进入聚合釜，会造成进聚合釜的甲基丙烯磺酸钠配比不准。配制好的甲基丙烯磺酸钠水溶液搅拌循环一定时间后，进行取样分析，测试密度。

(4) 待化验合格后，开启通往甲基丙烯磺酸钠供料槽的阀门，关闭离心泵循环阀门，将

10%甲基丙烯磺酸钠水溶液送至甲基丙烯磺酸钠供料槽内。若在水溶液输送过程中，发现离心泵出口压力小于工艺值时，必须将泵前过滤器进行拆洗后，再继续使用。

4.1.3.2　二步法第三单体溶液的配制

1. 二步法第三单体溶液配制的要求和条件

二步法甲基丙烯磺酸钠水溶液的配制工作视调配槽的容积和聚合生产的用量，一般每天配制两次。当甲基丙烯磺酸钠调配槽液位显示低报时，通往甲基丙烯磺酸钠供料槽的气缸阀门自动关闭，此时需要配制甲基丙烯磺酸钠水溶液。

2. 二步法第三单体溶液配制(图4-5)

(1) 从装置内甲基丙烯磺酸钠化工料堆放处搬运包重为一定量的甲基丙烯磺酸钠若干包。将这些化工料吊运到甲基丙烯磺酸钠调配槽操作平台。

(2) 操作人员在脱盐水批量设定流量计上设定脱盐水量后，手动开阀门，按流量计开始按钮，流量计的气缸阀门自动开启，开始边加入脱盐水边进行倒数计量，当计量仪上数值达到设定值后，流量计的气缸阀门自动关闭，然后操作人员关闭流量计前阀门。

(3) 当脱盐水加完后，开启甲基丙烯磺酸钠调配槽中的搅拌器，为了配制时能搅拌均匀，在搅拌器计时器上设定一定时间(在MCC室中设定，调配槽液位低于搅拌器底部的桨叶时不准开启搅拌器，以免搅拌桨叶空转而损坏搅拌器)。

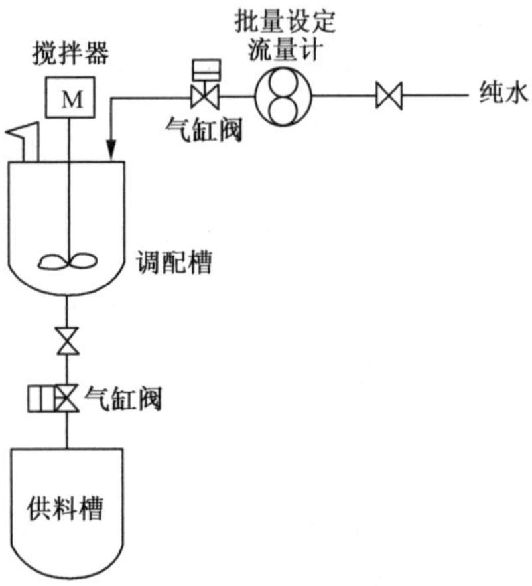

图4-5　甲基丙烯磺酸钠配制示意图

(4) 操作人员用手工加入粉末状的甲基丙烯磺酸钠。若在甲基丙烯磺酸钠加料期间，搅拌器到设定时间而停止运转，则必须重新启动搅拌器。甲基丙烯磺酸钠加料完成后，停搅拌器。然后重新启动搅拌器，进行计数搅拌，从而达到所配制的料液混合均匀。

(5) 搅拌到设定时间停止搅拌后，通知取样工进行取样分析。取样时由配料操作人员先打开连接供料槽的取样液回流管上的阀门，再打开调配槽下部的取样管阀门，将取样管内原残留的甲基丙烯磺酸钠水溶液经安装有喇叭口的回流管流入供料槽，再取新配制的甲基丙烯磺酸钠水溶液样品。关闭取样管阀门，然后关闭取样液回流管上的阀门(如果取样液回流管是安装在调配槽至供料槽的过滤篮放空管上的，若取样后回流管上的阀门没有关闭或没有关到位，在调配槽放料到供料槽时，会使水溶液从回流管中溢流而造成跑料事故)。

(6) 如果配制的甲基丙烯磺酸钠水溶液浓度不符合工艺要求，需要按操作法的规定进行校正，从而保证单位时间内进入聚合釜的第三单体用量。

(7) 如果甲基丙烯磺酸钠水溶液浓度在工艺范围之内，则通知DCS操作人员，将甲基丙烯磺酸钠调配槽切换至“输送”状态。当甲基丙烯磺酸钠供料槽低报时则与调配槽和供料槽双重联锁的气缸阀门自动开启，甲基丙烯磺酸钠水溶液被送至甲基丙烯磺酸钠供料槽。

4.1.4　氯酸钠溶液、氢氧化钠溶液、焦亚硫酸钠(或亚硫酸氢钠)溶液的配制

1. 氯酸钠溶液的配制

氯酸钠溶液配制的要求和条件及技能操作的要点和步骤，与二步法第三单体溶液配制的原理相同，只是固体氯酸钠料和脱盐水的用量不一样及配制的浓度不同。安庆石化腈纶厂进

行氯酸钠溶液配制时加入适量硫酸铜作为反应促进剂。

需要注意的是氯酸钠是氧化剂，易吸潮，因此在搬运过程中不能与还原剂同用一台电梯或走同一通道(避免与掉下的还原剂接触发生火灾)，吸潮结块后注意不能敲打、撞击，以免发生爆炸。从事氧化剂装卸作业后操作人员所穿的衣服要及时用水清洗，以防止发生火灾。

2. 氢氧化钠溶液的配制

氢氧化钠溶液配制的要求和条件及技能操作的要点和步骤，与二步法第三单体溶液配制的原理也相同，只是第三单体是一种固体料，所以除氢氧化钠的用量和脱盐水的用量不一样及配制的浓度不同外，配制时，通过流量计设定加入高浓度的氢氧化钠的量，且确认去聚合焦亚硫酸钠调配槽的阀门处于关闭状态，防止发生生产事故。

3. 焦亚硫酸钠(或亚硫酸氢钠)溶液的配制

1）用固体料配制焦亚硫酸钠溶液(图 4-6)

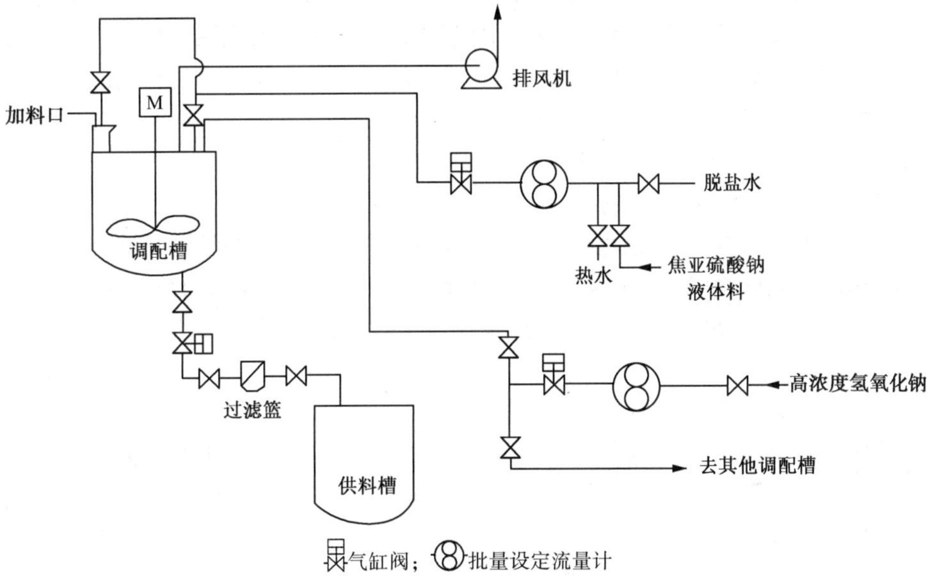

图 4-6　焦亚硫酸钠配制示意图

用固体料配制焦亚硫酸钠溶液时，与二步法第三单体溶液的配制原理有部分不同，其技能操作要点如下：

(1) 在脱盐水批量设定流量计上先设定脱盐水量总量的 90%，当焦亚硫酸钠加料结束后，再在批量设定流量计上设定余下的 10%的脱盐水量冲洗加料口和风机管道，防止焦亚硫酸钠粉末堆积在加料口和堵塞风机管道，造成配制浓度不准。

(2) 为了使焦亚硫酸钠更好地溶解，需在焦亚硫酸钠调配槽外盘管进行热水循环。若冬季脱盐水温度低，用热交换器来的热脱盐水进行调配。

(3) 当焦亚硫酸钠调配槽温度达到 30℃，准备加固体焦亚硫酸钠时，因为固体焦亚硫酸钠粉末容易溅飞，且焦亚硫酸钠有剧烈的刺鼻味，影响操作工身体健康和生产环境，必须启动排风机排除飞尘。

(4) 在配制聚合用的焦亚硫酸钠时，还要加入一定量的促进剂——氯化亚铁于焦亚硫酸钠调配槽中。若聚合所用的第二单体是 VAc 时，需要加入一定量的高浓度氢氧化钠(调节聚合反应时的 pH 值)，用批量设定流量计设定，加入时确认高浓度氢氧化钠去其他调配槽的阀门处于关闭状态，防止发生生产事故。

(5) 若焦亚硫酸钠浓度和氯化亚铁浓度(或 pH 值)有一项指标不符合要求，必须按操作法进行校正。

2) 用液体料配制焦亚硫酸钠溶液

用液体料配制焦亚硫酸钠溶液时与用固体料配制有所不同。

(1) 不需要开启排风机排除飞尘。

(2) 由于脱盐水和液体焦亚硫酸钠的加入是用同一只批量设定流量计，为了防止流量计被焦亚硫酸钠的结晶堵塞，配制溶液时，先加入焦亚硫酸钠，再加入脱盐水。

安庆石化腈纶厂用 30%液体 $NaHSO_3$ 配制时另需加入适量粒度控制剂 $NaNO_3$。

4.1.5 二氧化钛悬浮液的配制

二氧化钛具有较高折射率，在腈纶生产中作为消光剂使用。供应商提供给聚合装置的二氧化钛是一种白色粉末状固体，它不能直接加入原液中起消光作用，必须配制成符合一定工艺要求的稀二氧化钛溶液，然后按工艺配比经精确计量后再加入原液系统。一步法二氧化钛溶液的配制是用硫氰酸钠，而二步法二氧化钛溶液的配制是用脱盐水，它们的工艺流程和配制操作差异很大。

4.1.5.1 一步法二氧化钛溶液的配制

1. 配制一步法二氧化钛溶液的准备工作

配料前操作人员检查二氧化钛溶液调配槽周围相关的阀门。关闭调配槽至粗料槽的隔离阀门，关闭排污及取样阀门，避免配制二氧化钛溶液时发生未调配好的料液进入粗料槽及跑料事件。打开调配槽底阀门和内循环阀门，将混合器内挡板升到最高点，为配制时进行循环混合做准备。

2. 一步法二氧化钛溶液配制操作步骤

(1) 通知生产调度人员，由化工车间开启 51%浓度的硫氰酸钠供料泵，向装置内二氧化钛溶液调配槽供硫氰酸钠，操作人员在调配现场手动打开椭圆齿轮流量计隔离阀门进行计量。当硫氰酸钠加入量达到搅拌液位时，开启调配槽搅拌器，使搅拌器处于慢挡搅拌。待硫氰酸钠加入量达到工艺值时，关闭椭圆齿轮流量计隔离阀门，并通知生产调度请化工车间关泵，停止向二氧化钛调配槽供硫氰酸钠料液。

(2) 操作人员用浆液桶接浆液，称取一定量的浆液倒入调配槽内。再从装置内二氧化钛堆放处搬运一定量的二氧化钛经漏斗倒入调配槽中。将调配槽上的搅拌器调至高速搅拌挡，同时开启二氧化钛溶液输送泵进行内循环。将混合器挡板降至与翻卷料液面相接触，并开始计时，连续搅拌一定时间，使二氧化钛、浆液在较大的作用力下均匀地分散在硫氰酸钠溶剂中。

(3) 配制结束后停止搅拌，打开调配槽至粗料槽的出料阀门，关闭二氧化钛溶液输送泵内循环阀门，由输送泵将二氧化钛溶液输送到粗料槽(在输送期间注意粗料槽液位，防止粗料槽高液位溢流)，料液输送完后停输送泵。

(4) 粗料槽中的二氧化钛溶液经压滤机过滤除去浆液中的杂质和未溶解的二氧化钛颗粒后送入细料槽，作消光剂母液备用。

4.1.5.2 二步法二氧化钛悬浮液的配制

1. 二步法二氧化钛悬浮液配制的要求和条件

二步法二氧化钛悬浮液的配制工作视调配槽的容积和原液生产的用量而定，一般每天配制两次，配制时用脱盐水作为溶剂。配制一批二氧化钛悬浮液共需要 2~4h。当二氧化钛悬浮液调配槽液位显示低报时，通往二氧化钛供料槽的气缸阀门自动关闭，此时需要配制二氧化钛悬浮液。

2. 二步法二氧化钛悬浮液的配制(图 4-7)

(1) 当 DCS 控制画面显示二氧化钛悬浮液调配槽低液位报警，且配制槽从“输送状态”切换成“分析状态”时(严禁“输送状态”进行配料，因为若此时供料槽液位正处于补料状态时，气缸阀会自动打开，使调配槽料液流入供料槽)，操作人员首先检查配制槽和供料槽的现场实际液位，避免因仪表系统的测量和量值传递错误，造成在配制槽较高液位时进行二氧化钛悬浮液配制而导致溢流。检查调配槽通往二氧化钛供料槽的气缸阀门是否完全关闭，防止在配制二氧化钛悬浮液时因气缸阀门没有完全关闭而漏入供料槽中，造成供料槽浓度不准及二氧化钛颗粒没有充分分散堵塞消光液泵、管线和纺丝喷丝板。

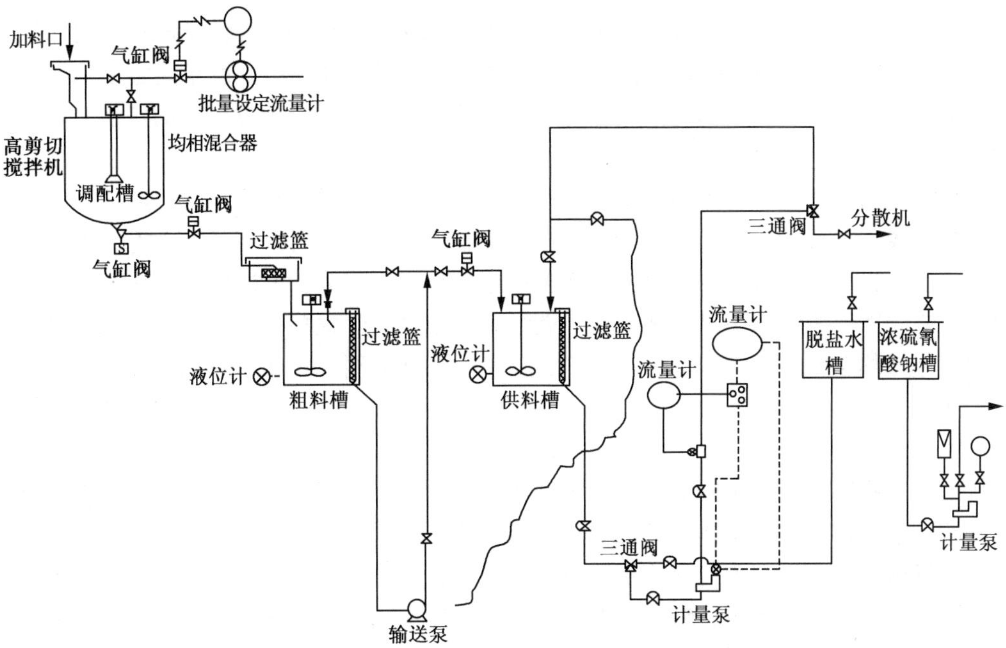

图 4-7　二步法二氧化钛悬浮液配制示意图

(2) 从装置内二氧化钛堆放处，搬运一定重量的二氧化钛若干包至二氧化钛调配槽的操作平台上。在脱盐水管线上的批量设定流量计上，设定需加入的脱盐水总量的 90%。手动关闭去加料口的阀门，按下批量设定流量计的“启动”按钮，与批量设定流量计联锁的气缸阀门自动打开，开始边向调配槽加入脱盐水边进行倒数计量，计数结束后，气缸阀门自动关闭。

(3) 开启二氧化钛调配槽中的高剪切搅拌器，为了配制时能搅拌均匀，在搅拌器计时器上设定一定时间(在 MCC 室中设定，调配槽液位低于搅拌器底部的桨叶时不准开启搅拌器，以免搅拌桨叶空转而损坏搅拌器，若调配槽有一定的液位时，深入调配槽底部的均相混合器始终处于运转状态，起到均相混合及防止二氧化钛沉降的作用)。

(4) 人工将一定量的二氧化钛从加料口加进二氧化钛悬浮液调配槽。划包加料时，防止刀、包装袋掉入调配槽而损坏设备。若发生异物掉入调配槽，应立即停高剪切搅拌器和均相混合器，出空调配槽，拿出槽内的异物后，再进行料液配制。

(5) 在批量设定流量计上再设定需要加入的脱盐水总量的 10% 水量，用以冲洗加料口内侧，防止二氧化钛粉末堆积在加料口上，造成配制浓度不准。当搅拌到设定时间停止搅拌后，通知取样工进行取样分析。

（6）如果配制的二氧化钛悬浮液浓度不符合工艺要求，需要按操作法进行校正，从而保证单位时间内进入原液的消光剂量。如果二氧化钛悬浮液浓度在工艺范围之内，则通知 DCS 操作人员，将二氧化钛调配槽切换至“输送”状态，当二氧化钛供料槽低报时则与调配槽和供料槽双重联锁的气缸阀门自动开启，二氧化钛悬浮液被送至二氧化钛供料槽。

4.1.6 一步法反应剂混合液的配制

一步法溶液聚合需要配制反应剂混合液，在配制时，各种化工原料的准确计量和反应剂混合液的组分稳定，是保证一步法成品纤维质量的前提。

1. 反应剂混合液的组成

反应剂混合液由下列原料组成：第一单体(丙烯腈)、第二单体(丙烯酸甲酯)，第三单体(10%的甲基丙烯磺酸钠水溶液)、溶剂(浓度为 51.7%的硫氰酸钠水溶液)、引发剂(偶氮二异丁腈)、浅色剂(二氧化硫脲)、相对分子质量调节剂(异丙醇)。脱单过程中从浆液中回收出来的未反应的丙烯腈、丙烯酸甲酯、异丙醇的混合物和同时蒸发出来的水也一起回到反应剂混合液中。

浅色剂、引发剂由粉末加料器加入内有硫氰酸钠的淤浆槽。粉末加料器的使用方法：料仓内存料：浅色剂≤20kg、引发剂≤10kg。加料前，对粉末需进行过滤和粉碎，发现有结块或异物应立即去除和处理。加料时，动作幅度用力程度不能太大，应缓慢加入。如异物混入料包内，应立即停机，待清除异物后，方能继续使用，以免损坏机器。对粉末加入量严格控制，引发剂必须在料斗内存量≤5kg 时，才能进行补充加料，每次加料仅限 1 包(5kg)不许零星加入。

2. 连续计量配料

按照开车物料配比(新鲜料配比)、连续聚合时补加料配比的工艺参数单，进行连续计量配料。第一单体、第二单体、第三单体水溶液及来自化工车间的 51.7%的硫氰酸钠水溶液经匀温槽后分别由四台独立的质量流量计计量后，第一单体、第二单体、第三单体水溶液直接送到反应剂混合液槽中；51.7%的硫氰酸钠水溶液进入淤浆槽，引发剂和浅色剂粉末经过各自的粉末加料器计量后和流过的 51.7%的硫氰酸钠水溶液在管道中混合后一起进入淤浆槽，在淤浆槽中，固体粉末由 51.7%的硫氰酸钠水溶液带至反应剂混合液槽中(淤浆槽至反应剂混合液槽通过液封管保持液封面，防止反应剂混合液槽中的混合液体蒸气溢出)。

3. 反应剂的混合

为了保证生产过程中各组分的动平衡，在操作过程中必须经常注意和调节反应剂混合液槽中液面和相对密度的变化。如果反应剂混合液槽液面或相对密度发生变化，就要根据实际情况，结合化验分析数据来找原因及时采取措施。同时反应剂混合液槽内料液保持量应大于聚合釜的容积，这样容易减少各化工料配比的波动，从而保证产品质量。

4.2 聚合工序

4.2.1 聚合釜(水相聚合)调试和开车准备

聚合釜调试和开车准备工作是保证聚合工序开车顺利和各工艺参数、质量达到控制指标的前提。

4.2.1.1 聚合釜的调试

1. 聚合釜调试的工具准备

聚合区域是防爆区，所使用的工具必须是防爆工具。为了使聚合釜调试能顺利进行，需要准备塑料管、纯水管线等。

2. 聚合釜系统调试技能操作

(1) 确认聚合釜内的结疤都已经清除。内挡管、釜顶上留有结疤，不仅会使聚合釜开车后，聚合反应热不能及时转移，导致夹套水中冷却水加入量增加而能耗上升，而且聚合釜内大量结疤会减少聚合釜的容积，造成聚合停留时间缩短使聚合反应不受控；如果聚合反应温度测点有结疤或测点护套管破裂，会使所测温度与实际聚合反应温度不一致，以所测温度作为调节聚合反应温度的控制系统会造成聚合反应失控。确认聚合釜搅拌叶轮完好，叶轮外形变形或叶轮腐蚀严重，会使搅拌效果减弱，造成聚合釜内局部聚合反应剧烈，所生成的高聚物产生黏结而影响聚合生产和质量。

(2) 开启聚合釜夹套水循环泵，对聚合釜夹套和内挡管进行泄漏点检查。若夹套和内挡管有泄漏，在聚合釜正常生产时，夹套水进入聚合釜，导致聚合釜内物料组分发生变化，且由于输送夹套水的管道材质一般是普通碳钢及夹套水中杂质多，微量铁质(亚铁离子 Fe^{2+})会加速聚合反应，成为稠厚的浆液。同时铁含量的大量增加会影响聚合物的颜色。检查聚合釜溢流管上的喷淋水喷嘴是否畅通，若有堵塞，开车后会造成氢氧化钠流量偏小而导致终止釜 pH 失控。

(3) 在 DCS 控制画面的纯水流量设定上设定一定流量的脱盐水量，并将脱盐水自控阀切换至自动状态，对聚合釜内密封进行泄漏点检查。如内密封水流量太小，说明内密封间隙太小，一方面在聚合正常生产时，由于内密封水流量太小会使淤浆进入内密封的间隙中，造成搅拌器机械轴套和轴磨损；另一方面，内密封水通过外密封流入终止釜(当内外密封水流量过大而不能及时通过终止釜搅拌间隙流入终止釜时，造成密封水从终止釜搅拌间隙中大量溢流出来)，导致进入聚合釜的脱盐水减少。若脱盐水进聚合釜底部的塑料管折皱严重而造成内密封水流量太大，则需要对塑料管进行更换。

(4) 检查确认聚合釜各物料进料口是否畅通，开车时，若有物料堵塞进料口会使流量达不到工艺设定值而造成开车失败。

(5) 聚合釜下封盖安装后，用塑料管向聚合釜进脱盐水，对聚合釜进行泄漏点检查。若聚合釜封盖法兰处泄漏，在聚合釜正常生产时，单体与淤浆会从聚合釜中泄漏出来，导致污染环境、物料跑损而被迫停车。启动搅拌器，检查搅拌器情况，如果存在搅拌器传动系统故障，会降低聚合釜搅拌效果而影响聚合反应。

(6) 开启外密封水对聚合釜和终止釜密封情况进行泄漏点检查。若聚合釜外密封泄漏，有可能会使内密封水及单体、淤浆从聚合釜内泄漏出来。

(7) 启动终止釜泵，用脱盐水建立 pH 值测量管线的循环和将终止釜中的脱盐水输送至脱单塔。pH 值测量管线堵塞，在正常生产时就无法测量终止釜的 pH 值，也就无法控制终止釜的 pH 值。终止釜至脱单塔管线堵塞或液位自动控制系统有故障，正常生产时会发生因无法控制终止釜液位而被迫停车。

(8) 一步法聚合，聚合釜本体检修后，釜体需要进行捉漏，根据实际的需要，采用硫氰酸钠或者水进行捉漏，通过压力泵注入硫氰酸钠或者纯水试压测试，试压及保压合格后才能投用，一般试压的压力为 0.05～0.15MPa。聚合釜夹套检修后，也需要采用类似的方法捉漏。

4.2.1.2 聚合釜的开车准备

聚合釜开车准备包括建立各股物料的进料循环、聚合釜的加料、建立聚合釜夹套水循环、检查进入聚合釜的各物料流量等操作项目。

1. 建立丙烯腈进料循环(图 4-8)

聚合釜正常生产时，作为第一单体的丙烯腈进入聚合釜时流量必须达到工艺设定值，且稳定在工艺控制的范围之内。流量是否达到工艺设定且处于稳定，关键是丙烯腈进料循环系统中的流量控制调节系统和压力控制调节系统是否完好，循环管线和管线上的阀门是否畅通，丙烯腈进料泵工作效率是否达到要求，这些都必须通过建立丙烯腈进料循环来检验。

(1) 丙烯腈进料循环管道上有过滤器时，操作人员首先检查和确认过滤器内部是否清洁，若发现滤网脏或破损，必须进行清洗或调换。如果滤网脏会造成丙烯腈进料压力下降，使丙烯腈进料流量达不到工艺设定值。若滤网破损，丙烯腈储槽内的各种杂质会通过丙烯腈进料泵进入进料循环管线中，造成质量流量计堵塞而导致进料流量计量不准，从而影响聚合生产。

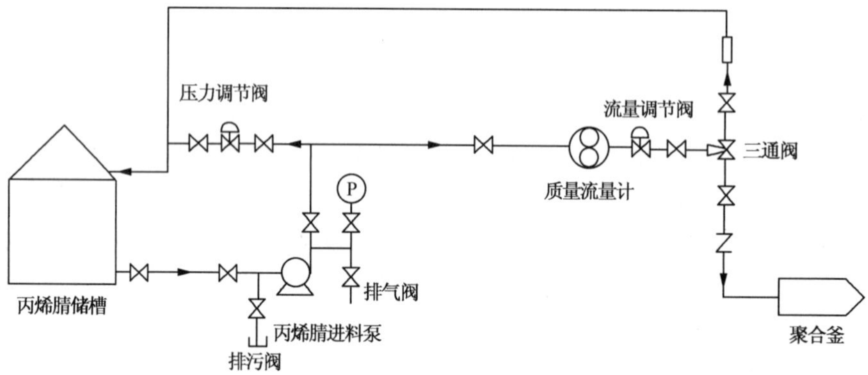

图 4-8 丙烯腈进料循环示意图

(2) 确认管线阀门全关。若排污阀处于开启状态，建立丙烯腈进料循环后，丙烯腈物料会从排污阀大量跑损。若三通阀后的阀门没有关闭，在建立丙烯腈进料循环时，如三通阀有泄漏，丙烯腈物料会进入聚合釜中，造成聚合釜无法正常开车。

(3) 确认丙烯腈循环管线接地。若丙烯腈进料循环管线没有接地，在物料循环过程中，如果管线上带有大量静电或遇雷电会有闪爆的危险。

(4) 确认丙烯腈循环管线上的阀门：三通阀门切换至循环侧，打开循环管线上的阀门，为建立丙烯腈进料循环做准备。丙烯腈进料循环就是将丙烯腈料液从丙烯腈储槽抽出经进料循环管线再返回到丙烯腈储槽。

(5) 从 DCS 控制画面上，手动关闭丙烯腈流量调节阀，按离心泵操作法开启丙烯腈储槽出口阀门，再打开压力控制调节系统的两只隔离阀门，使建立循环时首先能够调节进料循环压力，给以后的流量控制提供条件。

(6) 启动丙烯腈进料泵，将进口管道中和泵内的空气排尽后，再关闭排气阀，防止由于进口管道中和泵内存在空气而造成泵发生气蚀现象，从而导致丙烯腈进料循环系统物料压力和流量达不到工艺设定值或发生波动。渐渐打开泵出口阀门，然后通过压力控制调节阀调节丙烯腈进料循环压力达到工艺设定值，为稳定进料流量提供条件。

(7) 打开流量控制调节阀两边的阀门，在 DCS 控制画面上，手动将流量控制调节阀渐渐打开，确认循环流量调节到工艺设定值后，将流量控制调节阀切换至自动控制状态。再通过压力控制调节阀将循环压力微调到工艺设定值后，将压力控制调节阀切换至自动控制状态。

（8）建立丙烯腈进料循环过程中，操作人员要检查丙烯腈循环管线是否泄漏或异常。若发生泄漏，不但会损耗丙烯腈物料，而且会污染环境或使操作人员中毒，若泄漏发生在流量计之后，又会使聚合釜开车后进聚合釜的流量不准而影响聚合反应。当发现丙烯腈进料循环管线有泄漏时，应立刻停止丙烯腈进料循环，按丙烯腈管线发生泄漏的应急预案进行处理。

2. 建立丙烯酸甲酯（或 VA、VAc）、β-巯基乙醇、回用单体、甲基丙烯磺酸钠、氯酸钠、焦亚硫酸钠（或 $NaHSO_3$）进料循环（图 4-9、图 4-10）

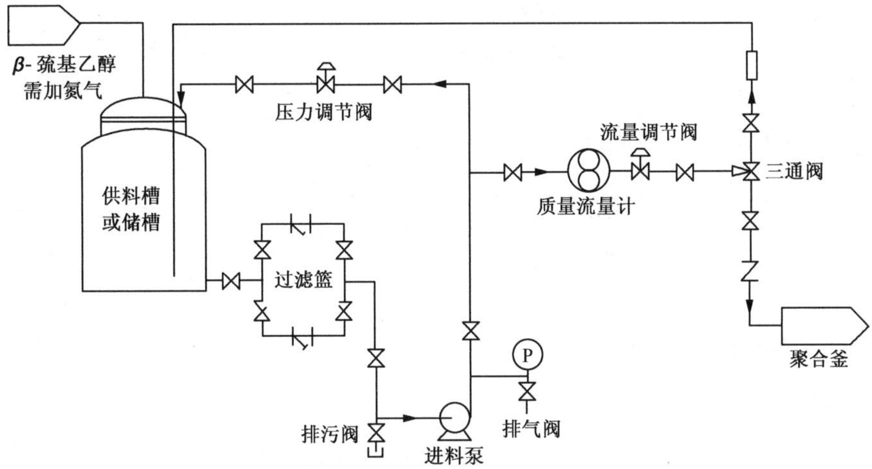

图 4-9　丙烯酸甲酯（或 VA、VAc）、β-巯基乙醇进料循环示意图

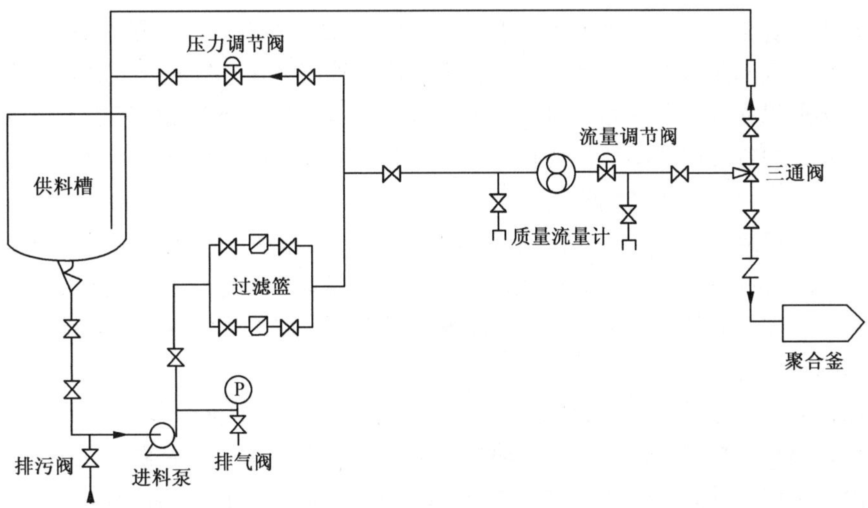

图 4-10　回用单体、甲基丙烯磺酸钠、氯酸钠、焦亚硫酸钠（或 $NaHSO_3$）进料循环示意图

建立丙烯酸甲酯、β-巯基乙醇、回用单体、甲基丙烯磺酸钠、氯酸钠、焦亚硫酸钠（或 $NaHSO_3$）进料循环的操作原理和要求与建立丙烯腈进料循环相同。只是丙烯酸甲酯（或 VA、VAc）、β-巯基乙醇进料循环系统的过滤篮是在泵前；回用单体、甲基丙烯磺酸钠、氯酸钠、焦亚硫酸钠进料循环系统的过滤篮是在泵后。

3. 建立氢氧化钠进料循环(见图 4-11)

建立氢氧化钠进料循环的原理和操作要点与其他化工料有所不同，主要是氢氧化钠进料循环系统中没有三通阀，所以没有流量计后的循环管道，回流是通过压力调节阀进供料槽，氢氧化钠进料循环系统是否完好，是以进料循环系统的压力是否稳定在工艺值来判断的。

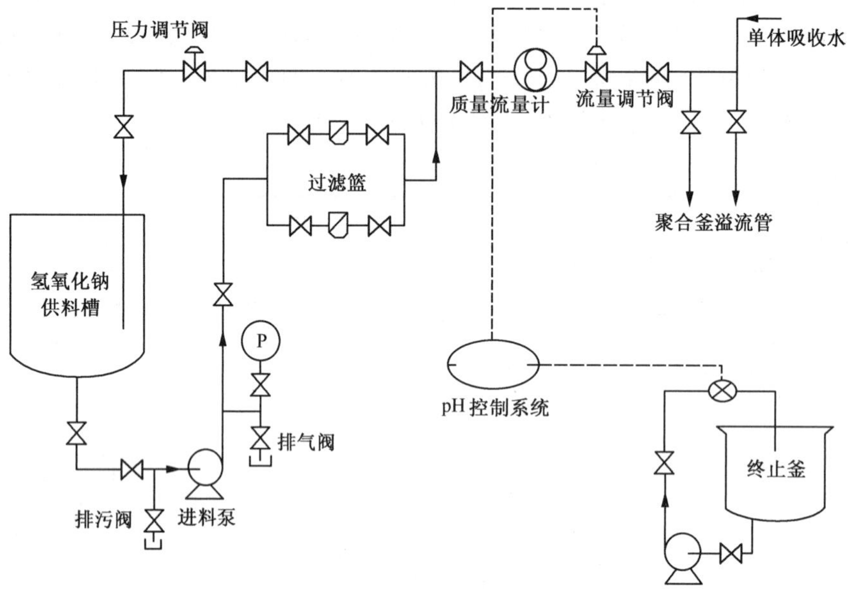

图 4-11　氢氧化钠进料循环示意图

4. 湿聚合体加料

(1) 检查聚合釜底阀门是否关闭。若聚合釜底阀没有关闭或有泄漏，湿聚合体加料时，料液会从聚合釜底阀漏入聚合釜底部出料管道，造成管道堵塞，从而导致聚合釜停车时无法出空聚合釜。所以在湿聚合体加料前，必须确保聚合釜底阀门处于关闭状态。人工打开聚合釜顶部的手孔，检查反应器内部是否有异常。若有异物会造成聚合釜搅拌时损坏设备，以及当聚合釜停车出空时堵塞底阀或管道。

(2) 在 DCS 控制画面上，通过脱盐水流量控制系统，设定一定的脱盐水流量，通过流量计向聚合釜加入一定量的脱盐水(通过脱盐水流量计的累积计量计算确定聚合釜脱盐水的加入量)。

(3) 在聚合釜的脱盐水、第三单体和氯酸钠进料管中插入金属棒，以防在向聚合釜加湿聚合体时堵塞进料管。

(4) 操作人员通过聚合釜顶部的手孔，加入计算好的一定量的湿聚合体。然后关闭手孔，启动聚合釜的搅拌器进行搅拌。启动聚合釜夹套水循环泵，开启聚合釜内温控制系统，从而防止聚合釜内温升高。聚合釜搅拌 2~3h 后，停止搅拌，通过聚合釜溢流口对聚合釜内的淤浆进行取样，分析淤浆的含固率和相对分子质量。

(5) 根据取样分析数据，计算第一单体和第二单体的加入量，在 DCS 控制画面上，用第一单体和第二单体流量控制系统分别设定一定的流量，通过流量计向聚合釜加入第一单体和第二单体(通过流量计的累积计量计算确定聚合釜第一单体和第二单体的加入量)。启动搅拌 1h 后，停搅拌器，再通过聚合釜溢流口对聚合釜内的淤浆进行取样，分析淤浆的含固率和 pH 值。

（6）在聚合釜开车前3h，取出进料管中的金属棒用进料软管接至每根进料管。

5. 从聚合体储槽引浆（图4-12）

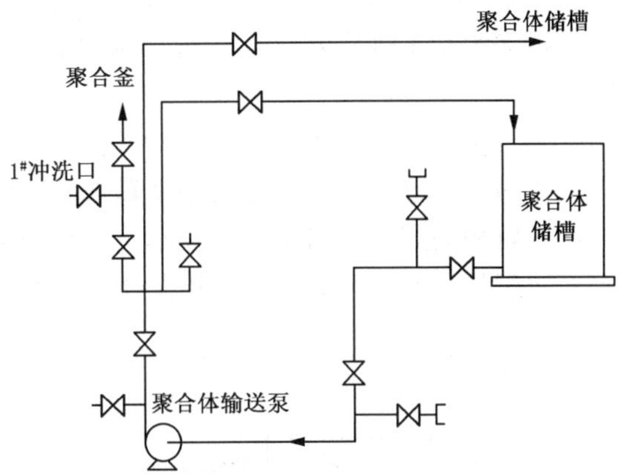

图4-12 从聚合体储槽引浆示意图

（1）检查聚合釜底阀门，若聚合釜底阀没有关闭或有泄漏，在向聚合釜引浆时，浆液会从聚合釜底阀漏入聚合釜底部出料管道，造成管道堵塞，从而导致聚合釜停车时无法出空聚合釜。所以在引浆前，必须确保聚合釜底阀门处于关闭状态。检查管线上的阀门，确认所有阀门都处于全关状态，若冲洗口阀门没有关闭或泄漏，在启动聚合体输送泵向聚合釜引浆时，会造成淤浆泄漏。人工打开聚合釜顶部的手孔，检查反应器内部是否有异常。若有异物会造成聚合釜搅拌时损坏设备，以及当聚合釜停车出空时堵塞底阀或管道。

（2）在聚合釜的脱盐水、第三单体和氯酸钠进料管中插入金属棒，以防在向聚合釜加湿聚合体时堵塞进料管（若在24h内要进行聚合釜开车，就不必插入金属棒）。

（3）在去聚合釜的阀门处接软管，软管的另一端经聚合釜溢流管的终止釜端口，连接脱盐水软管至1#冲洗口阀门，用脱盐水冲洗引浆输送管线（防止引浆输送管线堵塞而无法从聚合体储槽引浆至聚合釜），洗涤水排至终止釜（若排至聚合釜会使聚合釜引浆量减少而导致聚合釜内的淤浆总固体含量达不到开车要求），冲洗完后关闭1#冲洗口阀门。

（4）将软管的另一端由终止釜端口抽出，经聚合釜顶部的手孔插入聚合釜内，并且将软管固定。按离心泵操作法开启阀门和泵，开始输送淤浆。

（5）当输送到聚合釜内的淤浆达一定量后，停聚合体输送泵，关闭相关阀门，观察手孔至液体表面的距离来检查聚合釜内的淤浆量，若达到工艺要求停止引浆，反之继续，直到输送量达到工艺要求。

（6）从1#冲洗口供一定量的脱盐水，清洗引浆管线和用脱盐水清洗使用过的阀门，防止引浆管线和阀门留有淤浆而堵塞。然后关闭聚合釜顶部的手孔，启动聚合釜搅拌。

6. 聚合釜开车前进料量的检查

（1）检查和确认脱盐水过滤器内部，如发现滤网脏或破损则进行清洗和修理。因为如果滤网脏会使脱盐水进脱盐水高位槽压力下降，进而影响进聚合釜的脱盐水流量。若滤网破损，脱盐水公用工程中的杂质会通过过滤器进入脱盐水高位槽再进入脱盐水进料管线中，造成脱盐水质量流量计堵塞而导致进聚合釜的脱盐水流量计量不准或脱盐水流量波动，从而影响聚合生产。将软管接至聚合釜前的脱盐水供料管，将软管另一端放在地板上。打开脱盐水管线上到聚合釜前面的阀门，关闭其他阀门。根据工艺指令单，在DCS控制画面上，通过脱盐水流量控制系统，设定工艺所规定的脱盐水流量，通过在DCS控制画面上手动控制脱盐水流量调节阀，稳定流量20min后，再将脱盐水流量调节阀由手动切换至自动控制状态。

（2）确认丙烯腈、丙烯酸甲酯、回用单体、甲基丙烯磺酸钠、氯酸钠、焦亚硫酸钠和β-羟基乙硫醇正在循环。在DCS控制画面上，按工艺指令，通过每一股物料的流量控制调节系统，使每一股物料流量调节到工艺设定值。操作人员检查DCS画面上每股物料20min其间的量，如果物料量的误差超出工艺范围，则需要进行微调。

（3）在 DCS 控制画面上，将脱盐水流量调节阀从“自动状态”切换至“手动状态”。停脱盐水，拆除脱盐水排放软管，将脱盐水进料管与脱盐水水管连接。其他物料继续进行进料循环。

7. 建立聚合釜夹套水循环(图 4-13)

（1）用软管连接脱盐水管线和夹套水循环槽，向夹套水循环槽中加满脱盐水。按离心泵操作法开启相关阀门和启动泵，控制夹套水循环泵出口压力在工艺规定之内。缓慢开启聚合釜夹套水阀门，使压力表的压力控制在工艺值，此时便建立了聚合夹套水循环。

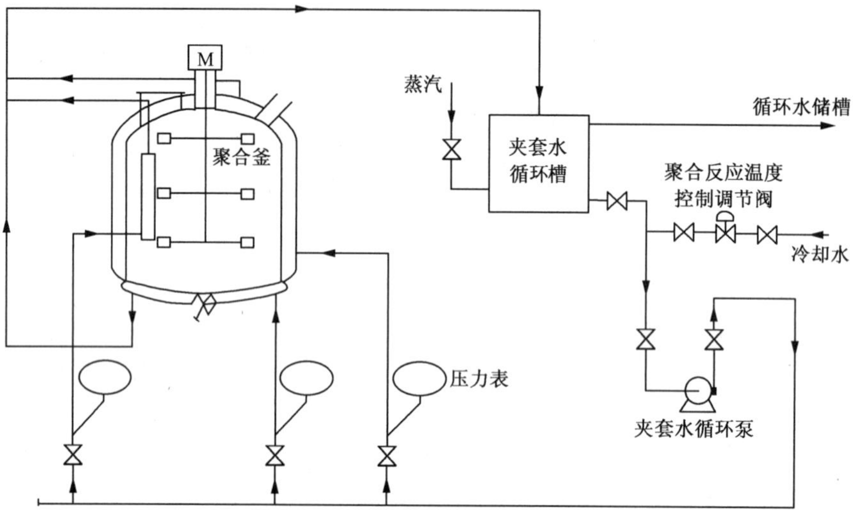

图 4-13　建立夹套水循环示意图

（2）当聚合釜开车升温时，打开夹套水循环槽上的蒸汽阀门，向夹套水循环槽中加蒸汽，通过夹套水循环带来的热量为聚合釜加热。当聚合开车结束后，关闭蒸汽阀门，开启聚合釜反应温度控制系统，通过聚合釜反应温度控制调节阀向夹套水中加入冷却水以带走聚合反应热，反应温度控制调节阀根据聚合釜反应温度的变化自动进行调节，使聚合釜反应温度恒定在工艺设定值。

4.2.2　聚合釜开车

湿法聚合釜的开车分为一步法聚合釜开车和二步法聚合釜开车，由于它们的操作条件和操作步骤区别很大，我们将分别进行介绍。

4.2.2.1　一步法聚合釜开车操作

1. 新开车(开空釜)

（1）检查现场聚合釜系统的所有阀门，确认阀门的启闭情况，防止跑料、溢料。

（2）根据腈纶组成的要求，通过计算，配制混合液于反应剂混合液槽中。

① 各化工料准备就绪，开启各公用工程总阀门，通知化动车间开启储罐区丙烯腈、丙烯酸甲酯、异丙醇供料槽泵及硫氰酸钠供料泵，向装置供料，DCS 操作人员将反应剂混合液槽液位设置为中心值(一般 60%～80%)。在淤浆槽中加入一定量的浓度为 51.7%的硫氰酸钠，开启淤浆槽搅拌[在加硫氰酸钠过程中，逐步加入一定量的引发剂(偶氮二异丁腈)、浅色剂(二氧化硫脲)]。按聚合釜新开车配比，DCS 操作人员将丙烯腈流量控制系统、丙烯酸甲酯流量控制系统、甲基丙烯磺酸钠流量控制系统、硫氰酸钠流量控制系统设定至工艺值。

② 仪表人员对四配比流量计进行校测。丙烯腈、丙烯酸甲酯、甲基丙烯磺酸钠、硫氰酸钠开始进料，调节进料压力至工艺范围。将进聚合釜总流量控制系统设定在工艺值，同时加入一定量的二氧化硫脲、偶氮二异丁腈，异丙醇、二氧化硫脲、偶氮二异丁腈必须在硫氰酸钠加完前加完。当聚合釜总流量控制系统累计数达到配料量要求时，停四配比流量计，校对(丙烯腈、丙烯酸甲酯、甲基丙烯磺酸钠、硫氰酸钠)流量控制系统的累计数是否符合配料要求。

③ 开启回用单体循环泵，建立喷淋循环系统，控制回用单体冷却器出口温度在工艺值，循环 30min 后，通知取样分析组分情况，根据分析数据，调整反应剂混合液的组分，合格后备用。反应剂混合液合格后，停喷淋液循环泵，将反应剂混合液送入空釜中，进料量为聚合釜容量的 4/5。进料完毕后，根据需要继续配制第二批料、第三批料。

(3) 间歇聚合

① 夹套内换入新鲜脱盐水，开启一步法溶液聚合釜的搅拌器和搅拌器的轧兰水(冷却水)，开启夹套的蒸汽阀门及聚合釜夹套循环泵，全速升温。当聚合釜内温达到 55℃时，控制夹套水温度按照 20min 上升 1℃的速度升温，使聚合釜内温缓慢上升，当聚合釜内温达到 70℃时，对夹套温度进行微冷却，防止聚合釜内温上升太快而突变，保温 1h。当聚合釜内温缓慢上升到 75℃时，进行间歇聚合，注意聚合釜内温及聚合釜压力变化，适时进料。

② 间歇聚合完成后，夹套继续升温，同时向聚合釜进料，要求聚合釜内温达到设定值时，进料完毕。在进料同时，开启喷淋液循环泵、聚合釜出口阀门及自控隔离阀门，控制聚合釜出口压力在工艺范围内。聚合釜出料后，开启四配比流量计及二组粉末加料器，通知化动车间供硫氰酸钠。

③ 根据第一脱单塔液位，开启第一脱单塔抽出泵和原液加热器，根据第二脱单塔液位，开启第二脱单塔抽出泵、原液混合槽进口阀门。

2. 全线停车，开其中一台釜

(1) 各化工料准备就绪，通知化动车间开启储罐区丙烯腈、丙烯酸甲酯、异丙醇等供料泵及硫氰酸钠供料泵，四种物料同时向装置供料。操作工同时将引发剂——偶氮二异丁腈、浅色剂——二氧化硫脲两组粉末加入粉末加料器中。按补充料配比，DCS 操作人员将丙烯腈、丙烯酸甲酯、甲基丙烯磺酸钠、硫氰酸钠流量控制系统设定至工艺值。放空聚合釜夹套水，充入新鲜脱盐水，开启夹套循环泵及夹套加热蒸汽隔离阀门及旁通，开始全速升温，当夹套温度达到 95℃时，关蒸汽旁通，采用自动控制升温。

(2) 当聚合釜内温达 60℃时，请电工配合，开启聚合釜搅拌器，注意搅拌电流指示情况，同时开启聚合釜出口阀门及自控隔离阀门。开启搅拌后，当聚合釜内温达 65℃时，建立反应剂混合液槽—聚合釜—转化率控制器—反应剂混合液槽小循环，流量为流量计最低流量。用回用单体循环泵建立喷淋循环系统，开启热水循环泵建立热水循环系统，开启转化率控制器冷、热阀门和隔离阀门(此时混合液应走旁通，当聚合釜进料时，再切换至转化率控制器)。

(3) 当聚合釜内温达初始进料温度时，打开聚合釜混合液进料阀门，关闭小循环，向聚合釜进料。聚合釜内温每上升 0. 5℃时，增加一定的进料量，直至进料完毕。当聚合釜进料量增加至理论量的 1/2 时，根据反应剂混合液槽液位，开启丙烯腈、丙烯酸甲酯、甲基丙烯磺酸钠、硫氰酸钠进料泵和偶氮二异丁腈、二氧化硫脲计量加入系统，按生产需要设定四配比参数及总设定和偶氮二异丁腈、二氧化硫脲的加入量。

(4) 第一脱单塔、第二脱单塔保温蒸汽盘管视季节决定开、关(冬季需开启)。开启原液加热器及原液混合槽进料阀门，当第一脱单塔液位达50%时，开启第一脱单塔抽出泵；当第二脱单塔液位达50%时，开启第二脱单塔抽出泵。开启原液加热器进出口阀门，关原液加热器旁通，开原液加热器加热蒸汽进出口阀门，按工艺要求将温度、压力、液位等控制在工艺范围内。

3. 一台釜生产，再开另一台釜

（1）升温进料操作同一台釜开车操作相同。

（2）当进料量为理论值的1/2时，总流量与粉末加入量从一台釜量提高到二台釜量(二台釜生产，再开一台釜的操作，以此类推)。根据第一脱单塔、第二脱单塔液位情况，增开第一脱单塔抽出泵、第二脱单塔抽出泵，及时调整原液加热器温度及丙烯腈、丙烯酸甲酯、甲基丙烯磺酸钠、硫氰酸钠进料泵出口压力。

4.2.2.2 一步法聚合釜生产时的日常操作

1. 聚合釜充硫氰酸钠操作

（1）夏季向聚合釜充硫氰酸钠时要经过转化率控制器。将转化率控制器中的混合液压入聚合釜中，以防止混合液自聚而堵塞转化率控制器及管道，硫氰酸钠充毕，聚合釜停车稳妥后保证反应剂混合液进料泵至转化率控制器的管道，包括反应剂混合液进料泵的流量计及沿线管道、转化率控制器至聚合釜的管道，以及反应剂混合液进料泵的小循环管道(测量反应剂混合液相对密度)内的料全部是硫氰酸钠。

（2）操作要点。

① 当停止聚合釜操作在进料量降至某一定流量时，打开反应剂混合液进料泵前硫氰酸钠进料阀，关闭反应剂混合液进料阀，向聚合釜充入硫氰酸钠，充入量根据停车时间长短而定，待全部应走的管道及转化率控制器内的混合液全部压入聚合釜后，且硫氰酸钠充毕，即打开回反应剂混合液的小循环阀门，关闭聚合釜进料阀，及时关闭反应剂混合液进料泵的出口阀，停反应剂混合液进料泵；在确保小循环管道用硫氰酸钠清洗的基础上，尽量减少进入反应剂混合液槽中硫氰酸钠的量，以免影响反应剂混合液槽中混合液的组分。然后检查所有相关阀门的启闭状态处于正确位置。冬季充硫氰酸钠时不经过转化率控制器而走转化率控制器旁通，当硫氰酸钠充毕后，要用混合液打小循环将管道中的硫氰酸钠压入反应剂混合液槽中，以防止硫氰酸钠在管道内结晶而堵塞。

② 停车时间在24h内反应剂混合液小循环不停，停车时间大于24h的必须按要求执行(如全线停车24h以上，为了控制反应剂混合液槽的温度在工艺范围内，用小循环及转化率控制器来控制)。

③ 规定在冬季期间内按冬季充硫氰酸钠操作法操作，管道内和转化率控制器内的料为混合液；在夏季期间内按夏季充硫氰酸钠操作法执行，这段时间内，反应剂混合液进料系统的相关管道及小循环和转化率控制器内的料为硫氰酸钠。

2. 改变反应时间的操作

（1）将引发剂偶氮二异丁腈和浅色剂二氧化硫脲的加入量调节到改变后反应时间的所需量。观察聚合釜进料和聚合釜夹套温度的变化情况，反应逐渐变化时(约过1h)，及时调节反应剂混合液进料泵的流量。逐渐将反应剂混合液进料流量调节到正常所需量。

（2）根据反应剂混合液槽液位情况及时调节补充料总设定流量，使之平衡。如聚合釜反应偏离正常值，可酌量提高或降低聚合釜内温设定值，细心观察直至聚合釜反应完全正常。

3. 反应剂混合液进料泵的要点

（1）开启反应剂混合液进料泵的进口阀、反应剂混合液槽过滤篮进出口阀、反应剂混合液进料系统流量计进出口阀及旁通，打开聚合釜进出口阀及反应剂混合液进料系统回反应剂混合液槽小循环阀。松开反应剂混合液进料泵开关的保险按钮，按下泵电机启动按钮，逐渐开启反应剂混合液进料泵的出口阀，关闭反应剂混合液进料系统流量计旁通，通知 DCS 室控制反应剂混合液进料系统流量计流量。流量调节以 DCS 室的流量控制调节阀调节为主。

（2）切换备泵时，先将备泵进口阀门打开，然后按下反应剂混合液进料泵启动按钮，略开备泵出口阀。在保证反应剂混合液进料系统流量基本衡定的情况下，逐渐打开备泵出口阀，关另一台泵的出口阀，直至全部关闭，备泵流量由 DCS 调节至原来的量。按下开关保险按钮，停泵后关闭换下泵的进出口阀。

4.2.2.3 二步法聚合釜开车操作

二步法聚合釜开车操作列举了用种子淤浆进行聚合开车和用冷淤浆进行聚合开车两种方法。整个聚合区域输送淤浆的离心泵是用脱盐水作用冷却水（若泵机械密封损坏时，其他含杂质的水进入淤浆系统会影响淤浆质量），所以启动输送淤浆的离心泵时，先要打开泵的脱盐水冷却系统。

1. 用种子淤浆进行聚合开车（图 4-14）

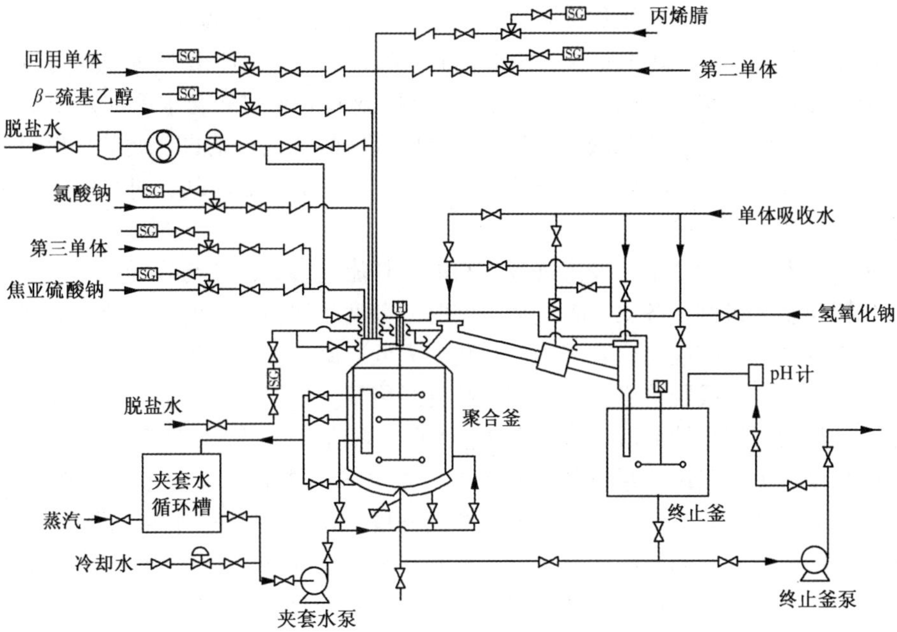

图 4-14　二步法聚合釜开停车示意图

（1）确认种子淤浆已经引入聚合釜内。根据聚合釜中的种子淤浆量（确保加入一定量的丙烯腈、丙烯酸甲酯和脱盐水后，聚合釜内的聚合反应温度测点浸入在液面以下，使所测温度真实反映开车时的聚合反应温度），计算需要向聚合釜加入的丙烯腈量、丙烯酸甲酯量和脱盐水量。根据计算结果向聚合釜中依次加入丙烯腈、丙烯酸甲酯和脱盐水。

① 在 DCS 聚合釜进料流量控制画面上，将丙烯腈流量控制调节阀、丙烯酸甲酯流量控制调节阀和脱盐水流量控制调节阀手动关闭，确认流量为零，并记录流量累积初始值。现场将丙烯腈进料三通阀门、丙烯酸甲酯进料三通阀门切换至进料侧，同时开启脱盐水质量流量

计前的阀门。为聚合釜加入丙烯腈、丙烯酸甲酯和脱盐水做准备。

② 在 DCS 控制画面上，手动打开丙烯腈流量控制调节阀、丙烯酸甲酯流量控制调节阀和脱盐水流量控制调节阀，向聚合釜中进料。DCS 通过三种物料流量累积值确认加入聚合釜的三种物料达到所要的加入量后，关闭三种物料流量控制调节阀门，现场将丙烯腈进料三通阀门、丙烯酸甲酯进料三通阀门切换至“循环”侧。

（2）聚合釜开车前 1~2h，开始对聚合釜加热升温。根据离心泵操作法建立夹套水循环槽的热水循环，并保持聚合釜夹套水循环泵出口压力不大于工艺值，否则会使聚合釜夹套变形或损坏。打开夹套水循环槽上的加蒸汽阀门，开始对聚合釜加热升温。在 DCS 控制画面上确认聚合釜的温度，将聚合反应温度控制系统的温度设定在工艺值，观察聚合釜升温情况。打开聚合釜外密封水管线上的阀门，调节外密封脱盐水到聚合釜搅拌器和终止釜搅拌器的密封水流量至工艺值。因为外密封水最终是进入终止釜的，所以外密封水用脱盐水而不用工业水，以免用工业水作密封时，终止釜中的淤浆受工业水中铁质的影响而发黄并影响成品纤维的上色率。

（3）当聚合釜反应温度升至 35℃时，建立终止釜至淤浆储槽的水蒸馏。当聚合釜反应温度升至 48℃时，用漏斗向聚合釜加入计算好的第三单体甲基丙烯磺酸钠和还原剂焦亚硫酸钠。当聚合釜反应温度升至 51℃时，用硝酸调节聚合釜内的 pH 值至 2.5~2.8，使用硝酸时，戴防护眼镜和手套，以防操作人员受到伤害。当聚合釜反应温度升至 53℃时加入计算好的种子剂（β-巯基乙醇、氯化亚铁、氯酸钠），关闭夹套水循环槽上的蒸汽阀门，打开向夹套水中加入冷却水的阀门（通过聚合釜反应温度控制调节阀向夹套水中加入冷却水以带走聚合反应热，反应温度控制调节阀根据聚合釜反应温度的变化自动进行调节，使聚合釜反应温度恒定在工艺设定值）。确认 IP（诱导期），检查聚合反应开始时间，可以由氯酸钠进料后聚合釜温度的迅速上升来验证。

（4）DCS 根据工艺指令单，设定好各物料的进料流量参数，并与现场操作人员一起将各股物料依次切换至进料侧。各股物料进聚合釜时的温度必须在一定的工艺范围之间，若温度太低，无法引发聚合反应或使聚合釜内的转化率太低，聚合釜出料淤浆中含有大量未反应单体，进入脱单体后会造成脱单塔板堵塞和系统管线堵塞。当聚合釜溢流口有淤浆溢出时，向聚合釜溢流口加入氢氧化钠溶液，调节淤浆 pH 到工艺值，以便终止聚合反应。

（5）有自动压力控制调节系统的进料管线，在 DCS 控制画面上，设定各股进料的循环压力，通过手动调节各股进料压力控制调节阀的开度，调节各股进料循环的压力至工艺值，然后将各股进料压力控制调节阀切换至自动控制状态。没有自动压力控制调节系统的进料管线，手动调节生产现场各股进料循环的回流阀开度，使各股进料循环的压力至工艺值。现场关闭各股进料的自循环阀门，确认循环管线的视镜处没有流量。防止因三通阀内漏使部分料液进入自循环系统而影响聚合釜的进料量。

（6）在 DCS 控制画面上，手动调节向夹套水中加入冷却水的阀门开度，以带走聚合反应热，待聚合反应温度稳定后，将调节阀切到“自动控制”状态。检查聚合釜每一股进料流量，调节各股进料流量至工艺值，调节后检查 20min。

（7）聚合釜开车后 4h，按装置工艺指令单改变进料流量，并调节到规定流量，在 DCS 控制画面上检查流量 20min。聚合釜开车后 8h，淤浆出料由不合格聚合体槽切换至合格聚合体槽。

（8）聚合釜开车过程中，在 DCS 控制画面上须检查确认聚合釜夹套水回流夹套水循环槽的温度、聚合釜反应温度、IP（诱导期）、进聚合釜的每股物料进料量，以确保聚合釜的正常生产。

2. 用冷淤浆进行聚合开车(图 4-14)

用冷淤浆进行聚合开车时，由于聚合釜内是含有单体的冷淤浆，所以在聚合釜开车前不需要加入丙烯腈、第二单体和脱盐水。其他开车的原理和要点与用种子淤浆进行聚合开车时相同。

4.2.2.4 二步法聚合釜生产时的正常操作

1. 聚合釜、终止釜密封水和单体吸收喷淋水的调整

(1) 聚合釜搅拌器内侧的内密封水是由进聚合釜脱盐水管道上的阀门控制流量。聚合釜搅拌器外侧的外密封水和终止釜搅拌器密封水(由聚合釜搅拌器外侧的外密封水溢流到终止釜搅拌器)的流量和聚合釜溢流管道中的两端密封水由调节外密封水流量计处的出口阀门来分别控制的。内外密封水的流量要控制在工艺值，防止因流量控制不当，造成聚合反应波动和密封水外溢。

(2) 为了有效地吸收聚合釜出料淤浆中的汽化未反应单体和稳定终止釜中的总固体含量，单体吸收喷淋水的流量必须进行严格控制。从单体吸收水泵来的喷淋水流量=聚合配比脱盐水总水量-脱盐水供料量，脱盐水供料量=聚合釜搅拌器外侧密封水+聚合釜溢流管道中两端密封水。如果单体吸收喷淋水的流量太大，不仅由于进入脱单系统的流量增加使脱单系统负荷增大，而且因较低温度的单体吸收喷淋水流量的增加，使脱单系统进料温度下降，造成脱单系统效能下降或能耗上升。当单体吸收水喷嘴有结疤物时，将喷嘴浸在 60% 硝酸溶液中清洗，以确保喷嘴畅通。

2. 聚合釜反应温度的实测

(1) 在每一次将聚合釜出料从不合格聚合体储槽切换至合格聚合体储槽时，用数字式温度计从聚合釜溢流管道中深入聚合釜，实测聚合釜中的反应温度，并与 DCS 控制画面上的聚合反应温度进行比较，判断聚合釜中用来测量聚合反应温度的仪表探头是否有结疤。

(2) 当实测的温度与 DCS 控制画面上的聚合反应温度数值不同时：若误差大于±0.5℃，小于±1.0℃，在 DCS 控制画面上修正聚合反应温度的设定值。如果误差大于±1.0℃，此时聚合釜出料不能从不合格聚合体储槽切换至合格聚合体储槽，因在 DCS 控制画面上修正聚合反应温度的设定值后，重新实测温度，消除温度误差后，再将聚合釜出料从不合格聚合体储槽切换至合格聚合体储槽。若是温度误差很大时，说明聚合釜中用来测量聚合反应温度的仪表探头结疤严重，应停聚合釜进行处理。

3. 定期清洗聚合釜出料溢流管线

为了确保溢流管线的畅通，每 8h 需要对溢流管线清洗一次。清洗时准备好防毒面具、防护面具、橡胶手套、条刷、软管等，防止操作人员发生中毒事件。

关闭单体吸收水至聚合釜溢流管线的阀门，停止向聚合釜溢流管线供单体吸收水。关闭氢氧化钠溶液至聚合釜溢流管线的阀门，停止聚合釜溢流管线供氢氧化钠溶液(防止氢氧化钠溶液滴漏到用铝材制造的聚合釜顶部上，造成聚合釜强烈腐蚀)。打开聚合釜溢流管线上下两端的密封盖子。用脱盐水清洗聚合釜溢流管线至聚合釜侧，用条刷快速地刷 5~6 次。控制冲洗的脱盐水总量，防止聚合物质量波动。用脱盐水清洗聚合釜溢流管线至终止釜侧。用条刷快速地清洗聚合釜溢流管线打开部分的侧壁。清洗时防止工具掉进聚合釜。重新盖上聚合釜溢流管线上下两端的密封盖子，恢复向聚合釜溢流管线供单体吸收水和氢氧化钠溶液。

4. 定期清洗聚合釜溢流管线内的过滤器

为了防止絮状物和浆块通过聚合釜溢流管线进入终止釜，引起终止釜泵和管线堵塞，在终止釜上端的溢流管线上安装了过滤篮。如果过滤篮中的絮状物和浆块不及时清理，会导致终止釜进料不畅通和絮状物等溢出过滤篮进入终止釜中，所以需要定期清洗聚合釜溢流管线内的过滤器，每两天清洗一次。

关闭氢氧化钠溶液至聚合釜溢流管线的阀门，停止聚合釜溢流管线供单体吸收水，打开聚合釜溢流管线下端的密封盖子。除去聚合釜溢流管线内部的结块，迅速用备用过滤篮更换。防止将聚合釜溢流管线中的结块掉入终止釜而阻塞管线和泵。盖上聚合釜溢流管线下端的密封盖子，打开氢氧化钠溶液至聚合釜溢流管线的阀门，向聚合釜溢流管线供单体吸收水。除去过滤篮的结疤物，对过滤篮进行清洗和储存。若结疤物难以除尽，则在清除大块结疤物后，将过滤篮浸在60%的硝酸溶液中10天后，除去剩余的结疤物。

5. 聚合釜开车前后的检查确认

(1) 检查确认聚合釜各大循环阀门是否内漏，在进料三通切换至进料侧且大循环处阀门关闭的情况下，流量计显示为零，若流量计显示有流量，联系保全调换该大循环阀门。

(2) 为保证进聚合釜的各物料按工艺参数要求加入，检查确认各物料的流量设定值是否符合工艺参数要求。

(3) 检查确认进聚合釜的各物料的流量、调节阀开度符合工艺要求，开车前需拆洗各物料的Y形滤器。

(4) 根据操作法建立脱单系统水蒸馏循环以检查终止釜至脱单塔、脱单塔至淤浆储槽的管线是否畅通。

(5) 淤浆储槽液位控制在35%~40%以保证淤浆储槽开车后槽内总固体含量，从而确保开车后水洗机系统运行正常。

(6) 为确保聚合反应正常，进料三通阀须完全切换至进料侧，各物料大循环阀门关闭，流量符合工艺参数值，调节阀开度<80%。

(7) 为进一步保证聚合反应正常，切进料2h后确认各物料实际加入量与工艺参数是否相符。切进料4h后修改进料参数，进料参数修改后，再次检查各物料的流量设定值是否符合工艺参数要求。

(8) 检查聚合釜内、外密封水流量是否正常。

(9) 切进料7h后，联系质检科加测溢流口淤浆总固、相对分子质量，以了解聚合反应的实际情况。

(10) 大检修停车后，对各聚合釜进料流量计进行标定以确保聚合釜进料流量准确。

4.2.3 聚合釜停车

4.2.3.1 一步法聚合釜停车

1. 较长时间的聚合釜停车(大检修停车)

(1) 通知化动车间关闭储罐区丙烯腈、丙烯酸甲酯、异丙醇供料泵及硫氰酸钠供料泵，四种物料同时停止向装置供料。丙烯腈、丙烯酸甲酯、异丙醇供料泵停止运行。

(2) 偶氮二异丁腈、二氧化硫脲粉末加料器，DCS室将补充料流量总设定降为零，根据反应剂混合液槽的相对密度变化，适量补加硫氰酸钠。

(3) 根据所停的聚合釜台数确定反应剂混合液槽液位及停补充料流量总设定的时间，将聚合釜全速冷却，现场关闭夹套蒸汽隔离阀、脱盐水隔离阀，停聚合釜夹套循环泵，开启夹套7℃冷冻水，停热水循环泵和停转化率控制器的热水循环系统，关转化率控制器的热水隔离阀。当聚合釜内温降至73℃时，开始降料，聚合釜内温每下降0.5℃，降流量350L/h。当反应剂混合液槽液位达5%时，停回用单体循环泵，使喷淋系统管道内的料液全部返回反应剂混合液槽中，然后将反应剂混合液槽中的混合液全部送入聚合釜中，聚合釜内温控制在67~70℃。

（4）料液全部进入聚合釜后，停反应剂给料泵，停止向聚合釜进料。加(2800~3500)×$n$kg的硫氰酸钠至反应剂混合液槽中（n=所停聚合釜台数）。开启回用单体循环泵循环20min，再停回用单体循环泵，待管道内的硫氰酸钠全部进入反应剂混合液槽中后，开启反应剂给料泵，将硫氰酸钠全部送入聚合釜中，聚合釜继续降温。硫氰酸钠充完后，关闭聚合釜进出口阀，停硫氰酸钠进料泵，通知化动车间停止供料。第一脱单塔、第二脱单塔的液位显示为零后，停第一脱单塔抽出泵、第二脱单塔抽出泵，停原液加热器的蒸汽进出口阀。停车完毕后，检查所有阀门情况。当聚合釜内温降至30℃时，停聚合釜搅拌，关7℃冷冻水，放空夹套后，充入脱盐水。聚合釜停车后，若内温有回升，开启7℃冷冻水继续冷却。

2. 正常生产时，停其中一台釜

（1）DCS室操作人员将所要停的聚合釜内温控制调节阀切换为手动全速冷却，现场关闭夹套蒸汽隔离阀、脱盐水隔离阀，停聚合釜夹套循环泵，开启夹套7℃冷冻水，停热水循环泵，停转化率控制器的热水循环系统，关转化率控制器的热水隔离阀。当聚合釜内温降至73℃时，开始降料，聚合釜内温每下降0.5℃，降流量350L/h。

（2）当聚合釜进料量减至理论的1/2时，DCS操作人员将补充料总设定、偶氮二异丁腈和二氧化硫脲粉末加料器加入量减少到剩下生产釜的所需流量。当进料量减至2000L/h时，按充硫氰酸钠操作法规程，打开反应剂给料泵的硫氰酸钠进料阀，关闭反应剂混合液进料阀，向聚合釜充入硫氰酸钠，充入量按停车时间长短而定。

（3）根据第一脱单塔和第二脱单塔液位情况，减少第一脱单塔抽出泵和第二脱单塔抽出泵的所开台数，调节原液加热器的温度。当聚合釜内温降至35℃以下时，停聚合釜搅拌器，放空夹套7℃冷冻水，充入脱盐水。

3. 已停两台釜，再停另一台釜

（1）停车步骤与停一台釜相同。

（2）当进聚合釜的流量减少到理论量的1/2时，将补充料总设定的总流量降为零，停丙烯腈进料泵、丙烯酸甲酯进料泵、异丙醇进料泵及偶氮二异丁腈、二氧化硫脲粉末加料器。

（3）当硫氰酸钠充毕后，通知化动车间停止硫氰酸钠供料，停回用单体循环泵，使喷淋系统管道内的料液全部返回反应剂混合液槽中并关闭阀门，停原液加热器的加热系统，停热水循环泵，停转化率控制器的热水循环系统，关转化率控制器的热水隔离阀。停第一脱单塔抽出泵和第二脱单塔抽出泵。检查所有阀门的启闭情况，防止跑料、溢料。

4.2.3.2 二步法聚合釜停车

二步法聚合釜停车操作包括进料系统的停车和聚合釜的停车。

1. 停进料循环

（1）确认丙烯腈、第二单体、第三单体、回用单体、氯酸钠、焦亚硫酸钠、β-巯基乙醇等进料三通阀已切换至循环侧，进聚合釜的阀门已关闭。按停离心泵操作法停进料循环系统。将各进料泵内的残液排尽，并用脱盐水冲洗进料泵，防止单体在泵内自聚。关闭各储槽和供料槽的出口阀门，以免发生丙烯腈跑料事故。

（2）将软件管连接各物料流量计前的冲洗口，在 DCS 控制画面上，手动稍微打开进料流量控制调节阀，用脱盐水清洗各物料流量计至聚合釜进料管，将脱盐水直接排至处于置换状态的聚合釜，防止流量控制调节阀和管线内因物料的自聚而在内结块和清洗管道中的杂质。清洗好后，停脱盐水，关相关阀门。

（3）稍微打开各进料循环的压力控制调节阀，防止压力控制调节阀和管线内因单位的自聚而在内结块。当停进料循环时，注意不要让管线中的单体堵塞阀门。否则，由于压力的增加，可能引起泄漏。当发生泄漏时，按化工料发生泄漏的应急预案处理。

（4）大检修停车时，要将调配槽和供料槽出空，与循环管线一起用脱盐水进行清洗。

2. 聚合釜的停车和出空(图 4-14)

（1）将各进料从聚合釜侧切换至循环侧。关闭各物料至聚合釜的进料阀门，继续向聚合釜供脱盐水，进行置换。

（2）调节终止釜液位控制调节阀的开度和正常操作时一样。在 DCS 控制画面上，将聚合釜温度控制调节阀从自动切换至手动，调节夹套水中的冷却水流量和正常操作时一样(使聚合釜内的单体按 85%左右的转化率继续反应)。保持终止釜的 pH 控制调节系统处于自动状态(确保未反应的单体在终止釜终止反应)。

（3）停止向聚合釜供料后 1h，停止向聚合釜供脱盐水，关闭脱盐水流量进料阀门和通向聚合釜搅拌器的内密封水阀门。关闭氢氧化钠流量控制调节阀和氢氧化钠进料流量计的前后截止阀，停止向溢流管线供氢氧化钠溶液。在 DCS 控制画面上，将终止釜液体控制调节阀切换至手动控制。关闭单体吸收水流量控制调节阀和喷淋管道上的阀门，停止向聚合釜溢流管线供喷淋水。关闭终止釜泵至 pH 测量桶的阀门，停止 pH 测量管线的循环。停夹套水循环泵，同时停止冷却水进入聚合釜夹套。

（4）当终止釜的液位下降时，关闭终止釜的出口阀门，打开聚合釜底部管线的阀门，用终止釜泵抽出聚合釜内的物料。打开聚合釜顶部的手孔，从手孔检查聚合釜的液位，当液位下降时，停聚合釜搅拌器，防止因搅拌器空转而损坏。

（5）用脱盐水清洗聚合釜的内部时，戴防毒面具，确认聚合釜已出空。

（6）进行终止釜的置换和出空。关闭聚合釜底部和终止釜底部的相连管线上的阀门，打开终止釜的出口阀门。开始以一定的流量向聚合釜溢流管线进喷淋水。打开单体吸收水流量控制调节阀和喷淋管道上的阀门，打开终止釜泵至 pH 测量桶的阀门，建立 pH 测量循环。打开氢氧化钠流量控制调节阀和氢氧化钠进料流量计的前后截止阀，开始向溢流管线供氢氧化钠溶液，并将 pH 控制调节系统切换至自动控制状态。从 DCS 控制画面上，将终止釜液位控制调节阀从手动状态切换至自动控制状态。当终止釜置换出空和水蒸馏 4h 后，停聚合釜搅拌器水密封的脱盐水，停止对聚合釜溢流管线的喷淋。

3. 聚合釜的停车和冷却(图 4-14)

（1）将各进料从聚合釜侧切换至循环侧。在 DCS 控制画面上，将聚合反应温度控制调节阀从自动控制状态切换至手动控制状态，调节冷却水进聚合釜夹套水的流量，使聚合釜内的温度逐步下降。关闭脱盐水流量进料阀门和通向聚合釜搅拌器的内密封水阀门，停聚合釜搅拌器外水密封的脱盐水。

（2）在 DCS 控制画面上，将单体吸收水流量控制调节阀从自动控制状态切换至手动控制状态，调节聚合釜溢流管线的单体吸收水喷淋流量至一定的流量，保持 pH 测量控制系统在自动控制状态。将脱单系统切换至水蒸馏，继续冷却聚合釜 2h，使聚合反应温度降至 55℃以下。

（3）当聚合反应温度指示在 35℃以下时，停聚合釜搅拌器，在 DCS 控制画面上，手动关闭聚合反应温度控制调节阀。停聚合釜夹套水循环泵，关闭夹套水循环管道上的所有阀门。

（4）在脱单系统切换至水蒸馏后，每隔 4h，开聚合釜搅拌器 5min，防止聚合物沉降分层。

4.2.3.3 二步法聚合釜停车后的日常操作

1. 聚合釜的清疤

聚合釜清疤作业前，要进行能量隔离，要开具进入受限空间作业票，要使用无火花的工具和使用防护器具如阻燃防静电服、防护面具、口罩和头盔。

（1）关闭电源，锁牢无保险丝断路器和操作开关。在进入反应器开始工作之前，用气体检测器检查反应器的内部。从手孔用脱盐水清洗反应器的内部，拆掉封底和配管。用移动鼓风机使反应器内部通风。人工用 SUS316 制成的凿子除去反应器内壁上、内部构件上和溢流管口内的结疤。拆除、检查并清洗聚合釜搅拌轴内密封处的间隙部分。清洗聚合底阀和淤浆底部管线。为了防止堵塞，需要检查水密封，如有阻塞情况，则进行拆洗。

（2）检查壳程里面和内部构件，如内冷管进料管、搅拌器叶轮等的腐蚀情况。在一定的液压下检查内冷管的泄漏情况。

（3）装上底部封头和底部出口管线。向反应器内注入水，检查底部封头法兰的泄漏情况。启动搅拌器，检查电流、振动和泄漏等情况。

2. 聚合釜停车后的检查

每次聚合釜停车后都要做检查工作，以保证聚合釜停车的质量。

（1）确认聚合釜已出空后，打开聚合釜顶部的手孔，确认聚合釜内没有物料。打开聚合釜搅拌器的外密封流量计，以一定的流量向聚合釜搅拌器的外密封系统供脱盐水，确认聚合釜搅拌器的外密封水不漏进聚合釜。聚合釜搅拌器的外密封水通过终止釜搅拌器最后流入终止釜。

（2）在 DCS 控制画面上，通过脱盐水进料流量控制系统，设定以一定的流量向聚合釜搅拌器的内部密封供脱盐水，确认脱盐水流进聚合釜。

（3）确认冷却水至聚合釜夹套的流量调节阀和隔离阀处于开启状态，聚合釜内部冷却装置和底盖的阀门被打开。确认夹套水循环中的液位在工艺值，启动夹套水循环泵，缓慢打开循环泵的出口阀门，调节夹套水聚合釜的进口压力至工艺值。从手孔检查聚合釜和内部冷却装置等是否泄漏（特别是焊接部分）。同时从外部检查聚合釜夹套、内部冷却装置和底盖是否泄漏，确认无泄漏后，盖上聚合釜的手孔盖。

4.2.4 二步法聚合釜的使用注意事项

（1）在聚合釜开车使用搅拌器时，应先进行手动盘车，确认无转动异常时，再给搅拌器电机供电，进行点动，确认搅拌器方向（应为俯视顺时针），一切处于正常状态下方可投用搅拌器。投用搅拌器时，应经常有专人巡视，发现异常立即报告有关人员，及时采取紧急措施，防止事故的发生。

（2）聚合釜容器内外表面应避免机械损伤，在使用时，要采取有效措施，防止铝材表面划伤和损伤，尤其在通过聚合釜出料溢流管检查聚合釜反应情况时，要先关闭氢氧化钠进料阀门，防止氢氧化钠碱液滴在铝质的聚合釜上，造成聚合釜的腐蚀；在每次对聚合釜清疤时更要防止对聚合釜的划伤。

(3) 聚合釜搅拌器严禁空转，聚合釜内筒不能空腔受压。为满足此条件，应该先给聚合釜内筒加料，同时给内、外密封水系统供水，给聚合釜夹套供冷却水，进入正常运行。停聚合釜时，应先停止给聚合釜夹套筒体(及上封头)供冷却水，后排放聚合釜内筒中的淤浆。

(4) 聚合釜每运行一个周期，应检查搅拌轴是否有腐蚀现象，并给予记录；同时检查设备外观是否正常。聚合釜内筒壁厚应给予监测，其最小壁厚应≥11mm。

(5) 通过设有基础沉降观测水准点，测量聚合釜基础与终止釜基础之间的沉降差≤70mm。同时搅拌部分运转时，釜体和支架要平稳，无异常振动，聚合釜允许最大工作电流为150A；减速箱规定温升为室温加40℃。

4.3 脱单工序

脱单工序的技能操作项目包括脱单塔调试与开车准备、脱单系统的开车操作、脱单系统的停车操作和脱单系统使用注意事项等。

4.3.1 二步法脱单系统的调试和开车准备

脱单系统的调试和开车准备是保证脱单系统开车后正常运行的前提，它包括了脱单系统的真空试验和开车准备两项技能操作。

4.3.1.1 *脱单系统的真空试验*

在脱单系统设备进行检修或拆洗后，为确保脱单系统的气密性，防止回用单体的挥发和能源损耗，必须对脱单系统进行真空试验。工作重点是检查脱单塔及塔顶系统管线、法兰等在负压状况下是否有泄漏现象。

(1) 真空试验的区域。脱单系统需要试真空的区域有脱单塔、第一冷凝器、第二冷凝器和回用单体倾析槽等。

(2) 需要关闭的阀门。为确保脱单系统的气密性，需要关闭脱单塔抽出泵进口阀门和进口管道上的冲洗口阀门。在终止釜中加入纯水，用终止釜泵将终止釜中的纯水送入脱单塔，使脱单塔有一定的液位，引到液封作用，再停终止釜泵，关闭终止釜泵出口阀门，关闭终止釜液位控制调节阀和旁通阀及脱单塔系统管线上的纯水冲洗阀门。关闭进脱单塔的蒸汽阀门和脱单塔各层视镜的纯水冲洗阀门。关闭真空泵的吸入口阀门和液氨进脱单塔阀门。

(3) 需要开启的阀门。为确保真空的实现需要开启的阀门有脱单塔至倾析槽管线上的阀门、倾析槽至脱单塔及第一冷凝器至脱单塔管线上的所有阀门。

(4) 真空度的建立。检查真空泵密封水在规定范围内，密封水过大真空泵效率下降，同时浪费脱盐水，增加排污量；密封水过小，会损坏真空泵，并使得效率下降。按真空泵开启操作法，启动真空泵，缓慢地开启真空泵出口阀门。检查DCS控制画面上的脱单塔真空压力控制系统的真空压力显示和脱单塔现场的真空压力指示是否一致，如果不一致尽快找仪表人员处理或更换真空压力表。当脱单系统真空压力降到工艺值时，关闭真空泵出口阀门，停真空泵。

(5) 真空试验确认。检查脱单系统真空压力的升高情况，若压力升高的速度小于等于工艺规定的速度，说明气密性较好，脱单系统的真空试验结束。若压力升高的速度大于工艺规定的速度，说明有泄漏点，必须要对脱单系统的设备、阀门和法兰进行紧固，然后重新启动真空泵进行真空试验，直到脱单系统气密性达到工艺要求。

(6) 注意事项。当塔抽真空气密试验完毕后，应及时恢复塔常压状态。

4.3.1.2 脱单塔系统开车准备

脱单系统的开车准备是在完成真空系统的气密实验后进行的，包括脱单塔进出管线是否畅通，各进料调节阀、各监控点是否好用，液氨加入系统是否畅通等操作项目。

(1) 确认脱单塔塔盘(栅板)已经清洁，若塔盘(栅板)上有杂质将直接影响脱单效果。确认由终止釜→脱单塔→水洗供料罐(淤浆储槽)的流程畅通，否则在开车时会造成终止釜、脱单塔高液位。

(2) 确认 DCS 进入脱单塔的蒸汽、浆液流量控制调节阀，冷却水进真空冷凝器的温度控制调节阀，真空控制调节阀，脱单塔液位控制调节阀开度与各自的现场调节阀开度相一致；确认脱单塔的温度、液位、压力测点、量值传递、显示系统完好。若脱单塔的流量调节阀、真空控制调节阀、液位控制调节阀开度与现场不一致，会影响各工艺参数的控制，导致产品质量达不到工艺要求，情况严重时会被迫停车。

(3) 确认液氨加入系统管线畅通，流量计完好。确认液氨加入系统管线上的 pH 测量系统完好，测量精度达到要求。否则脱单系统在开车的过程中，由于不能及时加入液氨，或由于 pH 测量不准，使得残余单体在冷凝器内发生自聚，造成冷凝器内管堵塞而被迫停车。

(4) 确认终止釜泵、脱单塔出料泵、脱单塔真空泵处于备用状态。

4.3.2 脱单系统开车

湿法一步法和二步法脱单系统的开车操作区别较大，所以进行分别介绍。

4.3.2.1 一步法脱单系统开车操作

一步法脱单系统与二步法脱单系统不同，有两次脱单过程，脱单系统的设备由第一脱单塔、单体冷凝器、第二脱单塔和原液加热器组成。

溶液聚合反应是一种中转化率的反应，原液中还有约 45%的单体未转化为聚合物，经过一次脱单体，只能脱除未反应单体的 90%~95%左右，剩余单体及占进料总量 3%左右的水仍留在原液中。为达到工艺上要求残余单体小于 0.25%、硫氰酸钠浓度为 44.0%的指标，必须进行第二次脱单体。

在连续聚合中，脱单体是在流动、连续中进行的。开启回用单体循环泵，建立喷淋循环系统，然后将从聚合釜出来的高温原液经过装有自控阀的管道输入第一脱单塔中，由同心套管均匀分布到六个伞顶上，形成厚度约 3~5mm 的液膜，在负压条件下，单体从伞面上沸腾逸出，闪蒸出来的单体被低温的混合液吸收，回到反应剂混合液槽中进行循环使用，原液由第一脱单塔抽出泵送入原液加热器，进行原液加热(经过第一脱单塔脱除约 95%的未反应单体，同时带走许多热量，使原液温度下降到 44~54℃。此时原液温度远小于水和单体的沸点，为使液态水、单体进一步汽化，需要对原液供给汽化热。因此，在进入第二脱单体器前，原液必须进行预热)。加热后的原液输入第二脱单塔中，同样由同心套管均匀分布到六个伞顶上，形成厚度约 3~5mm 的液膜，在负压条件下，单体从伞面上沸腾逸出，闪蒸出来的单体与第一脱单塔闪蒸出来的单体一起被低温的反应液吸收，回到反应剂混合液槽中进行循环使用，脱单体下部被液封泵连续输出。

在脱单单元系统操作时，发现脱单效果差时，需要检查：①原液温度。单体汽化需热量愈少，原液温度愈高，在相同真空度下，单体愈易汽化脱出。②喷淋液温度和循环量。脱单塔的真空度是由喷淋液循环量(喷淋速度)与喷淋液冷凝单体的能力形成。喷淋液温度低，喷淋循环速度大，有利真空形成，单体脱出。但为防止与单体同时脱出的水分损失增多，造成物料不平衡，喷淋循环液温度一般控制为 10～20℃左右，循环量要与原液通过量相适应，在低转化率反应中，约为进料量的 2～5 倍。③原液黏度。黏度低，单体易汽化逸出。将这些因素调整到工艺值。当操作时发生脱单塔高液位，需要检查聚合物黏度，若黏度太高，阻力大就不易流动造成输送困难，应提高原液输送温度；若因脱单体抽出泵开台数太少或泵发生故障，应增开脱单抽出泵或切备泵；如果是仪表控制系统失灵，使原液输出量减少而导致脱单塔高液位，应及时修复仪表控制系统；若是因原液加热器或冷却器堵塞造成出料不畅通，应用硫氰酸钠进行溶解处理。

4.3.2.2　二步法脱单系统开车操作

二步法脱单系统开车操作包括建立脱单塔水蒸馏（或水循环）、脱单塔从水蒸馏切换至淤浆处理、用脱单塔的水蒸馏进行单体的全回收等操作项目。

1. 建立脱单塔水蒸馏（图 4-15）

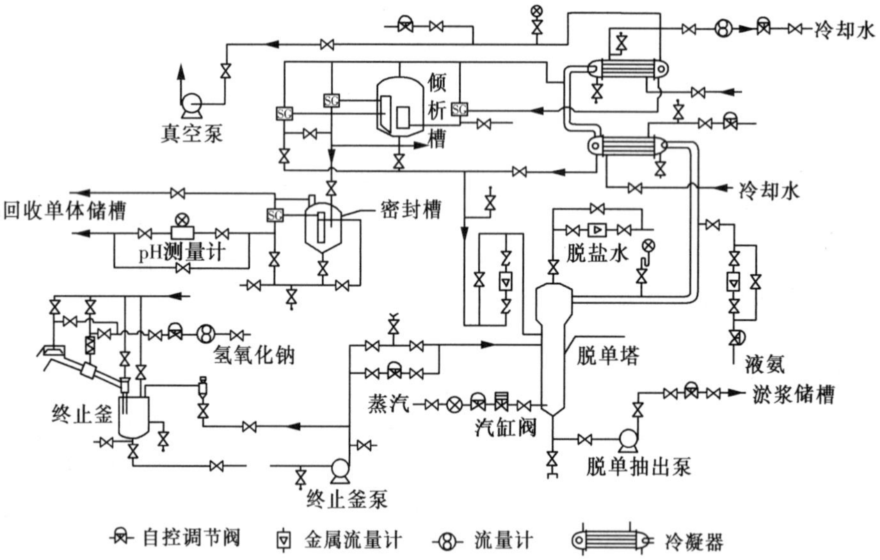

图 4-15　脱单系统示意图

（1）检查从终止釜至淤浆缓冲槽（水洗供料罐）的管线，并确认管线上的阀门全关。若脱单系统的倾析槽和密封槽无液位，打开进倾析槽管线上的冲洗口阀门，向倾析槽供脱盐水，直至在倾析槽视镜中能观察到溢流。从密封槽顶部向密封槽供脱盐水，直至在密封槽视镜中能观察到溢流（大庆石化、安庆石化腈纶厂建立水循环时采取向终止釜内连续补加脱盐水，启动终止釜出料泵，当终止釜、脱单塔液位达到工艺设定值后从“手动控制状态”切至“自动控制状态”。向分层罐和回用单体储罐补加脱盐水，确保进入倾析罐和回用单体储罐管线的阀门应被液体封住，否则无法建立真空，确认分层罐和回用单体储罐出料流程畅通。建立脱单塔真空，投用回用单体冷却系统并打通去分层罐的流程）。

（2）启动吸收塔的吸风机，打开单体吸收水至静态混合器的阀门，喷淋水阀门和单体吸收水至终止釜阀门，启动吸收塔抽出泵，以每小时一定的流量向终止釜供脱盐水。在 DCS 控制画面上，将终止釜液位控制系统设定至 50%、脱单塔液位控制系统设定至 40%。打开聚合釜搅拌的水密封（外密封）阀门供脱盐水，让聚合釜搅拌的外密封水溢流至终止釜搅拌器处，然后启动终止釜搅拌器。当终止釜液位为 50%时，启动终止釜泵，同时在 DCS 控制画面上，将终止釜液位控制调节阀从“手动控制状态”切换至“自动控制状态”。

（3）当脱单塔液位达到40%时，启动脱单塔抽出泵，脱单塔液稳定在40%液位时，将脱单塔液位控制调节阀从“手动控制状态”切换至“自动控制状态”。在DCS控制画面上观察终止釜和脱单塔的液位控制情况。

（4）向第一冷凝器供热水：热水温度低于脱单塔真空系统抽出的水蒸气温度，用于冷凝比单体露点高得多的水蒸气。确认第一冷凝器上的排放阀全部关闭，打开第一冷凝器热水进出口阀门。在DCS控制画面上，调节第一冷凝器冷凝水(回至脱单塔的蒸汽冷凝液-回流水)的温度控制系统至设定值，手动全开温度控制调节阀，向第一冷凝器供热水。温度控制调节阀安装于热水出第一冷凝器的出口管道上，是为了当出现调节阀故障或仪表压缩空气故障时，短时间内第一冷凝器内有一定的热水从而对脱单塔抽出的蒸汽进行冷却，避免蒸汽在第一冷凝器无法冷凝，而在第二冷凝器冷凝后大量进入倾析槽中。2~3min后，关闭温度控制调节阀至稍微开一点，减少进入第一冷凝器的热水量。向第二冷凝器冷供却水，冷却水用于冷凝脱单系统从淤浆中脱出的未反应单体。确认第二冷凝器上的排放阀全部关闭，打开第二冷凝器冷却水的进出口阀门。在DCS控制画面上手动打开冷却水流量控制调节阀，冷却水流量控制调节阀安装于冷却水出第二冷凝器的出口管道上，是为了当出现调节阀故障或仪表压缩空气故障时，短时间内第二冷凝器内有一定的冷却水，将脱单塔真空抽出的通过第一冷凝器进入第二冷凝器的单体气体冷却成冷凝水，流入倾析槽，避免单体气体在第二冷凝器无法冷凝后大量被真空系统抽出，排入大气中。调节冷却水流量控制调节阀的开度以一定的冷却水流量向第二冷凝器供冷却水。

（5）建立脱单系统真空。打开蒸汽冷凝液(回流水)回至脱单塔的阀门，将冷凝液从第一冷凝器送至脱单塔。打开脱盐水进脱单塔的顶部阀门，将脱盐水送至脱单塔的上部，防止脱单塔顶部的雾化。

（6）液氨注入试验。向脱单系统注入液氨，是起到对脱出单体的阻聚作用。检查液氨钢瓶是否正常。打开液氨加入量流量计的前后阀门和液氨进入脱单塔真空抽出管线的阀门，手动调节液氨压力调节阀，使液氨加入压力至工艺值，同时手动调节液氨加入量流量计至工艺值，向脱单系统注入液氨。通过检查液氨流量几分钟，确认液氨已经送至第一冷凝器中。试验结束后，停止液氨的加入。

（7）氢氧化钠溶液供料试验。打开终止釜泵至pH测量桶的阀门，确认pH检测循环正常。打开氢氧化钠溶液的流量控制调节阀前后阀门和氢氧化钠溶液进入聚合釜溢流管上、中两道喷淋水中的阀门，手动控制流量控制调节阀的开度，向聚合釜溢流管供氢氧化钠溶液。在DCS控制画面上，通过检查pH控制系统的显示值来确认氢氧化钠的供料情况。试验结束后，停止氢氧化钠溶液的加入，继续终止釜泵至pH测量桶的循环。

（8）向脱单塔供蒸汽。打开蒸汽管道上的冷凝水排放阀，排放蒸汽管中的冷凝液，然后关闭排放阀。打开蒸汽流量控制调节阀的前后阀门。在DCS控制画面上，手动渐渐打开蒸汽流量控制调节阀和打开温度控制切断阀，向脱单塔供蒸汽。

（9）在DCS控制画面上，确认淤浆缓冲槽液位显示达到30%后，启动淤浆缓冲槽搅拌器。

2. 脱单塔从水蒸馏切换至淤浆处理(图4-15)

（1）在DCS控制画面上，确认脱单塔正在进行水蒸馏操作，脱单塔顶部真空表及脱单系统各温度指示仪是否完好。当脱单塔进料后渐渐增加进脱单塔的蒸汽流量至设定值，并切换至“自动”控制，观察脱单塔底部和顶部温度。

（2）通过现场调节液氨流量计的开度调节液氨流量至工艺值。在 DCS 控制画面上，将单体吸收水至溢流管的喷淋流量设定至工艺值后，将单体吸收水流量控制调节阀切换至“自动”控制状态。调节氢氧化钠流量控制调节阀的开度，使 pH 控制系统的指示值达到工艺控制范围，然后将流量控制调节阀切换至“自动”控制状态。

（3）从 DCS 控制画面上，通过温度控制调节阀，手动调节第一冷凝器的冷凝液出口温度。通过脱单塔的塔顶回流水流量计，检查至脱单塔顶部的回流是否良好。如果回流水流量计处没有回流量，从第一冷凝器至回流水流量计之间的排气阀处供少量的脱盐水。如果第一冷凝器的冷凝液被真空吸在第一冷凝器中（从回流水温度大大低于工艺控制值来判断或从现场第一冷凝器的视镜中可以看到），使冷凝液积聚后被抽入第二冷凝器，经第二冷凝器进一步冷却后进入倾析槽，造成倾析槽至脱单塔的回流水增加而使脱单塔塔顶温度下降，导致脱单效果变差时，将第一冷凝器至回流水流量计之间的排气阀略微开启一些，以达到第一冷凝与脱单塔真空度的平衡。

（4）在 DCS 控制画面上，手动调节冷却水流量控制调节阀的开度，使进入第二冷凝器的冷却水流量达工艺值。检查从第二冷凝器进入倾析槽中的单体温度和流量情况。当倾析槽中单体液面上升到倾析槽内单体溢流管位置时，打开密封槽的进口阀来接受单体，并通过密封槽液位的升高确认是否有单体进入密封槽。当密封槽中单体液面上升到密封槽内单体溢流管位置时，打开密封槽至 pH 测量计管线的阀门，将密封槽中的单体经 pH 测量计送至回用单体循环储槽。如果密封槽中水的量太多，使油水分层界面过高时，打开密封槽底部阀门，通过将水排至终止釜来调节密封槽中分层界面的高度。

（5）通过调节液氨流量计阀门开度控制液氨流量，来控制密封槽出料单体的 pH 值，使 pH 值达到工艺值。

（6）由脱单塔顶部处的真空度压力表，检查脱单塔的顶部实际压力，从 DCS 控制画面上，通过真空控制调节阀将真空压力调节至工艺值。在回流水流量计处检查回流水中的浊度或单体混合情况。

（7）从终止釜取淤浆样品，同时从密封槽取单体样品，测量两者的 pH 值。将所测值分别与终止釜 pH 值控制系统的指示值、密封槽 pH 指示值相比较，按需要进行调节。若氢氧化钠和液氨加入量太大，会使两者各自的 pH 值过高造成淤浆发黄。

（8）在由于某些故障如脱单塔气浪撞击，需要降蒸汽量情况下，将蒸汽流量控制调节阀切换至“手动状态”进行调节控制。若由于脱单塔内塔板上单体自聚导致单体不能被脱出（此时，在同样的蒸汽量下，塔底温度上升，塔顶温度下降），甚至淤浆被真空抽入冷凝器系统时，应停聚合反应和脱单系统，对脱单系统进行拆洗。

3. 用脱单塔的水蒸馏进行单体的全回收（图 4-15）

（1）确认单体吸收水至聚合釜溢流管线的喷淋流量被控制在工艺值。在 DCS 控制画面上，通过进脱单塔蒸汽流量控制系统设定蒸汽流量至工艺值，先手动调节蒸汽流量控制调节阀的开度，将蒸汽流量控制到工艺值后，把调节阀切换至“自动”控制状态。

（2）在 DCS 控制画面上，手动控制终止釜的液位至 10%。操作人员现场关闭液氨流量计和液氨进料管线上的阀门，停止向脱单系统注加液氨。将脱盐水软管接至倾析槽进料管线上的阀门，慢慢地将脱盐水送进倾析槽，通过提高倾析槽中单体和水分层界面将单体送至密封槽。打开倾析槽底部的阀门，以一定的流量，将倾析槽内的水送至脱单塔。

（3）第二冷凝器中的冷凝液回收至倾析槽后，重复上面操作至脱单塔脱出的单体完全回收。

(4) 打开倾析槽至密封槽管线上的阀门，然后渐渐地打开密封槽顶部的阀门，操作时不能使回用单体从密封槽中溢流。打开密封槽至 pH 测量计管线上的阀门，将回用单体从密封槽送至回用单体循环储槽，检查密封槽中水位，当密封槽中水位高时，打开密封槽底部的阀门，通过将密封槽中的水送至终止釜来调节水位。

(5) 将脱单系统内的回用单体从倾析槽送至密封槽后，打开倾析槽底部的阀门，以一定的流量将倾析槽水送至脱单塔。送完倾析槽中的水后，用脱盐水清洗和充满倾析槽。

(6) 将脱盐水软管连接至密封槽底部管道的冲洗阀门，从密封槽底部渐渐地进脱盐水，通过提高密封槽内单体和水的分层界面将单体全部送至回用单体循环储槽。打开密封槽至终止釜阀门，将密封槽中的水送至终止釜。打开密封槽手孔，从手孔处用脱盐水清洗密封槽。

(7) 关闭密封槽至回用单体循环储槽的旁通管线阀门、密封槽至 pH 测量计管线上的阀门、密封槽底阀、密封槽顶部阀门、密封槽至终止釜阀门。脱单塔停止水蒸馏操作，停运相应的泵，关闭相关的所有阀门，检查回用单体循环储槽中回用单体的 pH 值。

4.3.3 脱单系统停车

1. 一步法脱单系统的停车

聚合釜停车时，当反应剂混合液槽液位达 5%时，停回用单体循环泵，使喷淋系统管道与换热器内的料液全部返回反应剂混合液槽中，然后将反应剂混合液槽中的混合液全部送入聚合釜中。当聚合釜进出口阀门关闭，第一脱单塔、第二脱单塔的液位显示为零后，停第一脱单塔抽出泵、第二脱单塔抽出泵，关原液加热器的蒸汽进出口阀。

2. 停二步法脱单系统的水蒸馏

(1) 确认聚合釜已经出空，且脱单系统水蒸馏进行了 2h，在 DCS 控制画面上，手动关闭蒸汽流量控制调节阀，停止蒸汽进入脱单塔中。手动全开第一冷凝器的回流水温度控制调节阀 5min，使第一冷凝器壳程内的杂质被除去。关闭真空控制调节阀前的阀门，停脱单系统真空泵。

(2) 关闭热水进第一冷凝器的阀门、冷却水进第二冷凝器的阀门，停止向第一冷凝器和第二冷凝器供热水与冷却水。

(3) 关闭单体吸收水至聚合釜出料溢流管的阀门和单体吸收水至终止釜，停止向溢流管线进喷淋水，然后停终止釜搅拌器。关闭聚合釜外密封水流量计，停止向搅拌器水密封和溢流管线水供脱盐水。

(4) 当终止釜中的液位下降至 0 时，关闭终止釜泵出口阀，停终止釜泵，关闭终止釜泵出口阀门和关闭终止釜泵冷却水阀门。

(5) 当脱单塔中的液位下降至 0 时，关闭脱单塔抽出泵出口阀，停脱单塔抽出泵，关闭脱单塔抽出泵出口阀门和关闭脱单塔抽出泵冷却水阀门。

4.3.4 脱单系统使用注意事项

4.3.4.1 一步法脱单系统使用注意事项

(1) 一步法脱单系统经过一段时间生产后，在四壁和脱单塔出料口会出现深黄色凝胶块，严重时可能造成出料堵塞。形成凝胶块的原因是聚合釜开车前喷淋循环液过早循环，或聚合停止出料后喷淋循环还在长时间继续循环，造成脱单塔在没有进料的情况下，长时间处于负压状态，使脱单塔内壁和出料口积聚的原液中水分被过量脱除，当硫氰酸钠浓度高于 50%时，聚丙烯腈的溶解度降低，聚合物便析出。一旦脱单塔四壁和出料口出现深黄色的凝胶块时，很难用有效的化学方法进行去除，只能停车，拆卸脱单塔和出料口管道，采用机械方法刮除或高压射流清洗。如果停车时间短，不拆卸脱单塔，可以采用一定温度的浓NaSCN浸泡处理。因此，为了防止脱单塔四壁和出料口形成深黄色的凝胶块，生产过程中，应特别注意勿将脱单塔液位控制太高；开车时，不能过早地建立喷淋液循环；聚合釜停止出料后，应及时消除脱单系统的真空。

(2) 规定聚合釜浆液要通过自控阀再进入脱单系统，但在自控阀堵塞或发生故障时可以走旁通管路(正常生产时旁通管路为关闭状态)。

(3) 在脱单系统的运行过程中，要检查喷淋冷凝器的运行情况(如果喷淋液内杂质含量高或反应液内有胶块，喷嘴就容易堵塞)，防止喷淋冷凝器堵塞。当出现喷淋液流量不变，而进喷淋冷凝器前压力表的压力超过正常值，喷淋液实际流量达不到设定值，脱单塔的真空度下降这些现象时，喷淋冷凝器可能已经堵塞，需要停车处理。

(4) 脱单系统的原液冷却器一般采用板式热交换器，它在单面受压时，容易损坏。一旦局部损坏，由于原液的压力大于冷却水的压力，原液易进入冷却水一面，使冷却水管堵塞。如果运行中发现冷却水进出口阀都开到最大，而水量却很小，出口所取的水样中又含有硫氰酸钠，原液温度不能下降，可判断是冷却器损坏，需要隔离更换。

(5) 一、二脱单液位控制，非常重要。若液位不受控，要在20min内紧急停车，防止较高温度的浆液倒灌至试剂混合槽，引起混合液自聚。

4.3.4.2 二步法脱单系统使用注意事项

1. 脱单塔的清洗

脱单系统停车后，为了清除脱单系统生产过程中的结疤物，需要进行脱单塔的清洗操作。

(1) 确认脱单系统已经停车。拆卸终止釜至脱单塔的进料旁通管道(淤浆输送系统的旁通平时处于微开状态，防止旁通管道因没有流通被淤浆堵塞，从而造成终止釜至脱单塔的液位控制调节阀故障时，无法启用旁通管道来维持生产，但由于旁通阀处于微开状态，在生产过程中淤浆会有可能慢慢堵塞旁通管道和旁通阀门，所以要对终止釜至脱单塔的进料旁通管道和旁通阀门进行脱盐水冲洗)。同时用脱盐水清除去终止釜至脱单塔的进料管线和终止釜液位控制中的结疤物，用工具清除各冲洗阀门中的结疤物。

(2) 拆掉脱单塔的淤浆进料管线喷嘴和回流水喷嘴，清洗这些喷嘴。拆卸脱单塔至淤浆储槽的进料旁通管道和液位控制调节阀，清除管线、阀门中的结疤物。

(3) 清洗脱单塔顶部脱盐水接管口，并用顶部脱盐水清洗脱单塔的内部。拆卸脱单塔上的热电偶式检测器和液位检测器，清洗结疤物。用脱盐水和工具清除脱单塔栅板上的结疤物，若栅板上结疤物严重需将塔板吊拆清洗。

(4) 清洗脱单塔视镜。拆卸和清洗第一冷凝器入口处的液氨接管口。清洗第一冷凝器和第二冷凝器的引管。若冷凝器效率下降或冷凝器内有结疤物时，需要对第一冷凝器和第二冷凝器进行酸碱清洗。

2. 脱单系统操作要点

为了保证脱单效果、延长脱单塔的使用周期，在脱单系统的运行过程中，应特别注意以下几点。

(1) 优化脱单塔的塔顶温度(单体和水蒸气在特定真空度和百分比浓度下的共沸点)。在一定真空度下，丙烯腈液相的摩尔分率一定，塔顶温度不同，脱单效果不同。在蒸馏分离单体时，高温下的蒸发效率比低温下的效率高，但如果塔淤内淤浆温度过高，则会引起不利的效果，如聚合物变色或发生后聚合反应，因此，塔顶温度不是越高越好。

（2）确定合适的进料温度。进入脱单塔淤液中的丙烯腈摩尔分率很小，要使塔顶达到共沸温度，若以过冷液体进料（36℃以下），淤浆进塔与蒸汽接触后应升到平衡温度泡点，需要的塔底蒸汽用量大，气速高，会造成操作气速接近或达到液泛点（因为角钢之间的间隙或塔盘孔径随着脱单塔投用时间的增加被自聚物黏附而缩小）。所以进入吸收塔的脱盐水部分用加热器交换好的热水来代替，用来提高进入终止釜的喷淋水温度，从而提高脱单塔进料温度，减少蒸汽量的同时达到合适的塔顶温度。

（3）稳定脱单塔的进料量。进料量上升时，脱单处理量增加，在同样的蒸汽量的情况下，塔顶温度下降，虽然可以根据塔顶温度来自动调节和重新设定塔底蒸汽量，但不一定达到所需的塔顶温度，即使暂时达到了而后也会下降，这主要是在各层塔板上，向下逐层下降的淤浆增多，向上上升的蒸汽增加，在一定的间隙前提下，因为汽液量的增加，造成液泛，塔底温度上升而塔顶温度下降，淤浆在液泛处累积，并造成液泛处单体发生自聚现象，同时淤浆会沿塔壁四周走短路，在较高温度的下面塔板与塔壁处自聚。进料量偏低时，脱单处理量减少，在同样的蒸汽量的情况下，塔底、塔顶温度升高。由于在各层塔板上，向下逐层下降的淤浆减少，向上上升的蒸汽量若不及时调整，上升的蒸汽托住下降的液体，就会造成液泛。所以必须根据进料量实际情况及时调整。

（4）控制聚合物的平均相对分子质量。平均相对分子质量过高，使淤浆在塔板上逐层向下的通过能力下降。淤浆在进料处塔板上堆累而液泛，塔顶温度下降，塔底温度上升，严重时造成淤浆被真空泵抽入冷凝器，导致进入倾析槽、密封槽、回用单体循环储槽，造成生产事故。

（5）优化的蒸汽量。蒸汽量必须按照淤浆进料量而设定，根据塔顶温度进行微调。若蒸汽量过高，气速过大，会造成液泛。

（6）强化冷凝效果。强化第一冷凝器冷凝效果，使大部分水蒸气在第一冷凝器中冷凝，减少倾析槽的冷凝水量，从而提高回流水温度，减少回流水对塔顶温度的影响，提高脱单效果。第二冷凝器冷却水循环量要视出第二冷凝器的冷凝液温度而调节流量设定，尤其是冬季，要防止倾析槽冷凝水温度过低而影响进入脱单的回流温度。

（7）控制液氨流量。流量偏低，密封槽中的 pH 值达不到工艺要求，失去阻聚作用。同时倾析槽冷凝水中含有单体，加入一定量的液氨，减少冷凝水中的单体进入高温的塔顶时自聚的概率，延长脱单塔使用周期，提高脱单效果。流量偏大，会使淤浆发黄。

4.4 水洗工序

水洗工序包括水洗机调试与开车准备、水洗系统开车、浊度仪的操作、水洗系统停车和水洗工序滤布拆装等技能操作项目。

4.4.1 水洗机调试与开车准备

4.4.1.1 水洗系统的真空试验

在水洗系统设备进行检修或拆洗后，必须对水洗系统进行真空试验，从而确保水洗系统旋转过滤机的水洗效果。水洗系统的真空试验前应确认滤布已安装好。

（1）水洗系统的真空试验区域。从水洗系统真空泵到水洗机的管道和阀门，旋转过滤机设备。

（2）需要关闭的阀门。关闭水洗机进料管道排污阀，关闭淤浆储槽至水洗机管道上的所有用于冲洗的阀门和取样阀门，关闭真空泵的吸气阀门。

(3) 需要开启的阀门。开启淤浆储槽底部阀门，打开淤浆储槽抽出泵进口阀门，开启淤浆储槽抽出泵，缓慢开启淤浆储槽抽出泵出口阀门，将淤浆从淤浆储槽输送至水洗机，调整水洗机内的液位溢流板高度至工艺要求，高于溢流板液位的淤浆返回到淤浆储槽。开启水洗机转鼓电机，开启真空泵至水洗机管道上的真空压力表阀门。

(4) 真空度的建立。检查真空泵密封水情况，按真空泵开启操作法，启动真空泵，缓慢地开启真空泵出口阀门。在 DCS 控制画面上，设定水洗机真空系统的真空压力至工艺值，检查 DCS 控制画面上的水洗机真空压力控制系统的真空压力显示和水洗机现场的真空压力指示是否一致。

(5) 真空试验确认。检查真空管线和水洗机转鼓零部件连接处是否有泄漏，水洗系统真空压力是否达到工艺要求。若有泄漏或真空压力没有达到工艺要求，通知有关人员处理后，再进行真空试验，直到水洗系统的气密性达到工艺要求。

4.4.1.2 水洗系统的开车准备

(1) 检查淤浆储槽至水洗机的管道是否畅通。检查水洗机滤布是否安装和淤浆储槽、淤浆缓冲储槽的搅拌器是否完好。

(2) 检查 DCS 控制画面上洗涤水进水洗机的流量控制调节阀开度、稀释水进水洗机的流量控制调节阀开度、洗涤水进水洗机的温度控制调节阀开度、稀释水进水洗机的温度控制调节阀开度、真空控制调节阀开度和淤浆缓冲储槽的液位控制调节阀开度是否与各自的现场调节阀开度一致；检查温度、液位、压力测点、量值传递、显示系统是否完好。

(3) 检查水洗系统的各工艺设定值是否按工艺指令设定，检查真空泵、鼓风机、淤浆储槽抽出泵和淤浆缓冲储槽抽出泵是否完好。

4.4.2 水洗工序开车

4.4.2.1 水洗和脱水一体化系统的开车

1. 水洗系统的开车(图 4-16)

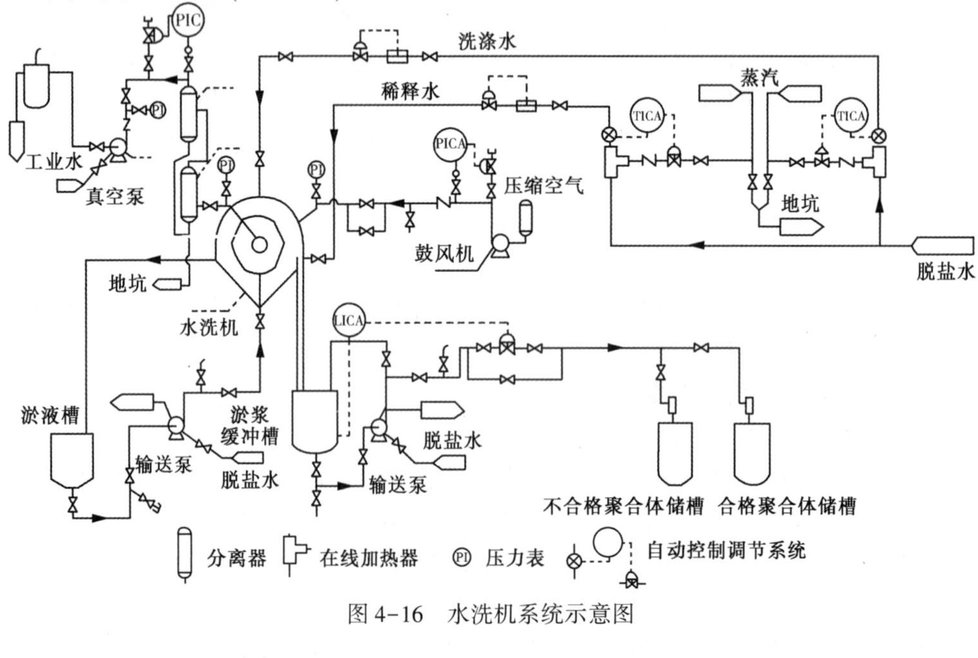

图 4-16 水洗机系统示意图

(1) 确认水洗系统所有管线的阀门均关闭。开启淤浆储槽底部阀门，按离心泵操作顺序建立淤浆从淤浆储槽经过水洗机到淤浆储槽的循环(将淤浆从淤浆储槽输送至水洗机，调整水洗机内的液位溢流板高度至工艺要求，高于溢流板液位的淤浆返回到淤浆储槽)。检查确认水洗机设备无问题后，启动水洗机转鼓。

(2) 开启水洗机洗涤水。打开洗涤水管道上的相关阀门，在 DCS 控制画面上，用流量控制系统设定水洗工序的洗涤水流量至工艺值，手动打开流量控制调节阀开度，调节洗涤水流量至设定值后切换至"自动"控制状态。打开蒸汽冷凝水排污阀门，排尽蒸汽管中冷凝液后再关阀(防止蒸汽管道因水击而泄漏或损坏)。打开进蒸汽阀门，在 DCS 控制画面上，用温度控制系统设定水洗工序的洗涤水温度至工艺值，手动打开温度控制调节阀开度，调节洗涤水温度至设定值后切换至自动控制状态。

(3) 建立水洗机真空。开启真空泵的密封水出口阀门，加工业水进入真空泵的密封系统，调节密封水的压力至工艺值。启动真空泵，开启真空泵出口阀门，建立真空系统，在 DCS 控制画面上，用真空压力控制系统设定水洗机的真空压力至工艺值，手动打开真空压力控制调节阀开度，调节水洗机的真空压力至设定值后切换至"自动"控制状态。确认 DCS 控制画面上的水洗机真空压力控制系统的真空压力显示和水洗机现场的真空压力指示相一致。

(4) 开启鼓风系统。在 DCS 控制画面上，用鼓风压力控制系统设定水洗系统的鼓风压力至工艺值，手动打开鼓风压力控制调节阀开度至 50%。确认风机油位在正常范围内。开启阀门向鼓风机加冷却水后，启动鼓风机，开启鼓风机出口阀门。在 DCS 控制画面上用鼓风压力控制调节阀将压力控制到设定值后，把"手动"控制切换至"自动"控制，确认聚合物滤饼被吹至淤浆缓冲槽中。

(5) 开启稀释水。打开稀释水管道上的相关阀门，在 DCS 控制画面上，用流量控制系统设定水洗工序的稀释水流量至工艺值。手动打开流量控制调节阀开度，调节稀释水流量至设定值后切换至自动控制状态。打开蒸汽冷凝水排污阀门，排尽蒸汽管中冷凝液后再关阀(防止蒸汽管道因水击而泄漏或损坏)。打开进蒸汽阀门，在 DCS 控制画面上，用温度控制系统设定水洗工序的稀释水温度至工艺值，手动打开温度控制调节阀开度，调节稀释水温度至设定值后切换至自动控制状态。

(6) 在 DCS 控制画面上，用液位控制系统设定淤浆缓冲槽的液位控制参数至工艺值，当淤浆缓冲槽的液位达到一定工艺要求时，启动淤浆缓冲槽搅拌器。确认淤浆缓冲槽中为合格的聚合体，打开淤浆缓冲槽输送至聚合体储槽的阀门，启动淤浆缓冲槽输送泵，输送淤浆至合格聚合体储槽(如果聚合体不合格，则送至不合格聚合体储槽)。

(7) 现场调节水洗机转鼓的转速，使淤浆储槽液位保持稳定在工艺值。手动打开淤浆缓冲槽液位控制调节阀开度，调节淤浆缓冲槽液位至设定值后切换至自动控制状态。

2. 在水洗系统正常生产时刷洗水洗机的滤布

当水洗机的效率降低时，本工作可作为一种紧急措施。

打开水洗机的前盖。将水洗机的转鼓速度降至最小。关闭真空管线的阀门，将水洗机泄真空。关闭鼓风管线上的阀门。用板刷迅速有力地刷洗水洗机转鼓上的滤布(在操作期间观察淤浆储槽的液位)。当刷洗结束后，缓慢打开真空管线上的阀门，不使太多的液体流至分离器。打开鼓风管线上的阀门，调整鼓风条件，将水洗机转鼓转速升至正常值。关闭水洗机前盖，通过淤浆储槽液位下降的情况检查刷洗的效果。

4.4.2.2 水洗和脱水分步骤系统的开车

1. 水洗开车

(1) 收料。脱单塔出料前改好流程，脱单塔出料时物料进入选定水洗供料罐中的一个。水洗供料罐液面达到20%后启动搅拌。

(2) 打通流程。打开管线上的所有相关阀门，各机、泵开关打到遥控位置。

(3) 开车。通知自控准备工作已完成，当水洗供料罐液位达到工艺设定值时开车。

启动水洗供料泵，自控设定浆液进料流量并投自动。现场启动风机、水洗底槽搅拌、转鼓、浆化槽搅拌，用手柄调转鼓转速。当水洗机底槽淤浆开始溢流时，启动真空泵，逐渐打开泵的入口阀，自控设定压力调节器至工艺设定值，先手动调节至设定后再投自动。打开水洗水及浆化水流量计的隔离阀，自控设定水洗水及浆化水流量，并投自动。

(4) 开车后处理。检查混合供料罐的液位，当液位达规定值时，现场启动搅拌。打通混合供料罐出料流程，当液位达设定值时，现场启动出料泵向混合系统送料。自控设定混合供料罐液位，先手动调节至液位达设定值时，再投自动。检查滤饼情况，初次开车，可做滤饼的含水分析，据其数据调整真空度、水洗水量及浆化水量。

2. 混合开车

(1) 准备。水洗开车前改好流程，使物料经泵去混合罐的规定地点。切换好混合罐的流程，无特殊情况时要求物料进入A罐、B罐联通，而后溢流到C罐。

(2) 开车。水洗开车后的物料进入混合供给罐，液位达到40%启动搅拌。通知自控设定混合供给罐液位调节。混合供给罐液位达设定值时，启动混合供给泵，向混合罐进料。开启混合罐的所有侧搅拌的密封水，当液位达到10%时启动搅拌，混合罐B罐、C罐也在同样条件下启动搅拌。

(3) 供料。当混合罐C罐液位达到20%以上时，如果脱水需要物料，可以启动混合输送泵后供料。生产过程中及时检查C罐液位，当液位低于10%时，停止搅拌。

3. 脱水机开车

(1) 建立液浆自聚合物混合罐C罐→脱水机底槽→溢流回到混合罐C罐的循环。建立循环的同时，自控设定淤浆流量，同时现场检查相应流程，防止出现泄漏。

(2) 启动脱水机风机、底槽搅拌、转鼓电机，现场用手柄调节转速至设定值。

(3) 关滤液接受槽的排放阀，用软管加水至溢流，建立液封，以备建立脱水机真空。

(4) 打开脱水机至真空接受罐之间蝶阀。打开转鼓卸料压缩风管上手动阀，并调节压力控制阀，使压力达到要求值。

(5) 现场做好水环式真空泵运行准备工作，启动该泵，逐渐打开泵的进气阀。自控设定脱水机真空压力控制值并投自动。真空建立后，聚合物开始被吸附到滤布上，然后压缩风把它吹入滑槽而入再浆化罐，3~5min后，聚合物将停止溢流。若浆液继续溢流应从以下方面查找原因：

① 聚合物滤饼卸料速度是否慢了，是压缩风压力不够，还是转鼓转速慢了。

② 淤浆中的水没有充分脱除(滤饼含水量过高)则要检查是否真空不足。

③ 检查滤布状况。

4.4.3 水洗工序停车

1. 水洗系统的停车操作

(1) 确认脱单系统的水蒸馏已经结束后，用脱盐水清洗淤浆储槽内部，然后停淤浆储槽的搅拌器。关闭洗涤水至水洗机的阀门，在 DCS 控制画面上，手动关闭洗涤水流量控制调节阀和洗涤水温度控制调节阀，停止向水洗机供洗涤水。

(2) 确认水洗机转鼓无聚合物后，关闭稀释水至水洗机的阀门，在 DCS 控制画面上，手动关闭稀释水流量控制调节阀和稀释水温度控制调节阀，停止向水洗机供稀释水。用脱盐水清洗水洗机转鼓上的滤布，将剩下的聚合物清洗掉。

(3) 停淤浆储槽抽出泵，停止泵的密封脱盐水。关闭真空管线至水洗机的阀门，停真空泵。关闭鼓风管线上的阀门，停鼓风机。停止水洗机转鼓转动。用脱盐水清洗水洗机斜槽内侧(控制用于清洗的脱盐水量，防止水蒸馏的量太多)。

(4) 大检修需要出空淤浆缓冲储槽时，在 DCS 控制画面上，手动全开淤浆缓冲储槽的液位控制调节阀，将淤浆从淤浆缓冲储槽送至聚合体储槽(根据指标情况送相应聚合物储槽)。当淤浆缓冲储槽中的液位下降至淤浆缓冲储槽搅拌器底层的搅拌叶轮时，停搅拌器，然后用脱盐水清洗搅拌器的内部。

(5) 平时停水洗系统时，淤浆缓冲储槽保持一定液位，打开淤浆缓冲储槽抽出泵至淤浆缓冲储槽的循环管线上的阀门，关闭去液位控制调节阀的阀门，将淤浆进行自循环，然后冲洗液位控制调节阀至聚合体储槽的管线。然后关闭淤浆缓冲储槽底部的阀门，将脱盐水软管连接至冲洗阀门，清洗从淤浆缓冲储槽抽出泵至聚合体储槽管线，控制清洗时间和清洗流量，防止在聚合体储槽内的总固体含量发生较大的变化。停淤浆缓冲储槽输送泵，停止向泵密封供脱盐水。

2. 水洗系统停车后的检查

(1) 检查水洗机斜槽内的淤浆是否出空，管道是否畅通。检查水洗系统的所有阀门是否处于关闭状态。

(2) 检查淤浆储槽抽出泵和淤浆缓冲储槽抽出泵是否冲洗干净，淤浆缓冲储槽是否出空(大检修时)。

(3) 浊度仪是否进行过清洗。各蒸汽冷凝液疏水器是否完好。各管线法兰是否有泄漏。

(4) 水洗机滤布是否破损，水洗转鼓网板有无损坏，转鼓上的 C 形条是否完好。

4.4.4 水洗工序滤布拆装

1. 拆卸水洗机转鼓上的滤布

当水洗转鼓上的滤布破损，造成水洗系统的浊度超标或根据工艺、设备要求需要拆卸水洗机转鼓上的滤布时，进行此操作。

(1) 按水洗系统停车操作要求，进行水洗系统的停车。打开水洗机前盖，确认滤布已水洗干净。将水洗机转鼓的转速降至最低，然后停水洗转鼓。锁住水洗机电机的开关，并安置一块写有“正在调换滤布”的牌子。再按电机操作开关上的“ON”开关，确认转鼓不运转。打开水洗机前盖和水洗机两边窗口，用移动风机对水洗机内部降温。拆去水洗机内的分配器。向上拉起水洗机转鼓上的滤布边缘，从侧管拆去锁紧绳索(为了安全，操作人员必须戴上橡胶手套)。

(2) 由手动点动操作转鼓，使转鼓缓慢旋转，以配合操作人员从侧管中彻底拆去锁紧绳索。再用手动点动操作电机开关，使转鼓缓慢旋转，用钢丝钳取出所有的锁紧条。取下水洗机转鼓上的滤布，系好布带。用脱盐水清洗水洗机转鼓的内部和滤架。将水洗锁紧条整齐堆放在规定的区域。

2. 安装水洗机转鼓上的滤布

（1）准备具有划线标记的新滤布，两条新布带，两套用于安装滤布的专用工具，一把剪刀和两副手套。确认水洗机的电源开关是锁紧的，并挂标记牌。将布带放在转鼓两端。

（2）将滤布放在转鼓和布带上，使得画线标记正好与转鼓管子对齐。用专用工具将滤布装入布带，并插入锁紧棒紧固。防止水洗机中掉入工具。

（3）用手动开关操作使转鼓旋转，并插入所有的锁紧棒，滤布首尾重叠盖住 2 个滤架，但不与布带重叠。将滤布两端与布带一起塞进侧管，然后嵌入锁紧绳锁紧，当嵌入锁紧绳时，不要拉锁紧条。通过手动操作使转鼓旋转，插入所有的锁紧绳。剪去锁紧绳的末端，使头尾没有间隙。

（4）以正常操作压力吹入压缩空气，检查滤布有无破损，有规则地嵌入锁紧绳。装上分配器，关上前门和两边窗口，断开电源开关锁紧并撤去标记牌。

4.5 吸收塔系统

4.5.1 吸收塔系统开车

确认管线上的阀门处于全关状态。在 DCS 控制画面上，通过吸收塔液位控制系统设定吸收塔液位参数至工艺值，将液位控制调节阀切换至“手动”控制状态，缓慢打开吸收塔脱盐水进口阀门和热水阀门(为了提高脱单系统的淤浆进料温度，用热水提高至聚合釜溢流管的喷淋水温度)直至全开。打开回用单体循环储槽、终止釜、淤浆储槽至吸收塔管线上的阀门。在 DCS 控制画面上，用手动调节液位控制调节阀的开度，将吸收塔液位控制到工艺设定值。

当吸收塔液位达到工艺设定液位时，将液位控制调节阀从“手动”切换至“自动”控制状态。打开吸收塔抽出泵的进口阀门，启动吸收塔抽出泵，缓慢打开吸收塔抽出泵的出口阀门，建立单体吸收水从吸收塔至聚合釜溢流管的吸收系统。启动鼓风机，调节风门开度，保持吸收塔内压力在工艺值。

1. 丙烯腈收料时，吸收塔的操作

确认已经向丙烯腈储槽停止供氮气。缓慢打开氢氧化钠至静态混合器的阀门。调节终止釜至吸收塔的阀门、淤浆储槽至吸收塔的阀门、回用单体循环储槽至吸收塔的阀门和鼓风管道上的阀门，使各管线的压力处于负压。丙烯腈收料结束后，再恢复和调节这些阀门状态。

2. 在聚合釜开停车时，吸收塔的操作(图 4-17)

（1）打开单体吸收水至聚合釜溢流管道的阀门，在 DCS 控制画面上，将单体吸收水的喷淋流量控制调节阀从“自动”切换至“手动”。当终止釜液位达 50%时建立脱单系统的水蒸馏。

（2）调节终止釜至吸收塔的管线、淤浆储槽至吸收塔的管线、回用单体循环储槽至吸收塔的管线均处于真空。将这些槽内的气态单体吸入吸收塔。

（3）当聚合釜进料后，打开加入氢氧化钠的阀门，在第一道或第二道喷淋处同时加入吸收水和氢氧化钠。重新调节进入吸收塔的各阀门开度，保持吸收塔内压力在工艺值上。

4.5.2 吸收塔系统停车

（1）确认聚合装置生产系统均已停车，确认已接到吸收塔停车的工艺指令单。

（2）关闭终止釜至吸收塔的阀门，关闭单体吸收水至聚合釜溢流管的阀门和氢氧化钠溶液的进料阀门，在 DCS 控制画面上，将单体吸收水的喷淋流量控制调节阀从“自动”切换至“手动”，停单体吸收水。将吸收塔的液位控制调节阀从“自动”切换至“手动”，将控制调节阀关闭，关闭终止釜至吸收塔的阀门、淤浆储槽至吸收塔的阀门、回用单体循环储槽至吸收塔的阀门。关闭鼓风管道上的阀门，停鼓风机。

(3) 若需要出空吸收塔液位，并且需要拆洗吸收塔设备时，在停止向吸收塔进脱盐水的前提下，将吸收塔的液位控制调节阀从“自动”切换至“手动”，将控制调节阀关闭。用手动控制流量来控制调节阀，使吸收塔的料液经泵输送至终止釜去脱单系统水蒸馏，回收吸收塔内的单体。当吸收塔无液位时，关闭流量控制调节阀，停吸收塔抽出泵的管线阀门和泵。手动打开吸收塔的液位控制调节阀，向吸收塔进脱盐水，对吸收塔系统的管线和设备进行清洗，清洗的水经泵输送去水蒸馏，清洗一定时间后，关闭吸收塔的液位控制调节阀，停止向吸收塔进脱盐水。当吸收塔液位抽空时，关闭流量控制调节阀、吸收塔抽出泵的管线阀门，停泵。再通知相关人员拆卸吸收塔的管线和设备。

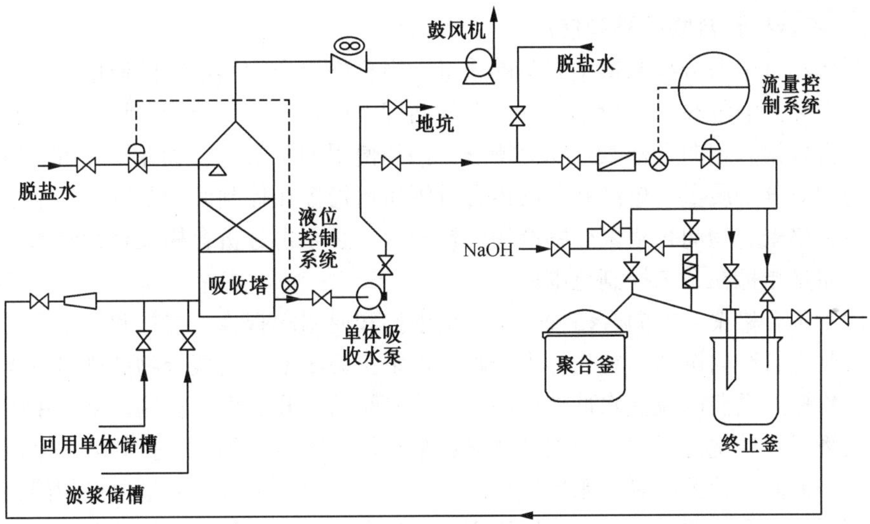

图 4-17　吸收塔系统示意图

4.6　聚合物的储存和使用

4.6.1　聚合物(淤浆)的储存

1. 不合格聚合物的储存

在二步法聚合生产过程中不合格聚合物是指：聚合釜开车至淤浆的相对分子质量稳定，这段时间内出聚合釜的聚合物和聚合釜生产过程中工艺异常波动期间的聚合物以及在聚合釜停车时的聚合物，这些聚合物将作为不合格聚合物来储存。即通过淤浆缓冲储槽抽出泵输送到不合格聚合体(聚合物)储槽。当不合格聚合体(聚合物)储槽内的淤浆液位达到一定液位时(防止因搅拌底部的桨叶没有浸入淤浆中而损坏搅拌设备)，启动不合格聚合体储槽的搅拌器(使槽内淤浆均匀混合同时防止淤浆沉降黏结)。开启不合格聚合体储槽的热水伴热系统。每隔 8h 分析槽中总固体含量(从储槽顶部人孔取样时，停搅拌器。防止取样工具被搅拌器打破)，以备掺和使用时作依据。

2. 合格聚合物的储存

聚合物通过水洗系统进行清洗，用水洗系统稀释水调节淤浆缓冲储槽中的聚合物浓度后，送至合格聚合物储槽。因为淤浆的总固体含量波动会直接影响原液的总固体含量波动，因此将淤浆缓冲储槽中的总固体含量保持在工艺要求的范围之内。又由于在合格聚合物储槽中淤浆温度的波动会影响聚合物在溶剂中的溶解性，所要开启合格聚合体储槽的热水伴热系统，将储槽中淤浆的温度控制在工艺值。如果储槽中的淤浆不向原液制备供料超过 3 天，停止对储槽加热，防止水分的损失而影响淤浆的总固体含量。当合格聚合物储槽内的淤浆液位达到一定的液位，启动合格聚合体储槽的搅拌器。每隔 8h 分析槽中总固体含量。若槽中总固体含量没有达到工艺值，可以通过调节水洗系统的稀释水量进行校正。当合格聚合物储槽液位达到 95%时，可将合格聚合物切换至不合格聚合物储槽中储存。在合格聚合物储槽中一般还需要分析聚合物的相对分子质量、对纤维颜色有很大影响的色泽和 pH 值等项目。同时需要定期清洗用于储存的输送管线，防止因结疤物和淤浆堵塞管道。合格聚合物储槽中的淤浆将作为中间产品输送至原液工段进行溶解。

4.6.2 不合格聚合物的掺和使用

（1）分析不合格聚合物储槽中淤浆的质量。当合格聚合物储槽中的液位达到工艺允许不合格聚合物掺和的液位时，分析不合格聚合物储槽中淤浆的相对分子质量、色泽和总固体含量，根据分析数据确定向合格聚合物储槽进行掺和使用的淤浆量，确保掺和后合格聚合物储槽中淤浆的相对分子质量、色泽和总固体含量等质量指标在控制波动范围的一半之内。

（2）不合格聚合物向合格聚合物储槽中掺和后，必须再分析合格聚合物储槽中的淤浆质量，以确保质量指标在工艺控制范围内。

（3）用于不合格聚合物向合格聚合物储槽中掺和使用的管线，在掺和使用后需要进行清洗，防止淤浆在管线内沉结。首先停聚合物输送泵，关闭不合格聚合物储槽出口阀门，用软管连接聚合物输送泵前的脱盐水冲洗口阀门，打开阀门，开启聚合物输送泵，用脱盐水冲洗掺和使用的管线，冲洗好后，关闭聚合物输送泵至掺和管线的阀门，打开输送泵至不合格聚合物储槽管线的阀门，关闭脱盐水冲洗口阀门，打开不合格聚合物储槽出口阀门，使不合格聚合物从不合格聚合物储槽经泵再返回至不合格聚合物储槽，进行自循环混合。

4.6.3 聚合物储槽排空

当需要检修聚合物储槽搅拌器或聚合物储槽搅拌器突然故障时，需要对聚合物储槽进行排空。

1. 需要检修聚合物储槽搅拌器时的排空操作

此时由于聚合物储槽搅拌器仍在运转，所以可以利用原液溶解系统的回流管线进行倒料，即将需要排空的聚合物储槽中淤浆一方面用于溶解系统生产，另一方面将控制溶解系统进料淤浆压力稳定的压力控制回流管切换至其他储槽，使需要排空的聚合物储槽中淤浆除用于原液生产外，其余部分倒至别的储槽。当需要排空的聚合物储槽液位下降到需停搅拌器的液位时，将输送淤浆到原液溶解系统的供料泵进料管道切换至别的储槽(防止因聚合物储槽停搅拌器后淤浆总固体含量变化而影响原液溶解质量)。用临时管将一端连接需要排空的聚合物储槽底部的阀门，另一端连接不合格聚合物储槽的输送泵进口处，关闭不合格聚合物储槽的出口阀，用脱盐水软管连接聚合物输送泵后的冲洗阀门，用脱盐水充满临时管，并保持一定流量的脱盐水，打开需要排空的聚合物储槽底部的阀门，将需要排空的聚合物储槽中的淤浆与脱盐水一起返至不合格聚合物储槽(由于聚合物储槽底部的淤浆总固体含量较高，尤其当聚合物储槽搅拌停转后，这些淤浆需要用脱盐水稀释才能输送）。当聚合物储槽停搅拌器后，聚合物储槽底部的淤浆总固体含量太高时，可用聚合物储槽顶部加入脱盐水进行稀释，直至聚合储槽中的淤浆被排空，然后停输送泵，清洗临时管线，将输送泵再投入不合格聚合物储槽的自循环中。打开聚合物储槽底部人孔，给予通风换气，待废气测试合格后，方可入槽检修。

2. 聚合物储槽搅拌器突然故障时的排空操作

此时由于聚合物储槽的搅拌器已经停止运转，会造成聚合物储槽的淤浆快速沉降结块，这时的淤浆不仅不能用于所需的原液溶解系统的生产，而且造成聚合物储槽抽出泵抽不出淤浆。所以必须在聚合物储槽抽出泵进口的几个冲洗口处连接临时管，将压缩空气充入聚合物储槽，使聚合物储槽内的淤浆鼓泡翻滚，再用聚合物储槽抽出泵返至其他储槽(此时视抽出淤浆的质量决定是否边用于溶解系统生产边翻料)，若总固体含量偏高应停止溶解系统生产，直接翻至其他储槽，当液位下降到需停搅拌器时，后面的操作原理和要点与需要检修聚合物储槽搅拌器时的排空操作相同。

4.7 聚合废气收集系统

4.7.1 一步法聚合废气收集装置的开车操作

（1）开车前确认

现场确认氮气、工业水、电等公用工程具备开车条件，工艺参数与报警设定完好，各阀门启闭情况已检查。废气总烃浓度分析仪已标定并投用。TO 炉已具备接受废气条件。

（2）开车操作

① 洗涤塔建立循环。开启洗涤塔工业水进水阀门，塔液位达到 30%液位时，启动循环泵建立循环喷淋。

② 水封罐建立水封。开启水封罐工业水进水阀门，确认底部阀门关闭，确认水溢出有水封效果。

③ 废气收集罐及输送风机补充氮气。开启废气收集罐氮气补充阀门，控制罐中压力在工艺范围内。开启输送风机氮气补充阀门，控制罐中压力在工艺范围内。压力太低系统中空气未置换干净，废气进入有爆炸风险。

（3）风机投用。启动风机向 TO 炉送气。注意风机压力的变化与调节，压力太高或太低风机均会联锁跳。

（4）废气引入。将各路废气逐路引入废气收集罐，注意观察废气总烃浓度分析仪数据变换，不能超过控制范围，一旦超过有爆炸风险，必须在接近上限前暂停引入。调节各路废气的氮气补加量，控制废气收集罐压力及浓度在工艺控制范围。

4.7.2 一步法聚合废气收集装置的停车操作

“废气输送”来源的生产装置停车及来源的储罐停送废气后，将废气管线、废气收集罐及风机等置换干净后才能执行停车操作。

（1）停废气引入。确认废气可以停止引入，关闭二路废气引入阀门。用工业水置换洗涤塔内废水以及各水封罐内废水，防止出现自聚现象堵塞管道。

（2）停补充氮气。确认废气总烃浓度分析仪数据为零，才可以关闭各路补充氮气。停洗涤塔、水封罐、风机。

4.8 原液溶解工序

原液溶解工序是将来自聚合的合格淤浆、浓硫氰酸钠溶剂和焦亚硫酸钠溶液按一定比例送入高剪切溶解机，经高速剪切、研磨(或经罐槽的溶胀、溶解)而溶解成可供纺丝的原液。

4.8.1 原液溶解工序调试和开车准备

原液溶解工序的调试和开车准备是确保溶解系统开车顺利与溶解质量受控的关键，原液溶解工序的调试和开车准备包括建立各物料进料循环、校正各物料进料流量计等操作项目。

4.8.1.1 建立淤浆、硫氰酸钠溶液和焦亚硫酸钠溶液的进料循环

1. 建立进料循环的条件

聚合体储槽、硫氰酸钠溶液储槽和焦亚硫酸钠溶液供料槽达到一定储存液位，公用工程中的脱盐水、仪表压缩空气、电已经进入原液溶解系统，溶解机、各物料输送泵的转向和仪表器具的动作已经调试完毕。

2. 建立进料循环(图 4-18、图 4-19、图 4-20)。

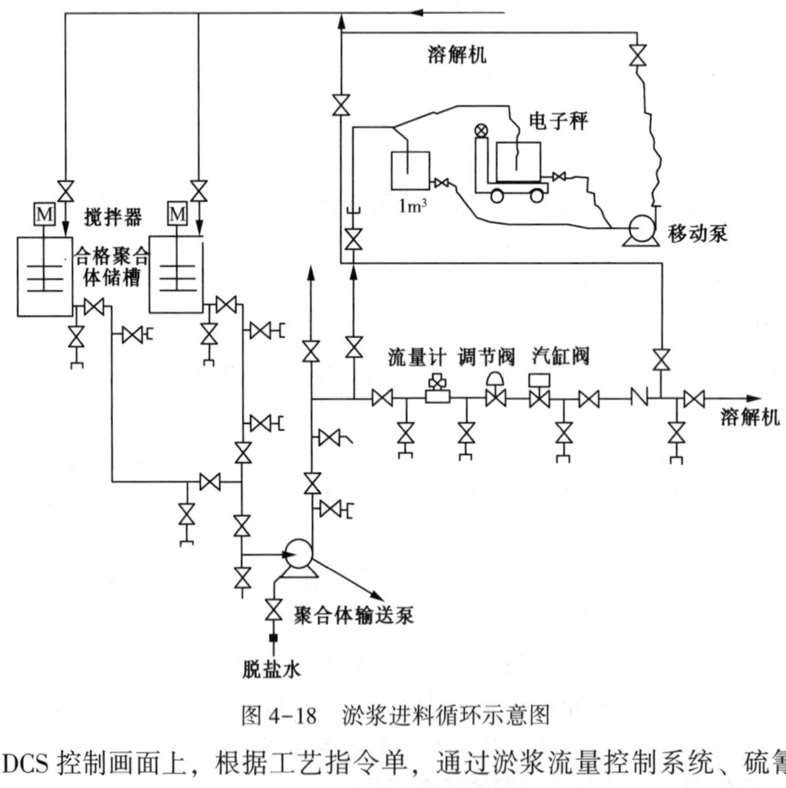

图 4-18 淤浆进料循环示意图

(1) 在 DCS 控制画面上，根据工艺指令单，通过淤浆流量控制系统、硫氰酸钠溶液流量控制系统、焦亚硫酸钠溶液流量控制系统分别设定流量工艺参数，将各进料流量控制调节阀切换到“手动”控制状态，并调节淤浆进料流量控制调节阀开度到 50%。在 DCS 控制画面上，将淤浆进料气缸切断阀切换到“手动”控制状态，并处于开启状态。

(2) 检查从三股物料至溶解机的管线上每一处阀门。关闭管线上的冲洗口阀门和回流阀门，关闭聚合体输送泵、硫氰酸钠进料泵和焦亚硫酸钠进料泵的所有排污阀和冲洗阀(防止建立进料循环后，发生物料跑损)。将脱盐水供至聚合体输送泵、硫氰酸钠进料泵的机械密

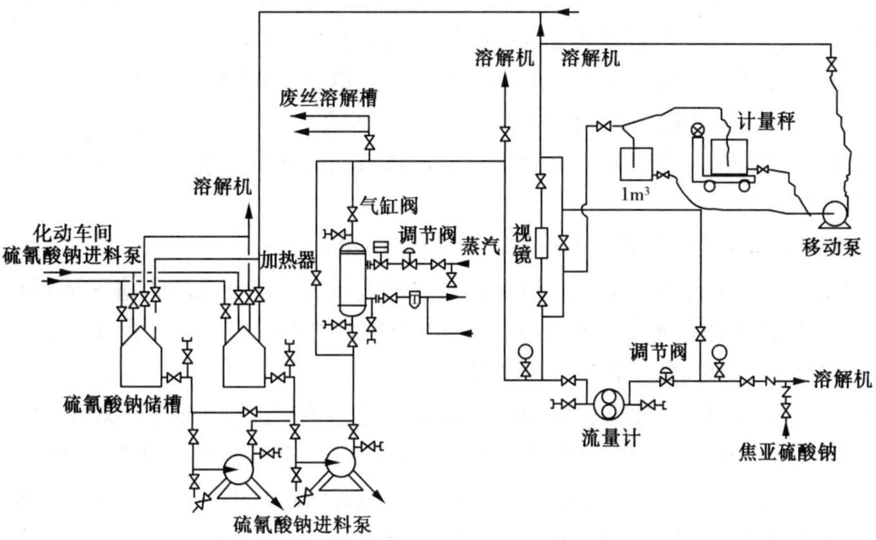

图 4-19　硫氰酸钠进料循环示意图

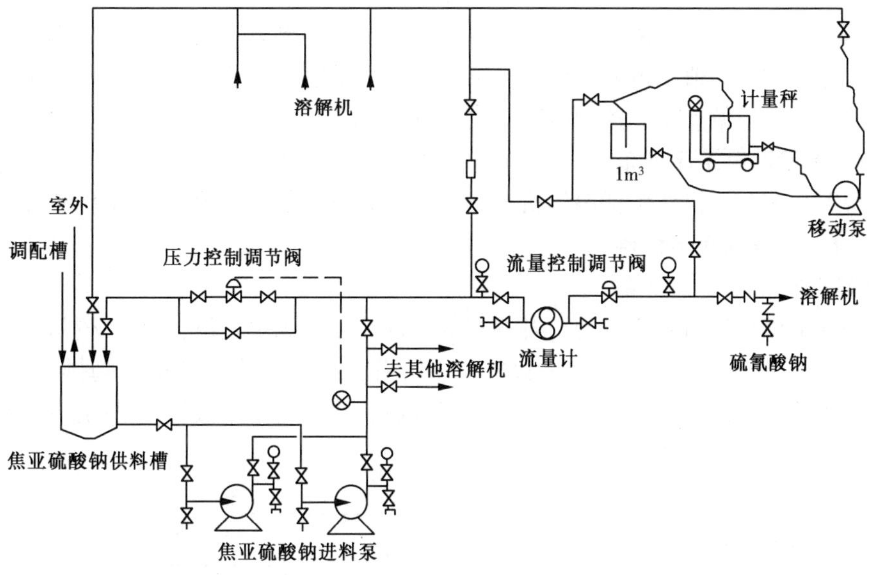

图 4-20　焦亚硫酸钠进料循环示意图

封作为冷却水，并调节冷却水的供水压力达到工艺值。按离心泵操作法开启相关阀门和输送泵，建立淤浆、硫氰酸钠的进料循环系统。按隔膜泵操作法开启相关阀门和隔膜泵，建立焦亚硫酸钠的进料循环系统。分别调节三股物料的总管回流阀门，使各物料进流量计的压力达到工艺值。

(3) 在 DCS 控制画面上，通过硫氰酸钠温度控制系统将温度控制设定至工艺值，稍微开启蒸汽冷凝液排泄阀，慢慢开启蒸汽的阀门，当冷凝液排清后，关闭冷凝液排泄阀，开启疏水器阀门。打开气缸阀切换至自动状态，并用手动调节温度控制调节阀的开度，使硫氰酸钠温度达到工艺值后，将温度控制调节阀切换到“自动”控制状态。关闭加热器的旁通阀门。

(4) 当手动调节三股物料流量达到工艺值后，将流量控制系统从“手动”控制状态切换到“自动”控制状态。淤浆进料气缸切断阀从“手动”控制状态切换到“自动”控制状态。在DCS控制画面上，按照工艺指令单手动调节硫氰酸钠、焦亚硫酸钠的串级比至工艺值，通过手动调节流量控制调节阀的开度，使流量达到工艺值后，先切换至自动控制，待流量稳定在工艺值后，再将流量控制调节阀切换至“串级”控制状态。

（5）检查各进料循环管线是否无泄漏。流量调节阀的开度、现场流量和压力是否与DCS控制画面上相一致。

4.8.1.2 校正进料流量计(图 4-18、4-19、4-20)

（1）为了确保淤浆进料流量计、硫氰酸钠进料流量计、焦亚硫酸钠进料流量计的计量精确，在第一次投用流量计或大检修时期，要对进料流量计进行校正。校正时需要准备 $1m^3$ 的容器、计量秤、移动式泵、软管、秒表等工具。

（2）确认进料循环已经建立，在DCS控制画面上，将流量控制调节阀从“手动”切换到“自动”。打开容器前的阀门和关闭回流阀门。调节流量至一定值，将接入计量秤。20min后，停止物料接入计量秤，关闭容器前的阀门。记录计量秤的重量和流量控制系统在DCS控制画面上的累计值。再次开启容器前的阀门，同时按秒表。20min后，再关闭容器前的阀门，并记录计量秤的重量和流量控制系统在DCS控制画面上的累计值。

开启移动式泵的出口阀门，用移动式泵将计量秤中的物料送到储槽。重复以上操作步骤，如果第一次和第二次的偏差超过±0.5%，再测试。如果第一次和第二次的偏差在±0.5%范围内，取它们的平均值。再调节流量至某一定值，重复上面的测试。从而得到流量计与实际流量的关系。如果偏差超过控制范围，调整它的零点。

4.8.2 原液溶解工序开车

原液溶解系统开车操作包括溶解机(高速剪切机)的开车操作和溶解罐系统的开车。

4.8.2.1 溶解机开车操作

1. 溶解机系统开车前准备

首先确保溶解机出口管道畅通。各物料的循环流量达到工艺值，且串级控制平稳。硫氰酸钠料液进入溶解机后，要先点动溶解机，用溶解机出口管道上的排气阀排气后，才能启动。当原液供应槽中的原液液位上升到底部桨叶后，才能启动原液供应槽的搅拌器。

2. 溶解机开车(图 4-21)

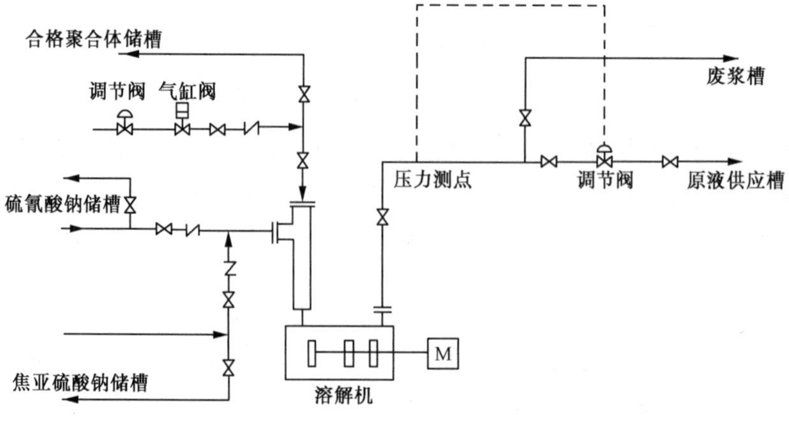

图 4-21 溶解机开车示意图

（1）检查确认淤浆、硫氰酸钠和焦亚硫酸钠的进料循环流量稳定在工艺控制范围内。淤浆流量控制系统和气缸切断阀在“自动”控制状态运行。溶解机出料的压力控制系统已经设定至工艺值，并将压力控制调节阀切换至“手动”状态。硫氰酸钠加热器的温度控制系统已经设定至工艺值，并将温度控制调节阀切换至“手动”状态。在DCS控制画面上，已经将硫氰酸钠流量控制系统和焦亚硫酸钠流量控制系统从“自动”切换到“串级”控制。

（2）确认淤浆进溶解机的阀门、硫氰酸钠进溶解机的阀门处于关闭，溶解机出口至废浆槽的阀门处于开启(使溶解机开车过程中的不合格的原液进入废浆槽，以备今后掺和使用)。在DCS控制画面上，将淤浆流量控制调节阀切换到“手动”。按照工艺指令调整硫氰酸钠流量控制系统和焦亚硫酸钠流量控制系统的串级比。

（3）首先关闭硫氰酸钠回流阀门，缓慢开启阀门，将硫氰酸钠切进至溶解机，启动溶解机。其次，关闭焦亚硫酸钠回流阀门，缓慢开启阀门，将焦亚硫酸钠切换至溶解机。最后，关闭淤浆回流阀门，缓慢开启阀门，将淤浆切换至溶解机。

（4）在DCS控制画面上，手动调节淤浆流量控制调节阀，使淤浆流量达到工艺值后，将调节阀从“手动”切换到“自动”控制；手动调节硫氰酸钠流量控制调节阀和焦亚硫酸钠流量控制调节阀的开度，使硫氰酸钠和焦亚硫酸钠的流量达到串级所需要的流量后，将硫氰酸钠流量控制调节阀和焦亚硫酸钠流量控制调节阀切换至“自动”控制，待它们的流量稳定在工艺值，再将硫氰酸钠流量控制调节阀和焦亚硫酸钠流量控制调节阀切换至“串级”控制状态，使它们的流量按照各自的串级控制比率根据淤浆流量的变化而自动跟踪调节控制。(为了保证溶解质量，必须根据淤浆的总固体含量、硫氰酸钠浓度和溶解机出口总固体含量来调整串级比，同时在各自采用手动或自动控制时，各物料实际流量要缓慢调整，以便调整期间的串级比控制在工艺所需要的范围)。

（5）当三股物料的流量和溶解机出口温度控制在工艺值，且从溶解机出口视镜中和取样阀中观察到原液稳定后，边缓慢开启溶解机出口管道至原液供应槽的阀门，边缓慢关闭溶解机出口管道至废浆槽的阀门，将溶解机出来的原液从进废浆槽切换至进原液供应槽，在这步操作中，DCS操作人员，采用手动调节溶解机出口压力控制调节阀的方法来保证溶解机的溶解压力控制在工艺值(溶解压力体现着三股物料在溶解机中的高剪切混合溶解时间，是保证溶解充分的一个关键因素)范围内。当切换操作结束后，将压力控制调节阀从“手动”切换到“自动”控制状态，同时将淤浆流量控制调节阀也从“手动”切换至“自动”控制状态(淤浆流量控制系统的流量将根据原液供应槽的液位进行设定)。

（6）检查确认每根管线无泄漏和各流量、温度、压力的控制系统是否正常。当原液供应槽中的原液液位上升到底部桨叶后，启动原液供应槽中的搅拌器，将溶解机出来的原液在供应槽内充分混合。

4.8.2.2 浆化溶解系统开车操作

1. 浆化罐底料配制准备

在配制底料前首先检查浆化罐中是否有物料，如有物料，在配制时要非常小心。

（1）浆化罐中有残余料能放净时：浆化罐中残余料要放净，并用脱盐水冲洗。底料可配制成40%硫氰酸钠的溶液，按比例加入硫氰酸钠(56%)和水，配制底料液位在25%，启动搅拌并开脱水机，当聚合物量达应加量的3/4时开浆化罐，经常检查脱水机下料情况，看是否有聚合物堆积。

（2）浆化罐中有残余物料不能排净时：由于浆化罐中有残余物料，所以只能配制硫氰酸钠浓度为30%的底料。根据计算得出加入56%的硫氰酸钠和水的量，按计算的量先把水加到罐中，然后再加56%的硫氰酸钠，硫氰酸钠的加入应尽可能以小流量加入，防止局部溶解。底料配制液位30%。启动搅拌，开脱水机，按计算的聚丙烯腈量加聚合物，达到量后开浆化。在浆化罐顶检查聚合物投入情况，防止堆积。

2. 浆化开车(罐中有合格底料)

通知自控调节压力调节阀，并设定工艺值。打开硫氰酸钠管线上手动阀，启动硫氰酸钠供给泵。打开水线上阀门。通知自控调整聚合物流量、硫氰酸钠流量的分析仪表设定值。如分析仪表不能投用可现场调整加入量。调整加入再浆化罐 $NaHSO_3$ 流量，调整加入脱水底槽两股水和脱水机喷淋水流量。打通浆化罐去调整罐流程，通知自控设定液位调节，当液位上升后物料进入选择的调整罐，启动泵向调整罐进料。启动滤液去水洗密封水罐的泵。调转子流量计，设定 $NaHSO_3$、磷酸三丁酯(TBP)的加入量。

3. 溶解开车

(1) 准备。打开浆液进料罐出口阀，浆液进料泵及粗滤器进出口阀，打开物料流量调节阀前后手动阀。打开硫氰酸钠最终加热器到流量调节阀物料上的所有阀门，打开最终加热器蒸汽线上调节阀前后手动阀，打开凝结水线上阀门。关闭溶解罐A罐与B罐、C罐与D罐之间的底部连通阀，把浆液进料泵开关打到遥控位置，硫氰酸钠供料泵的开关打到遥控位置。

(2) 开车。现场准备好后，通知自控开车，由自控室启动浆液供料泵和硫氰酸钠供料泵，调整硫氰酸钠流量、物料流量比值和温度。当第一罐液位达到低液位数值以上时启动搅拌，第二罐液位达到中液位时启动搅拌。开车后定期采样，以便于调整，如果为首次开车，则在第一罐液位达80%时停溶解，化验分析，经计算对溶解参数进行调节后，再继续开车。

(3) 出料。通知自控设定第二个溶解罐液位，当罐液位达到设定值时，打通物料经粗滤器到泵去原液混合罐的流程，启动泵。即使向后供料不足也不许打开第一、第二罐联通阀进行串料。

4.8.3 原液溶解工序停车

原液溶解系统停车操作包括溶解机(高速剪切机)的停车操作和溶解罐系统的停车。

4.8.3.1 溶解机停车

1. 溶解机停车条件

当纺丝生产停车检修和原液脱泡系统发生故障或溶解机系统发生故障时，需要进行溶解机的停车操作。

2. 停车要点(图4-21)

(1) 在DCS控制画面上，将淤浆流量控制调节阀和气缸阀从“自动”切换至“手动”控制，将硫氰酸钠流量控制调节阀和焦亚硫酸钠流量控制调节阀从“串级”控制切在“自动”再切换至“手动”控制。边缓慢打开溶解机出口管道至废浆槽的阀门，边缓慢关闭溶解机出口管道至原液供应槽的阀门，使溶解机停车过程中的不合格的原液进入废浆槽，以备今后掺和使用。

(2) 首先关闭焦亚硫酸钠进溶解机的阀门，开启焦亚硫酸钠回流阀门，使焦亚硫酸钠溶液进行自循环。其次关闭淤浆进溶解机的阀门，开启淤浆回流阀门，使淤浆进行自循环。最后，关闭硫氰酸钠进溶解机的阀门，开启硫氰酸钠回流阀门，使硫氰酸钠溶液进行自循环。

(3) 停溶解机，关闭溶解机出口阀。在DCS控制画面上，将淤浆流量控制调节阀和气缸阀从“手动”切换至“自动”控制，将硫氰酸钠流量控制调节阀和焦亚硫酸钠流量控制调节阀从“手动”控制切在“自动”再切换至“串级”控制。为今后溶解机系统的开车做准备。

（4）拆下并清洗溶解机的进口三通管线和各物料进溶解机的单向阀，清洗后重新装上这些进口管线和单向阀。

4.8.3.2 溶解机进料紧急停车的处理

1. 溶解机进料紧急停车的条件（气缸阀切断的条件）

淤浆进料压力低至一定值（一是防止硫氰酸钠倒灌入淤浆管道中，造成管道堵塞；二是防止淤浆进料压力太低，淤浆流量下降，导致淤浆在进料管道和流量计中结块堵塞）；硫氰酸钠进料流量下降到一定值（防止进入溶解机的硫氰酸钠流量太低，导致淤浆不能溶解，造成大量凝胶颗粒或淤浆进入原液供应槽而影响原液质量和纺丝生产）；溶解机电机跳闸（防止溶解停转后，进入溶解机的三股物料没有经过高速剪切后混合溶解就进入原液供应槽，造成大量凝胶颗粒或淤浆进入原液供应槽而影响原液质量和纺丝生产）。

2. 紧急停车的操作

（1）由于此时淤浆气缸阀已经切断，淤浆已经停止进料，所以若是溶解机电机跳闸造成淤浆气缸阀切断时，首先在DCS控制画面上，快速将硫氰酸钠流量控制调节阀和焦亚硫酸钠流量控制调节阀从“串级”控制切在“自动”再切换至“手动”控制状态。将硫氰酸钠流量和焦亚硫酸钠流量控制在低流量，现场操作人员边打开溶解机出口管道至废浆槽的阀门，边关闭溶解机出口管道至原液供应槽的阀门。关闭焦亚硫酸钠进溶解机的阀门，开启焦亚硫酸钠回流阀门，使焦亚硫酸钠溶液进行自循环。其次关闭淤浆进溶解机的阀门，开启淤浆回流阀门，使淤浆进行自循环，在DCS控制画面上，将淤浆流量控制系统和流量控制调节阀切“手动”控制。关闭硫氰酸钠进溶解机的阀门，开启硫氰酸钠回流阀门，使硫氰酸钠溶液进行自循环。

（2）检查紧急停车的原因，并进行适当处理。若是溶解机电机跳闸，检查溶解机是否完全堵塞或阻塞，电机动作是否正常。若是淤浆循环压力下降，检查聚合体输送泵运转是否正常，淤浆管线是否堵塞或是否泄漏，淤浆流量控制系统和流量控制调节阀动作是否正常（或气缸阀和压力测点是否正常工作）。如果是硫氰酸钠流量下降，检查硫氰酸钠进料泵运转是否正常，硫氰酸钠管线是否堵塞和是否泄漏，硫氰酸钠流量控制系统和流量控制调节阀动作是否正常，硫氰酸钠储槽的液位是否过低。

（3）处理好后，在DCS控制画面上，手动开启气缸阀后切换至“自动”控制状态，将淤浆流量控制系统和流量控制调节阀从“手动”切换至“自动”控制状态。将硫氰酸钠流量和焦亚硫酸钠流量调节在串级控制的流量后，将硫氰酸钠流量控制调节阀和焦亚硫酸钠流量控制调节阀从“手动”控制切在“自动”再切换至“串级”。为溶解机系统的开车做准备。

4.8.3.3 停止淤浆进料循环

1. 停止淤浆进料循环的条件

当淤浆进料循环系统需要进行检修和清洗时或大检修停车时，需要停止淤浆进料循环。

2. 停止淤浆进料循环的操作（图4-18）

（1）在DCS控制画面上，将淤浆流量控制调节阀从“自动”切换到“手动”控制状态，并将调节阀开度全开。用脱盐水软管接至聚合物输送泵进口的冲洗阀门，开启脱盐水阀门，用脱盐水将管线中的淤浆冲洗至合格聚合体储槽。用手触摸淤浆回流阀表面，若回流阀表面温度与脱盐水温度接近，说明淤浆进料循环管线中的淤浆已经被脱盐水置换。

（2）停聚合物输送泵，关闭脱盐水阀门，关闭冲洗阀门，脱开脱盐水软管，再打开进料循环管线上的排放阀门和冲洗阀门，将管线中的脱盐水全部排放后，关闭相关阀门和进料循环管线上的所有阀门。

4.8.3.4 停止硫氰酸钠进料循环

1. 停止硫氰酸钠进料循环的条件

当硫氰酸钠进料循环系统需要进行检修和清洗时或大检修停车时，需要停止硫氰酸钠进料循环。

2. 停止硫氰酸钠进料循环的操作(图 4-19)

(1) 在 DCS 控制画面上，将硫氰酸钠流量控制调节阀从“串级”切换至“自动”再切换至“手动”控制状态。将温度控制调节阀和蒸汽气缸阀从“自动”切换到“手动”控制状态，并关闭温度控制调节阀和蒸汽气缸阀，停止蒸汽进入加热器。

(2) 停硫氰酸钠进料泵，待硫氰酸钠进料管线中高出硫氰酸钠储槽液面的料液靠静压力回流至储槽中，关闭硫氰酸钠进料泵的机械密封水阀门。关闭硫氰酸钠储槽出口阀门，关闭硫氰酸钠进料泵的进出口阀门。排放硫氰酸钠进料泵的硫氰酸钠。打开硫氰酸钠进料循环管线上的排污阀，排放管线中的硫氰酸钠。清洁硫氰酸钠进料循环管线的操作将在下面介绍。

4.8.3.5 停止焦亚硫酸钠进料循环

1. 停止焦亚硫酸钠进料循环的条件

当焦亚硫酸钠进料循环系统需要进行检修和清洗时或大检修停车时，需要停止焦亚硫酸钠进料循环。

2. 停止焦亚硫酸钠进料循环的操作(图 4-20)

(1) 在 DCS 控制画面上，将焦亚硫酸钠流量控制调节阀从“串级”切换至“自动”再切换至“手动”控制状态。将压力控制调节阀从“自动”切换到“手动”控制状态，并关闭流量控制调节阀和压力控制调节阀开度。

(2) 关闭焦亚硫酸钠供料槽的出口阀门，停焦亚硫酸钠供料泵，关闭焦亚硫酸钠供料泵进口阀。

(3) 排尽焦亚硫酸钠进料泵的物料。打开焦亚硫酸钠进料循环管线上的排污阀，排放管线中的焦亚硫酸钠。清洁焦亚硫酸钠进料循环管线的操作将在下面介绍。

4.8.3.6 浆化溶解系统停车

1. 浆化、溶解停车操作

(1) 根据实际需要(如物料平衡、纺丝停车等)决定停浆化和脱水的时间。

停脱水机进料，卸脱水机真空，停硫氰酸钠向浆化罐进料，停浆化罐中 $NaHSO_3$、脱盐水、TBP 的进料，现场关闭各进料线和回流线上手动阀。停脱水机压缩风和底槽稀释水。现场打开脱水机底槽排放阀，放净底槽中物料。浆化罐可选择一罐留料 50%液位，其搅拌不准停运(每间隔 2h，启动 10min)。视停车时间长短，向存有物料的浆化罐中补加一定量水和 $NaHSO_3$，停车时间若很长，定期请化验人员采样分析，根据化验结果补加脱盐水和 $NaHSO_3$，以确保浆化组成合格，防止发生微溶事故和浆液泛黄。

(2) 溶解供料罐中物料应全部用空，用空时立即停溶解罐中热硫氰酸钠进料。现场停匀浆泵，停硫氰酸钠加热器和最终加热器。溶解罐中物料可根据需要留料或用空。

2. 浆化、溶解停车后处理

(1) 浆液流经的管线、机泵必须用水冲净，防止管线堵塞。

(2) 开脱水机底槽放阀，开脱水机喷淋水冲洗转鼓和底槽至干净为止，同时此法亦用于脱水机排放阀和溢流阀的冲洗，若堵塞可接压缩风进行吹扫，待通后用水冲洗。清浆化罐出料粗滤器。

（3）各换热器管、壳层要进行排放，以防加热器干壁，同时有硫氰酸钠流进的管线，必须处理干净，防止结晶堵塞。

4.8.4 清洗操作

4.8.4.1 进溶解机的三股物料管道及流量计的清洗

1. 硫氰酸钠进料管线和流量计的在线冲洗

（1）确认硫氰酸钠进料循环已经停止。停相应的硫氰酸钠进料泵，使硫氰酸钠进料管线内的硫氰酸钠回流至硫氰酸钠储槽，15min后，关硫氰酸钠进料泵进口阀，打开泵进口处排污阀。如果排污处料液排不尽，说明进口阀有故障，由技术人员来判断是否进行下面的工作(防止清洗时冲洗水进入有料液的硫氰酸钠储槽中，造成储槽中硫氰酸钠浓度下降，导致溶解性能下降)。

（2）关闭硫氰酸钠回流总管到硫氰酸钠储槽的阀门，若阀门不能全关，通知保工全在阀门处加装盲板(防止清洗时冲洗水进入有料液的硫氰酸钠储槽中)。通知保全工拆硫氰酸钠与淤浆进溶解机的大三通管线。用黑橡皮管连接热水槽来的冲洗热水到该系列的硫氰酸钠流量计处冲洗口，同时利用排出的水冲洗大三通。

（3）关闭硫氰酸钠进料泵出口处排污阀，打开硫氰酸钠储槽处硫氰酸钠回流总管冲洗口阀门，打开热水进行加热器至硫氰酸钠储槽管线的冲洗，打开加热器蒸汽系统进行加热，提高清洗效果。冲洗30min后，关闭硫氰酸钠储槽处冲洗口阀门，打开硫氰酸钠进溶解机的阀门，使热水经硫氰酸钠流量计、自控阀、单向阀、三通管道排至地面，同时对流量计进行冲洗。冲洗30min后，打开硫氰酸钠进料泵进口处排污阀，使热水经硫氰酸钠进料泵排出。冲洗10min后，打开所有排污阀，排尽污水。冲洗好后，关闭排污口，安装大三通，拆去盲板。

2. 淤浆进料管线和流量计的在线清洗

（1）开大淤浆回流阀总管回流阀，关闭进流量计的球阀和旁通支管的两只球阀。用软管连接流量计进口处的冲洗阀。打开脱盐水阀、淤浆流量计两端的冲洗阀，冲洗好后关闭流量计后的冲洗阀。在DCS控制画面上，手动将流量控制调节阀全开。打开淤浆进溶解机处的底排污阀，冲洗流量计、气缸阀、流量控制调节阀、单向阀。冲洗后关闭各冲洗阀，建立淤浆循环。

（2）溶解机开车后，软管接旁通管线上的冲洗口。打开脱盐水，打开旁通支管至回流总管处的球阀。冲洗完后，关闭旁通支管上的球阀，关闭脱盐水。

3. 焦亚硫酸钠进料管线和流量计的在线冲洗

（1）关闭该系列泵出口供料阀门。关闭进焦亚硫酸钠流量计前的回流阀和流量控制调节阀后的回流阀。用软管连接热水到焦亚硫酸钠管道冲洗口。清洗该系列焦亚硫酸钠管线、流量计、流量控制调节阀、单向阀。冲洗好后，排尽热水，关闭冲洗阀。

（2）打开进流量计前的回流阀和自控阀后的回流阀，建立焦亚硫酸钠进料循环。

4.8.4.2 硫氰酸钠储槽出空的清洗操作

1. 硫氰酸钠储槽的出空条件

当硫氰酸钠储槽内结晶严重，且纺丝生产线安排检修时，进行硫氰酸钠储槽的出空清洗。

2. 操作要点(将两个硫氰酸钠储槽中出空其中一个为例)

（1）停车清洗之前，通知调度待清洗的硫氰酸钠储槽停止进料，硫氰酸钠储槽液位控制在10%左右时停溶解机。（若判断停车时液位高于10%，用备用的硫氰酸钠进料泵，抽出需要出空的硫氰酸钠储槽中的料液，与另一系统硫氰酸钠进料泵一起经另一系统回流至另一只硫氰酸钠储槽；若判断停车时液位低于10%，用备用的硫氰酸钠进料泵，抽另一只硫氰酸钠储槽中的料液与将要停车的硫氰酸钠进料泵同时供应该系列溶解机）。停车出空前，若硫氰酸钠储槽液位太高，则排放后送往化动车间蒸发处理的污水量大；若硫氰酸钠储槽液位太低，会使硫氰酸钠储槽杂质和结晶物进入溶解机系统而影响溶解质量。

（2）停车清洗之前，可用增加溶解机溶解量，将原液供应槽和纺丝原液槽液位控制高液位（这样可以在不影响纺丝生产的情况下，延长出空清洗时间）。停需要出空清洗的溶解机系统，关闭硫氰酸钠进料泵之间的联通阀门，停相应的硫氰酸钠进料泵，关闭至废丝溶解的硫氰酸钠管道阀门和加热器的蒸汽。

（3）通知调度准备接受污水。打开硫氰酸钠储槽槽底排污阀排放槽内的硫氰酸钠，启动污水输送泵，DCS操作人员记录硫氰酸钠储槽排放时的液位。若底排污阀堵塞，通知保全工，实行拆阀排放。排放过程中，需用塑料管从排放口进入槽内，放脱盐水冲洗排放管，确保排放畅通。

（4）通知保全工拆卸溶解机系统的大小三通管道。操作人员在硫氰酸钠储槽排放期间，用热水冲洗溶解机硫氰酸钠流量计、大小三通管道和淤浆、焦亚硫酸钠管线。并由专人负责控制污水地坑液位，严禁高液位溢流。硫氰酸钠储槽排尽后，关闭底排污阀。通知调度硫氰酸钠储槽可以进水清洗（由化动车间用五效蒸发水从进料总管清洗至硫氰酸钠储槽）。

（5）通知保全工安装冲洗好的大小三通管道。在硫氰酸钠储槽液位达到一定液位时，启动硫氰酸钠进料泵循环清洗硫氰酸钠管线，当硫氰酸钠储槽液位到一定的高度时，通知调度停止进水。

（6）硫氰酸钠管线内循环2h后，对硫氰酸钠储槽内的污水进行排放，并冲洗硫氰酸钠储槽取样管线。污水排尽后，关闭排污阀。若有损坏的阀门，通知保全工调换，调换好后，通知调度用硫氰酸钠对进料总管和硫氰酸钠储槽进行料液置换（若不进行料液置换，管线中的脱盐水会降低硫氰酸钠浓度）。当硫氰酸钠储槽的硫氰酸钠溶液达到一定液位时，通知调度停止进料。启动硫氰酸钠储槽泵循环置换硫氰酸钠管线。20min后，停泵排污。排污结束后，通知调度硫氰酸钠储槽正常进料。

（7）当硫氰酸钠储槽液位达到一定液位时，启动硫氰酸钠进料泵，建立溶解机三股物料循环。物料流量稳定后，开溶解机，恢复正常生产。

4.9 脱泡工序

4.9.1 调试和开车准备

1. 真空调试

在脱泡系统开车前，需要对脱泡系统进行真空试验，若是脱泡系统新设备第一次投用，可以用脱盐水进行真空试验。进行二步法脱泡系统真空试验时首先要打开脱泡塔至地坑的液封管线上的阀门，因为脱泡塔是负压设备，防止试验时受到正压而使脱泡塔变形。进行一步法脱泡塔试验时，要打开脱泡水至脱泡废水地坑的阀门。若进行脱泡系统真空试验时，真空度达不到工艺要求，需要进行真空泄漏点检查，消除漏点，使真空度达到工艺值。

2. 开车准备

若脱泡系统新设备第一次开车，可以用脱盐水进行水运行，检查脱泡系统的管线、阀门是否畅通或泄漏，脱泡系统机、电、仪单机运行和联动运行是否完好。

4.9.2 脱泡系统开车

4.9.2.1 一步法脱泡系统（第三脱单）开车

1. 第三脱单系统开车的条件

确认原液混合槽液位达到工艺值；检查沿线管道无泄漏，确认过滤篮已清洗。打开各仪表测点的阀门及物料管道上的各阀门。确认回用单体循环槽溢流阀门开启，管线畅通。仪表控制系统均检验完毕。第三脱单系统的各泵均完成调试。

2. 操作要点

（1）回用单体循环槽内注入纯水到20%液位，开车前2h到现场开启循环液输送泵，建立循环，打开回用单体冷却器的冷冻水进口自控隔离阀以及冷冻水出口阀门，建立真空。

（2）开启第三脱单加料泵，并调节原液流量，使原液进入第三脱单系统。

（3）通知DCS室投用真空仪表，第三脱单循环喷淋液温度设置在工艺值。当第三脱单液封桶液位为40%时，缓慢开启喷射泵和真空缓冲桶之间的隔离阀。

（4）原液经第三脱单后通过大气腿进入第三脱单液封桶，由第三脱单塔抽出泵输送至多级静态混合器中。检查进出第三脱单塔的原液平均温度与所控制的真空度等工艺参数是否达到设定值。从塔的视镜中观察栅板塔塔芯针形柱上挂液均匀性情况。测定脱泡后的原液中气泡含量是否达到质量要求。

（5）待回用单体循环槽中单体含量达到工艺要求后，开启向试剂混合槽供料自控阀，控制一定流量使一部分物料回到试剂混合槽中回用。

4.9.2.2 二步法脱泡系统开车

1. 脱泡系统开车的条件

确认原液供应槽液位达到工艺值（溶解机出来的原液未充分溶解，需停留1h，继续混合溶解，因此原液供应槽必须保持一定液位）；确认进脱泡塔前的过滤器已经安装完好为保证脱泡前组分稳定，无浆块，脱泡前需经一定目数的粗滤器过滤；确认进原液加热器的热水系统、冷却用的循环水、用于真空泵的密封水冷却器等均准备完毕；确认各仪表控制系统和控制调节阀均检验完好；脱泡系统的各泵均完成调试。

2. 操作要求（图4-22）

（1）在DCS控制画面上，通过脱泡塔液位控制系统设定脱泡塔液位参数至工艺值，将脱泡塔液位控制系统切换到“手动”；在纺丝原液槽液位控制系统上设定纺丝原液槽液位参数至工艺值，将纺丝原液槽液位控制系统切换到“手动”；在脱泡塔进料温度控制系统上设定脱泡塔进料温度参数至工艺值，将脱泡塔进料温度控制调节阀切换到“手动”；在循环水流量控制系统上设定循环水流量参数至工艺值，将循环水流量控制调节阀切换到“手动”；在脱泡温差控制系统上设定脱泡温差参数至工艺值，将脱泡温差控制调节阀切换到“手动”；在脱泡系统地坑液位控制系统上设定地坑液位参数至工艺值，将地坑液位控制系统切换到“手动”。

（2）开启原液供应槽出口阀门，过滤器出口阀门，脱泡进料泵回流阀门，加热器旁通阀门，加热器进出口阀门，脱泡塔液封管道阀门。确认脱泡进料泵出口阀门和脱泡管道上所有取样阀门和排气阀门处于关闭状态。在现场控制面板上，将脱泡进料泵的操作方式切换到

“现场手动”。开启脱泡进料泵，缓慢开启进料泵出口阀门，逐渐关闭进料泵回流阀门(调节泵出口压力至工艺值)，使原液进入脱泡塔。

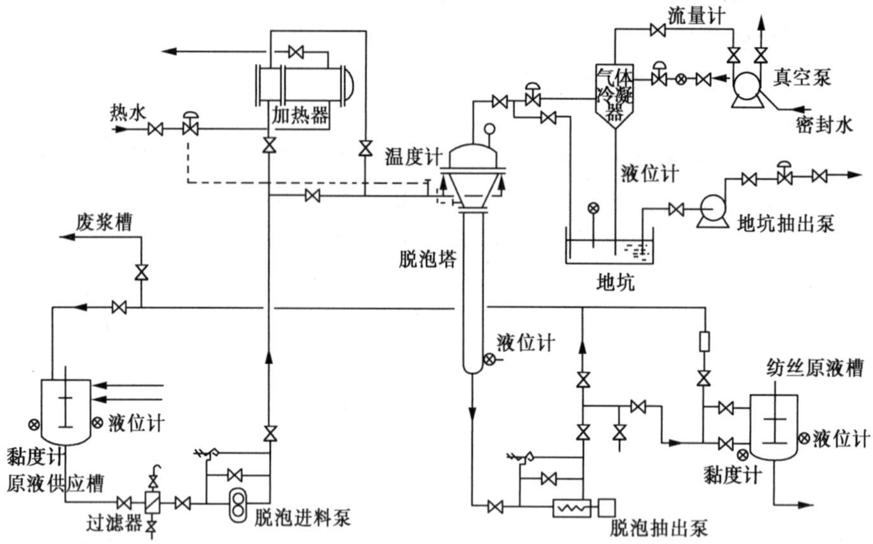

图 4-22　脱泡系统开停车示意图

(3) 开启加热器的热水阀门和热水回水阀门。在 DCS 控制画面上，手动调节原液进料温度至工艺值后，将温度控制调节切换至“自动”控制状态。关闭加热器旁通阀门。开启脱泡塔抽出泵进口阀门、脱泡塔抽出泵回流阀门和脱泡塔至原液供应槽阀门(脱泡系统刚开车时，由于工艺参数还没有稳定控制在工艺值，脱泡效果较差，这些原液不能进入纺丝原液槽，应先返回至原液供应槽)。确认脱泡塔抽出泵出口阀门和脱泡塔至纺丝原液槽阀门处于关闭状态。确认脱泡塔的液位达到工艺值，在现场控制面板上，将脱泡塔抽出泵的运行状态切换到“现场手动”控制状态。启动脱泡塔抽出泵，开启脱泡塔抽出泵出口阀门和原液供应槽处阀门。逐渐关闭脱泡塔抽出泵回流阀门，调节脱泡塔抽出泵出口压力至工艺值。开始建立原液供应槽经脱泡塔返回到原液供应槽的循环。

(4) 在 DCS 控制画面上，将循环水流量控制调节阀的开度手动调节到 50%。开启气体冷凝器的循环水进口截止阀，让循环水进入气体冷凝器后，回至地坑，地坑液位达到工艺控制参数后，启动地坑抽出泵，将地坑中的循环水送至循环水站回用。循环水流量达到工艺值后，将流量控制调节阀由“手动”切换到“自动”控制状态。

(5) 打开经过冷却器冷却的真空泵密封水，让冷却水进入真空泵作为密封水。调节密封水出口压力至工艺值。启动真空泵，缓慢打开真空泵的进口阀、出口阀。开启真空管线上的阀门，在 DCS 控制画面上，将温差控制调节阀的开度手动调节到 50%。在 DCS 控制画面上，确认脱泡塔内真空压力达到工艺值后，将温差控制调节阀切换到“自动”控制状态。

(6) 从取样点取经脱泡后的原液样品并检查原液中空气，确认原液中无空气后，开始向纺丝原液槽供原液。开启纺丝原液槽进料阀、排气阀，从视镜中确认无气泡后，开纺丝原液槽底部进料阀门，关闭脱泡塔至原液供应槽阀门。在 DCS 控制画面上，将脱泡塔液位控制调节阀从“手动”切换至“自动”控制状态，并在现场控制面板上，将脱泡塔抽出泵运行状态从“现场手动”切换到“远方自动”。

（7）当纺丝原液槽的液位升到上部进料阀门的液位时，进料点从底部切换到上部。开启上部进料阀，关闭底部进料阀(低液位时下部进料是为了防止上部进料时，原液在空气中流动和从高处流入原液液面中会带入气泡)。在 DCS 控制画面上，将纺丝原液槽液位控制系统切换到“自动”控制状态，并在现场控制面板上，将脱泡塔进料泵运行状态从“现场手动”切换到“远方自动”。

4.9.3 脱泡系统停车

当停车检修和脱泡系统发生故障时，需要进行脱泡系统停车操作。

4.9.3.1 一步法脱泡(第三脱单)系统停车

（1）当纺丝停车完毕后，关闭喷射泵和真空缓冲桶之间的隔离阀，关闭第三脱单塔加料泵和塔抽出泵。关闭回用单体冷却器、冷冻水进口自控隔离阀以及冷冻水出口阀门。

（2）停车时，聚合四配比为 0 前，停回用单体，关闭回试剂混合槽阀门。切换回用单体循环液输送泵，注入纯水清洗，排空清洗后停输送泵。关闭各仪表测点的阀门以及物料管线上的各阀门。

（3）检查第三脱单系统管线上的所有阀门是否均处于关闭状态。

4.9.3.2 二步法脱泡系统停车

1. 停车前准备

在停脱泡系统前，视原液供应槽液位，调节溶解机溶解量或停溶解机系统，防止原液供应槽发生溢流事故。

2. 操作要点(图 4-22)

（1）打开脱泡塔至原液供应槽的阀门，关闭脱泡塔至纺丝原液槽的阀门，使脱泡系统停车期间的原液返回至原液供应槽。在 DCS 控制画面上，将纺丝原液槽液位控制系统从“自动”切换到“手动”控制状态，并将脱泡塔进料泵的转速调至最小。开启脱泡塔进料泵的旁通回流阀门，在现场控制面板上将脱泡塔进料泵的操作方式切换到“现场手动”。停脱泡塔进料泵，关闭脱泡塔进料泵进出阀门。

（2）在 DCS 控制画面上，将脱泡塔液位控制系统从“自动”切换到“手动”控制状态，并将脱泡塔抽出泵的转速减到最小。当脱泡塔液位下降至工艺指令所要求的液位时，开启脱泡塔抽出泵的旁通回流阀门，在现场控制面板上，将脱泡塔抽出泵的操作方式从“远方自动”切换到“现场手动”。停脱泡塔抽出泵，关闭脱泡塔抽出泵的进出阀门和纺丝原液槽上部进料阀门。

（3）在 DCS 控制画面上，将温差控制系统从“自动”切换到“手动”控制状态，并关闭温差控制调节阀门。关闭真空管线上的阀门，防止冷却水倒吸至脱泡塔。停真空泵，关闭真空泵的出口阀。在 DCS 控制画面上，将真空泵冷却水温度控制调节阀切换至“手动”控制状态，并将调节阀全开，现场关闭冷却水进入真空泵的阀门和冷却水进冷却器的阀门。

（4）在 DCS 控制画面上，将循环水流量控制系统切换到“手动”控制状态，并关闭流量控制调节阀。现场关闭气体冷凝器的循环水进口阀门。停地坑抽出泵，关闭地坑抽出泵出口阀。在 DCS 控制画面上，将地坑液位控制系统切换到“手动”控制状态。

（5）如果脱泡系统停车时间超过 8h，则打开脱泡塔的真空泄放阀，将脱泡塔中真空泄放。

4.10 废丝溶解工序

在腈纶生产工艺过程中，由于各种因素的影响，必然会产生一些废丝和废胶。将这些在纺丝及后加工生产过程中产生的废丝和废胶收集起来，经过适当的工艺处理，使其溶解成原液，加以回收，经工艺处理后重新供给纺丝使用，达到降低消耗的目的。所以废丝溶解工序是腈纶聚合装置降低单耗的重要工序。

4.10.1 废丝溶解开车准备

(1) 设备和管线的调试。在废丝溶解系统调试时，确认废丝溶解设备运转正常，温度控制系统完好、批量设定流量计和各翻板液位计精确，各管线畅通无泄漏，蒸汽伴热管线的情况达到工艺要求，废丝溶解搅拌器、输送泵运行正常。

(2) 废丝废胶的划分和混合。在腈纶纺丝生产中，纺丝线是一条多工序的连续的生产线，各工序的生产不正常都会产生废胶或废丝，不同工序上产生的这些废丝，由于经过的加工工艺不一样，它们所含的水分也不一样，对这些废丝进行溶解时，硫氰酸钠和脱盐水的加入配比也不同，所以要对废丝种类进行划分。当某种废丝量小于一批的溶解质量时，可以分别称重和计算后，进行混合溶解。

(3) 废丝溶解条件。根据废丝溶解种类和混合情况，计算溶解时硫氰酸钠的加入量，二步法废丝溶解时还要计算脱盐水和焦亚硫酸钠的加入量，确定废丝溶解时的温度和搅拌溶解的时间。

4.10.2 废丝溶解开车

1. 一步法废丝溶解的开车

(1) 设备启动前要检查设备完好情况，进出口阀门启闭状态(包括备台备泵的状态)，以保证供料运转正常。使用废丝溶解槽 A 台时，首先关闭热水循环泵 B 台进出口阀门和废丝溶解槽出料泵 B 台出口阀门，关闭废丝溶解槽 B 台硫氰酸钠进口阀门。关闭废丝溶解槽 A 台出料阀及排污阀，打开热水循环槽进出水阀门，建立废丝溶解槽夹套热水循环。随后，打开硫氰酸钠计量总阀与 A 槽废丝溶解硫氰酸钠分阀，按规定比例注入 51.3%的硫氰酸钠溶液，将脱水后的废丝称重后，按规定比例投入溶解槽内。

(2) 在投入废丝的过程中，可间隙开启搅拌以利废丝进入系统，开启溶解槽 A 台搅拌，控制溶解槽温度，边搅拌边溶解。溶解完成后，开启 A 台出料阀门，启动 A 台废原液出料泵，将废原液泵切入中间储槽并取样供检验。废原液经检验合格，启动废原液过滤泵，对废原液进行过滤，将废原液送入各线原液混合槽。

(3) 废丝溶解槽内浆液应出清，出料完毕后充入少量硫氰酸钠，防止浆液结皮。如需切换 B 台，则对 B 台所有阀门按上述 A 台操作标准进行。

(4) 如因设备损坏或者计划安排需要停车处理的，在排出锅内料后，还应打开排污阀排出底部剩料，并对管道进行清洗，完毕后由工艺组人员检查确认并做好相应记录。

2. 二步法废丝溶解的开车(图 4-23)

(1) 确认废丝溶解槽具备溶解条件，确认废丝溶解槽出口阀门、废丝溶解槽取样阀门、焦亚硫酸钠计量桶的进出口阀门、脱盐水计量桶的进出口阀门、硫氰酸钠批量设定流量计的进出口阀门都处于关闭状态，若这些阀门有一只阀门没有关闭，会造成废丝溶解配料不准。开启废丝溶解槽夹套热水出口阀门、废丝溶解槽夹套热水流量控制调节阀的前后阀。在 DCS 控制画面上，通过废丝溶解温度控制系统设定温度至工艺值，将温度控制调节阀切换到“手动”控制状态，使来自原液热水槽的热水进入废丝溶解槽夹套给以加热。当废丝溶解温度达到工艺值时，将温度控制调节阀从“手动”切换至“自动”控制状态。

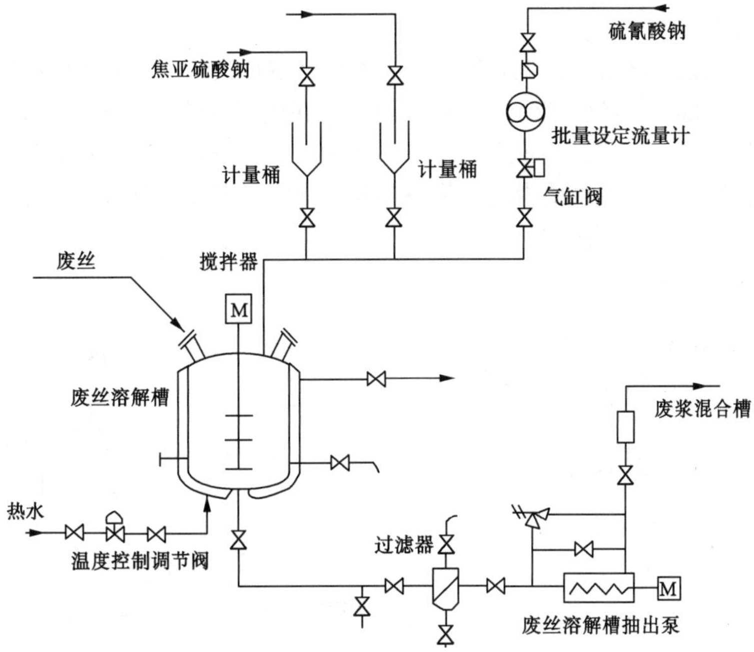

图 4-23　二步法废丝溶解示意图

(2) 根据溶解废丝的种类、重量，确定硫氰酸钠、焦亚硫酸钠和脱盐水的加入量。在现场的批量设定流量计上设定硫氰酸钠加入量的 50%，开启批量设定流量计的前后阀门，并按下批量设定流量计上的“启动”按钮，将硫氰酸钠加入溶解槽。开启焦亚硫酸钠计量桶进口阀门，当焦亚硫酸钠计量桶翻板液位计达到工艺值后，关闭此阀门。开启焦亚硫酸钠计量桶出口阀门，当焦亚硫酸钠全部加入废丝溶解槽后，关闭此阀门。开启脱盐水计量桶进口阀门，当脱盐水计量桶翻板液位计达到工艺值后，关闭此阀门。开启脱盐水计量桶出口阀门，当脱盐水全部加入废丝溶解槽后，关闭此阀门。废丝溶解开车时，严禁脱盐水先于硫氰酸钠加入废丝溶解槽，因为溶解槽底部和管道中有原液，若脱盐水先加入，会使原液遇水后凝固结块而堵塞管道。

(3) 启动废丝溶解槽搅拌器。将称好重量的废丝人工从加料口加入废丝溶解槽中。在现场硫氰酸钠批量设定流量计上设定硫氰酸钠加入量的其余 50%，按批量设定流量计的“启动”按钮，当批量设定流量计上设定的硫氰酸钠加完后，计量计出口的气缸阀自动关闭，关闭批量设定流量计进出口阀门。确认废丝溶解槽中温度控制在工艺值。

(4) 确认搅拌溶解 4h 后，通知分析人员取样分析废丝溶解原液的聚合物总固体含量和溶剂的浓度。若取样测试不合格，根据测试数据再加入废丝或硫氰酸钠，继续搅拌 2h 后再取样分析。若取样测试合格后，关闭热水夹套系统的阀门，在 DCS 控制画面上，将废丝溶解槽温度控制调节阀切换到“手动”控制状态，并关闭此阀。开启废丝溶解槽出口阀门和过滤器前后阀门，启动废丝溶解槽抽出泵，缓慢开启废丝溶解槽抽出泵出口阀门，将溶解原液从废丝溶解槽送至废浆混合槽，同时停废丝溶解槽搅拌器。调整废丝溶解槽抽出泵压力和流量维持在工艺值。输送完后，关闭废丝溶解槽抽出泵出口阀门，停抽出泵，关闭废丝溶解槽出口阀门和过滤器前后阀门。

4.10.3 废浆掺和使用操作

4.10.3.1 废浆槽中废浆混入废浆混合槽

1. 废浆槽的废浆种类

在废浆槽中包括原液溶解系统开停车时的不合格溶解浆液、部分原液板框式压滤机正常投用前的充浆以及部分纺丝生产时的压浆(返浆)。在废浆槽液位高于废浆槽搅拌器叶轮时，在开始输送到废浆混合槽前，必须进行 1~2h 的搅拌，使废浆槽中未充分溶解的原液得以改善凝胶粒子的情况，也使废浆槽内的废浆得到混合均匀。废浆槽内的废浆要通过混入废浆混合槽进行及时回用，保持低液位。

2. 操作要点(图 4-24)

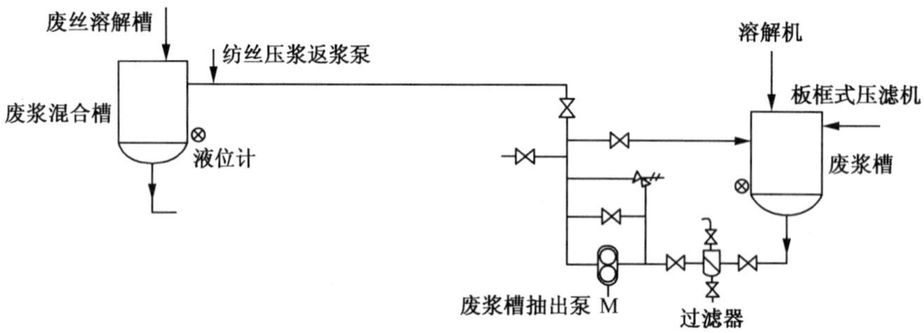

图 4-24 废浆槽中废浆混入废浆混合槽的示意图

(1) 检查从废浆溶解槽到废浆混合槽的管线。开启过滤器前后的阀门，打开废浆槽抽出泵的阀门，关闭用于部分纺丝压浆(返浆)进入废浆槽的阀门，启动废浆槽抽出泵，开启废浆槽抽出泵出口阀门，逐渐关闭旁回流管阀门，调节泵出口压力达到工艺值。

(2) 手动控制废浆流量小于 $2m^3/h$，调节废浆槽抽出泵的流量，使废浆槽内的废浆按一定的比例混入废浆混合槽中。

4.10.3.2 废浆混合槽中废浆掺和到原液供应槽

1. 废浆混合槽的废浆种类

废浆混合槽中的废浆包括：纺丝压浆返浆泵输送来的消光和有光原液、废丝溶解槽中溶解的消光和有光废丝所制得的原液、废浆槽输送过来的废浆和废浆混合槽自循环的废浆。在废浆混合槽液位高于废浆混合槽搅拌器叶轮时，在开始掺和到原液供应槽前，必须进行 1~2h的搅拌，使废浆混合槽内的废浆得到混合均匀。废浆混合槽内的废浆要通过掺和到原液供应槽进行及时回用，保持低液位。进行掺和使用时，最大掺和使用量以纺丝用浆量的 7%比率计，即掺和进原液供应槽中的最大废浆流量=纺丝生产用浆量×7%。

2. 掺和使用操作要点(图 4-25)

(1) 确认掺和管线上所有阀门都处于关闭状态。开启废浆混合槽出口过滤器的前后阀门，打开废浆混合槽抽出泵的回流阀门，启动废浆混合槽抽出泵，开启排气阀门，待流出原液后关闭，打开加热器进口阀门。缓慢抽出泵调节回流阀门，使废浆混合槽抽出泵的出口压力达到工艺值。在 DCS 控制画面上，将废浆混合槽与废浆混合槽抽出泵之间的最低液位自停联锁投用，防止废浆混合槽液位太低造成搅拌器损坏。

(2) 开启加热器出口至废浆混合槽的阀门，建立废浆从废浆混合槽经加热器返回废浆混合槽的循环。在 DCS 控制画面上，通过温度控制系统设定废浆过滤时的温度至工艺值(加热是为了降低原液黏度，提高原液的流动性，使过滤顺利)，打开温度控制调节阀前后阀门，在 DCS 控制画面上，手动调节温度控制调节阀的开度，当温度达到工艺值后，将温度控制调节阀从“手动”切换至“自动”控制状态。

（3）当加热器温度达到工艺值后，确认板框式压滤机滤布已经安装好，且板框式压滤机油泵压力达到工艺值。关闭加热器出口至废浆混合槽的阀门，打开两台板框式压滤机间的相关阀门，通过二只废浆板框式压滤机的串级提高废浆过滤效果。

（4）根据掺和流量计算的数据，调节废浆混合槽抽出泵的流量，使废浆掺和使用至原液供应槽。

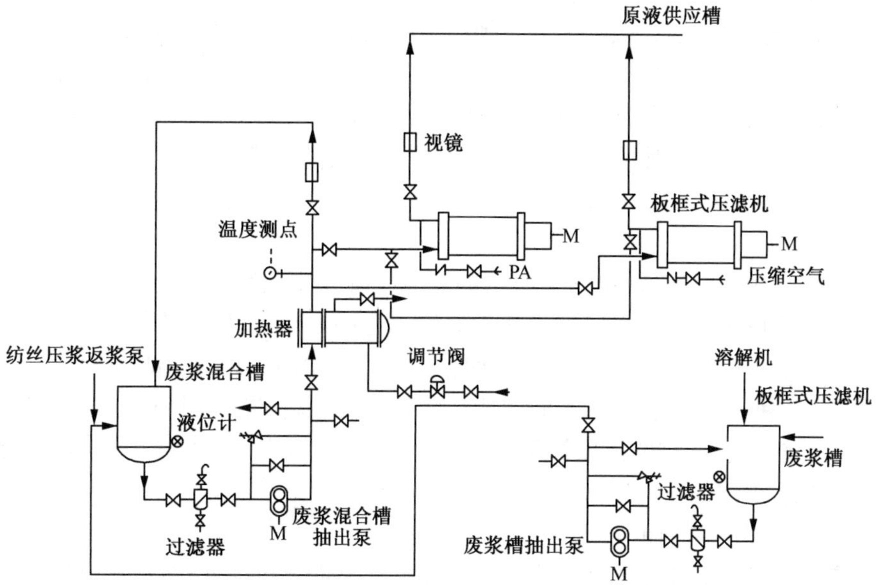

图 4-25　废浆掺和使用示意图

4.11　原液供纺工序

原液供纺工序包括原液过滤、一步法消光剂加入、原液供纺等操作。

一步法的消光剂加入是在原液过滤之前，二步法的消光剂加入是在原液过滤之后，同时，由于用硫氰酸钠配制的一步法二氧化钛溶液比用脱盐水配制的二步法二氧化钛溶液容易加入纺丝原液中，所以二步法的消光剂加入操作在后面专门进行介绍。

4.11.1　开车准备

原液供纺工序的开车准备工作包括：原液供纺工序机、电、仪的调试，板框式压滤机滤布的更换，板框式压滤机的充浆等准备项目。

4.11.1.1　原液供纺工序机、电、仪的调试

（1）一步法原液供纺工序中，需要对原液混合泵、原液循环泵、原液多级混合器、消光料储槽、消光原液输送泵、原液换热器、原液多级混合器、原液过滤泵、原液过滤机、脱泡加料泵、脱泡塔等设备进行调试，确认这些设备性能完好。对原液供纺工序的仪表控制系统

进行测试和校正，确保控制系统的精确。

（2）二步法原液供纺工序中，需要对原液供纺泵、充浆泵、过滤机、原液换热器等设备进行调试，确认这些设备性能完好。对原液供纺工序的供纺压力控制系统、原液供纺温度控制系统等仪表进行测试和校正，确保控制系统的精确。

4.11.1.2 板框式压滤机滤布的更换

板框式压滤机滤布运行一段时间后，随着滤布上杂质增加，滤饼厚度随之增大，使过滤机过滤能力下降，过滤机的进出口压差增大，此时需要对板框式压滤机的滤布进行更换，保证原液供纺压力和防止过滤机爆框。一般在生产过程中，工艺上规定当板框式压滤机滤布的投用达到一定时间或过滤机的进口压力达到一定的压力时，必须进行滤布更换。

1. 一步法板框式压滤机滤布的更换

（1）现场停原液过滤泵，关闭需要更换滤布的板框式压滤机的进出口阀门。

（2）检查高压油泵储油液位，液位应大于50%。打开进油管阀门，确认回油管阀门处于开启状态。启动高压油泵电机，使油泵运行供压。在板框式压滤机上将转向阀打前进，使顶杆上的定位扳手松脱，停止前进。退定位扳手到最顶端，将转向阀打倒退，使顶杆退到底。再将转向阀打一下前进，使液压压力增大，然后停高压油泵。关闭油压管进出口阀门。

（3）将过滤机板框依次撬松(过滤机内的原液经管线流入废浆地坑，经废浆泵送入中间槽，再由泵抽出经废浆过滤机后，最后送入原液混合槽)，取出脏滤布，再依原来相反的次序换上干净滤布。板框、滤布之间应相互平贴、无间隙(以免加压时损坏板框)。

（4）滤布全部换好后，打开油压管进出口阀门。启动高压油泵供压，油泵压力必须达到一定的工艺值。转向阀打前进，顶杆不断前伸，渐将定位扳手逐步旋进，旋紧。转向阀复位，停高压油泵，关闭油压管进口阀门。

2. 二步法板框式压滤机滤布的更换

（1）准备更换滤布，带上橡胶手套，将滤布搬运至需要更换滤布的过滤机旁。

（2）关闭板框式压滤机出口阀门，再关闭原液供纺泵至板框式压滤机进口阀门，关闭板框式压滤机出口管道至供纺的阀门。在板框式压滤机现场控制箱上按“回程”按钮。用液压装置将板框式压滤机的可移动头部压回至敞开的末端，切断液压泵的电机。关闭现场控制箱上的所有按钮，并且切断电源。

（3）从松开的板框式压滤机一端开始，两个人站在板框式压滤机的两边，一起提起滤布，一个人将滤布放入翻斗车内。移动板框到松开的一端，重复以上工作，直至将所有滤布拆完。过滤机中的废浆经过滤机下面的托盘汇集到地下的管道，流入废浆地坑，经废浆地坑泵输送到废浆混合槽，进行掺和使用。

（4）从固定端开始。两个人对面站在板框式压滤机的两边，用布盖在框上，然后调整滤布，缝至框的中央。严防滤布正反面装错。滤布边缘向里装，离垫圈1cm，一起拉滤布的两端，然后压紧板至布不移动，检查眼球状垫圈是否有规则地安装。重复这些工作直至结束。检查已安装的滤布的表面状况(不附着凝胶和其他东西)。

（5）将电源接至液压泵的电机。确认安全后，启动液压泵，按板框式压滤机的现场控制箱上“操作”按钮，自动地将松动端移向固定端。

（6）清洗板框式压滤机的周围地面。

4.11.1.3 板框式压滤机的充浆

1. 一步法板框式压滤机的充浆

(1) 开启原液过滤泵进口阀，开启板框式压滤机的内循环阀门，启动原液过滤泵，将转速手动控制在工艺规定充浆时的转速，并记录下充浆时间，同时通知 DCS 操作人员。滤机充浆 1h 后，由 DCS 操作人员将消光剂配比设定减少 1/4。充浆时间应≥6h。

(2) 待滤机充浆完毕，消光剂配比恢复原工艺参数值。停原液过滤泵，关闭原液过滤泵、板框式压滤机所有阀门，该滤机作备台待用。

2. 二步法板框式压滤机的充浆(图 4-26)

(1) 确认板框式压滤机滤布已经安装完好，板框式压滤机已压紧，并且过滤机油泵压力达到工艺值。

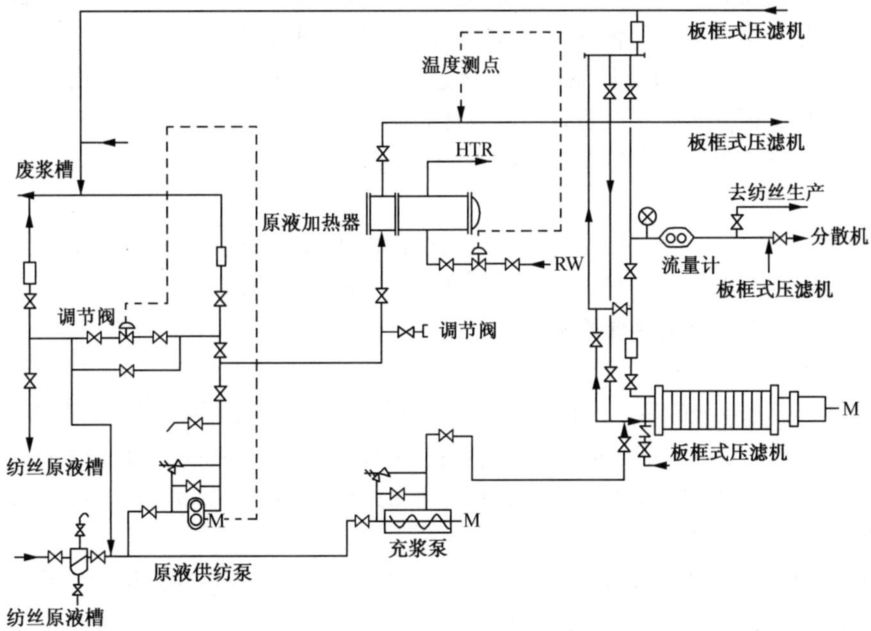

图 4-26 二步法原液供纺示意图

(2) 关闭原液供纺泵至板框式压滤机进口处阀门、板框式压滤机进口处至纺丝供纺管道的阀门、纺丝供纺管道至原液供应槽的阀门。防止充浆时，引起原液供纺压力的波动而影响纺丝生产。开启充浆泵进口阀门、充浆泵回流阀门、板框式压滤机进口处充浆阀门和板框式压滤机出口处至原液供应槽的阀门。

(3) 启动充浆泵，开启充浆泵出口阀门，然后缓慢关闭充浆泵回流阀门，调节充浆泵出口压力至工艺值。充浆压力是保证单位时间内的充浆流量。打开板框式压滤机出口取样阀排气，当取样口出浆时，关闭取样阀。开启板框式压滤机出口阀门，使原液经阀门返回到原液供应槽。

(4) 按要求填写板框式压滤机充浆确认表。充浆 14h 后(从视镜中观察原液中无空气)关闭板框式压滤机出口处至原液供应槽的阀门，待板框式压滤机出口压力达到工艺要求时，关闭充浆泵至板框式压滤机的阀门，停充浆泵，关闭充浆泵进口阀门和回流阀门。

4.11.2 原液供纺系统开车

一步法原液供纺的开车操作与二步法原液供纺的开车操作有较大不同，我们对其分别介绍。

4.11.2.1 一步法原液供纺开车

（1）检查原液供纺开车相关 DCS 画面上的自控仪表的状态，工艺参数设定在工艺要求值，通知现场检查沿线管道与阀门状态。打开原液混合泵和原液循环泵进出口阀及脱泡加料泵进料控制阀，在 DCS 控制画面上，控制脱泡加料泵出口压力。开启原液混合泵和原液循环泵，建立原液混合槽的混合循环系统。

（2）在现场开启脱泡塔浆液进料阀，开启脱泡加料泵进出口阀，启动脱泡加料泵，在 DCS 控制画面上调节脱泡加料泵泵速来控制脱泡液封桶的液位。打开脱泡液封桶底部出口阀。开启脱泡抽出泵进出口阀，在现场将脱泡抽出泵转速控制在工艺值，压力正常后，切入自控(新开车时将管道中的空气通过放空阀排出，有浆液出来后，关闭放空阀)。

（3）开启静态多级混合器进口阀，电磁流量计进口阀及消光原液输送泵进出口阀，现场手动调节消光原液输送泵转速，正常后切入自控。开启原液换热器进出口阀，原液换热器调温水阀和自控隔离阀，开启原液过滤泵进出口阀及板框式压滤机内循环阀，开启原液过滤泵，在 DCS 控制画面上，自控控制转速原液过滤泵(新开车时，可开消光原液输送泵进口、原液换热器进口、板框式压滤机总管上的取样阀排放空气)。

（4）如果生产消光纤维在供纺前 1h 建立消光系统，应开启静态多级混合器前的 TiO_2 进料阀，加入消光剂。

（5）接供纺通知后，打开供纺总阀、供纺滤机送纺阀门，逐渐关闭内循环阀，将板框式压滤机出口压力控制在规定的工艺值，向纺丝供浆，注意供纺压力。

4.11.2.2 二步法原液供纺开车

1. 原液供纺开车的条件

原液加热器热水系统的参数达到了工艺值，根据纺丝生产的品种，制定原液供纺系统的各工艺参数。原液开车在纺丝开车前 1h 左右进行，确保原液供纺系统的冷浆被置换完毕。冷浆由于黏度高会造成纺丝滤器和喷丝头压力超高，同时因与凝固浴温差大而影响纺丝成形。

2. 操作要点(图 4-26)

（1）确认原液供纺系统管道上的阀门都处于关闭状态。在原液供纺泵出口排气阀门下放一个 200L 的桶，接受原液。检查原液供纺泵循环管线。开启原液供纺泵进口阀门和原液供纺泵回流阀门，打开纺丝原液槽出口阀门和过滤器出口阀门。开启排气阀门，在原液供纺泵现场控制面板上，将原液供纺泵操作状态切换至“现场手动”状态，启动原液供纺泵。通过排气阀门排出原液供纺泵中原液内的空气。空气完全排出后，关闭排气阀门和开启原液供纺泵出口阀门，在原液供纺泵现场控制面板上，将原液供纺泵操作状态从“现场手动”切至“远方自动”状态。开启原液供纺泵至供纺压力控制调节阀的阀门、供纺压力控制调节阀的前后阀门和返回至废浆槽的阀门。在 DCS 控制画面上，通过供纺原液压力控制系统(测点在板框式压滤机出口处)设定供纺压力至工艺值，并用手动调节压力控制调节阀的开度在 50%。排出压力控制管道上的空气至废浆槽后，关闭至废浆槽阀门，打开压力控制调节阀管道至纺丝原液槽阀门。打开原液加热器进口阀门和出口阀门，打开原液加热器出口返至废浆槽的阀门。通过关闭原液供纺泵回流阀门来调节原液供纺泵出口压力至工艺值。

（2）在 DCS 控制画面上，通过原液加热器温度控制系统设定加热温度至工艺值，打开热水进口阀门，并手动调节温度控制调节阀的开度，当温度达到工艺值后，将温度控制调节阀从“手动”切换至“自动”控制状态。板框式压滤机原液中的空气排至废浆槽后，关闭原液加热器出口至废浆槽的阀门，开启板框式压滤机进口处阀门和板框式压滤机出口阀门，排出空气至废浆槽后(在板框式压滤机出口视镜中检查气泡排除干净)，关闭相关阀门。打开流量计前的阀门。

(3) 关闭流量计至分散机的阀门(纺有光纤维时)，开启流量计去纺丝生产的阀门，缓慢关闭原液供纺泵的回流，在DCS控制画面上，调节板框式压滤机出口的供纺压力至工艺值后，将压力控制调节阀从“手动”切换至“自动”控制状态。通知纺丝操作人员，开启纺丝台处供纺原液管道上的排气列管，进行排空气。

(4) 保持上述达到的操作条件，直到纺丝压浆(返浆)开始。在DCS控制画面上，根据供纺压力和供纺流量，手动调节原液供纺泵的转速，从而确保原液供纺压力(若供纺压力太低，会造成纺丝压浆量太小或纺丝开车后因供纺压力的下降引起纺丝坍纺，若供纺压力太高会造成喷丝头受冲击而损坏)。当压浆开始后，开启纺丝压浆返浆泵，将纺丝压出的浆液输送至废浆混合槽作掺和使用。

4.11.3 原液供纺系统正常操作

在原液供纺系统生产过程中，为了确保原液供纺系统的正常运行，需要进行一些正常操作，包括纺丝背压的调节、板框式压滤机的切换、原液供纺泵的切换等项目。

4.11.3.1 一步法原液供纺系统正常操作

1. 增开脱泡加料泵、消光原液输送泵

打开备泵进出口阀，现场切手动控制。启动电机，手动缓慢调高转速，注意泵的出口压力。当泵速与其他使用中的泵速一致时，在压力稳定的情况下，将该泵切入自动。

2. 脱泡加料泵、消光原液输送泵切换操作

打开备泵进出口阀，现场切自动控制。启动备泵电机，手动缓慢调高转速，注意泵的出口压力。当泵速与其他使用中的泵速一致时，切入自动。另一台切入手动，逐渐降低泵速，当泵速为最低限时停机关泵，切换过程中，密切注意压力变化情况。

3. 增开板框式压滤机

增开过滤机时，备台滤机应提前3h内循环。打开备台滤机内循环阀门、原液过滤泵进口阀门，开启原液过滤泵，手控转速至工艺要求进行内循环。3h后，停内循环滤机、原液过滤泵，关内循环阀门，打开供纺丝阀门，再启动原液过滤泵，手动将转速缓慢调高，注意泵的出口压力。当泵速同其他泵速一致时，在压力稳定的情况下，将泵控制切换至自控，滤机投入使用。

4. 板框式压滤机的切换

切换过滤机时，备台滤机应提前3h内循环。打开备台滤机内循环阀门、原液过滤泵进口阀门，开启原液过滤泵，手控转速至工艺要求进行内循环。3h后，停内循环滤机、原液过滤泵，关内循环阀门，打开供纺丝阀门，再启动原液过滤泵，手动将转速缓慢调高，注意泵的出口压力。当泵速同其他泵速一致时，将泵控制切换至自控。另一台原液过滤泵切入手动，逐渐降低泵速，当泵速为最低限时停机关泵，关闭调下滤机和原液过滤泵的所有出口阀门，切换过程中，要密切注意压力变化情况。

4.11.3.2 二步法原液供纺系统的正常操作

1. 纺丝开车时，纺丝背压的调节

在正常生产时，原液通过原液加热器→板框式压滤机→纺丝机后，原液压力不断降低，供纺压力通过压力控制调节阀自动调节，以保持原液供纺压力。但当纺丝原液压浆开始和停止时、在纺丝开停操作时、在板框式压滤机中排出空气的开停时、在原液管线或板框式压滤

机发生故障时、在线切换原液供纺泵时，必须进行纺丝背压的调节。当纺丝原液压浆开始和停止时、在纺丝开停操作时、在板框式压滤机中排出空气的开停时、在线切换原液供纺泵时，及时通知 DCS 操作人员；在原液管线或板框式压滤机发生故障时(发出供纺压力偏低报警)，发生上述情况，在 DCS 控制画面上，在确保供纺压力控制在工艺值的基础上，手动调节原液供纺泵的转速，当供纺压力下跌时，手动提高原液供纺泵的转速。当供纺压力超出工艺值时，手动降低原液供纺泵的转速。在操作过程中纺丝操作人员必须与 DCS 操作人员密切配合，升降纺丝计量泵转速要缓慢进行，以便原液供纺泵的转速能跟上变化。

2. 板框式压滤机的投用和切下

当使用中的板框式压滤机进口压力或板框式压滤机的滤布使用时间达到切换的工艺规定时，需要进行板框式压滤机的投用和切换。

(1) 板框式压滤机的投用。投用前，通知 DCS 操作人员，做好准备。按充浆步骤对板框式压滤机充浆 2h，确保板框式压滤机的冷浆都置换掉。关闭板框式压滤机至原液供应槽的阀门，当板框式压滤机出口压力与在用板框压力相同时，关闭充浆泵至板框式压滤机的阀门，停充浆泵。开启原液供纺泵至板框式压滤机进口阀，开启供纺阀门。按要求填写板框式压滤机板框充浆及切换确认表。在切换板框过程中，DCS 操作人员密切注意供纺压力，待板框切换结束后，供纺压力恢复到工艺值。

(2) 板框式压滤机切换。关闭板框式压滤机出口阀门和供纺阀门，关闭板框式压滤机进口阀门。在现场再次确认的相关阀门关闭后，启动油泵回程按钮卸压。按要求填写板框式压滤机板框充浆及切换确认表。滤布更换后，启动油泵压紧滤机，再充浆做准备或投用。严禁在板框式压滤机出口阀门开启状态卸压，避免板框出口视镜阀管道内的浆液出空，防止供纺阀至三通处的气泡不能排尽，导致供纺时塌头或毛丝增多。

3. 原液供纺泵的切换

通知 DCS 控制室，准备切换原液供纺泵。在 DCS 室把画面切换至原液供纺泵转速控制系统。打开现场准备切换投用的原液供纺泵进口阀，在现场操作面板上将该原液供纺泵操作方式切换到“现场手动”，并调节泵速至最低转速。打开原液供纺泵回流阀门至一定开度，启动原液供纺泵，缓慢开启原液供纺泵出口处排污阀，排空气后关闭阀门，再缓慢边开启原液供纺泵出口阀门至全开，然后缓慢关闭原液供纺泵回流阀门，DCS 在确保供纺压力的前提下，渐渐降低需要切换下的原液供纺泵转速，当原液供纺泵回流阀门全关时，在现场操作面板上将原液供纺泵操作方式从“现场手动”切换至“远方自动”，DCS 在确保供纺压力的前提下，边渐渐降低需要切换下的原液供纺泵转速，边提高需要切换上的原液供纺泵转速。当需要切换下的原液供纺泵转速降到最低时，略缓提高供纺压力，通知现场人员开启需要切换下的原液供纺泵回流阀门，缓慢关闭需要切换下的原液供纺泵出口阀门，当出口阀门全关时，停切换下的原液供纺泵，并关闭原液供纺泵回流阀门。在整个切换过程中，必须确保供纺原液的压力稳定，因为供纺原液压力偏高时会造成纺丝喷丝板、烛形滤器超压而影响生产，供纺原液压力偏低时又会导致纺丝台上纺位塌纺。

4.11.4 原液供纺系统停车

当纺丝停车检查或原液供纺系统故障时，需要进行原液供纺系统的停车操作。

4.11.4.1 一步法原液供纺系统停车

(1) 纺丝停车时，自控或手动调节原液过滤泵转速，保持供纺压力稳定，纺丝停车完毕后，打开供纺滤机内循环阀，关闭供纺阀门。

（2）停脱泡加料泵，停止向脱泡塔供料，关闭所有阀门。停消光系统，关闭静态多级混合器前消光剂进料阀。

（3）如停车时间较长，原液停泵，关闭进出口阀。关闭原液加热器、电磁流量计进出口阀，检查所有阀门启闭情况。

4.11.4.2 二步法原液供纺系统停车

1. 停车条件

当供纺总管检修或纺丝生产线将持续停车 8h 以上，原液供纺泵发生故障且备用泵不备用时，需要进行二步法原液供纺系统停车操作。

2. 操作要点(图 4-26)

（1）确认需要停原液供纺系统后，关闭板框式压滤机出口阀，缓慢关闭板框式压滤机进口阀。

（2）在 DCS 控制画面上，将原液供纺泵的转速手动调节至最低。在现场打开原液供纺泵的回流阀门，关闭原液供纺泵的出口阀。在原液供纺泵的现场控制面板上，将原液供纺泵的操作方式从"远方自动"切换到"现场手动"。停止原液供纺泵的运转。

（3）在 DCS 控制画面上，将压力控制调节阀从"自动"切换到"手动"控制状态，并且关闭压力控制调节阀。在 DCS 控制画面上，将原液加热温度控制调节阀从"自动"切换到"手动"控制状态。并关闭温度控制调节阀，关闭热水进口阀门，停热水进入原液加热器。

（4）检查确认原液供纺管线上的所有阀门均关闭。若需要排空纺丝台上的原液总管内的浆液，则可以通过松开一台板框式压滤机，使浆液通过过滤机流入托盘进入废浆地坑，再输送至废浆混合槽以备掺和使用。若是需要更换板框式压滤机的滤布，则按照板框式压滤机滤布更换的方法进行。

4.12 二步法消光系统和分散机工序

二步法消光剂的加入方式与一步法不同，二氧化钛溶液不经过板框式压滤机过滤，而是采用在纺前通过分散机将二氧化钛溶液与原液充分混合，然后送入纺丝。

4.12.1 消光系统开车

消光系统和分散机工序的开车包括有光纤维切换至消光纤维、纺丝开车时直接生产消光纤维和消光纤维切换至有光纤维等项目。

4.12.1.1 有光纤维切换至消光纤维

1. 分散机开车的条件

由于分散机停车时，卸下并清洗分散机进口的二氧化钛溶液注入单向阀及喷嘴，所以在确认纺丝生产消光纤维的时间后，提前 30min，安装分散机进口的二氧化钛溶液注入单向阀及喷嘴。检查有光更换到消光所有的管线是否畅通。确认二氧化钛溶液循环管线处于运行状态，并且循环流量达到工艺值。

2. 操作要点(图 4-27)

（1）通知纺丝生产岗打开原液供纺总管上的排气管阀门，并做好纤维拦批(分批)准备工作。在 DCS 控制画面上，根据原液供纺的压力调整原液供纺泵的转速，使原液供纺压力稳定在工艺值。通过二氧化钛溶液串级控制系统设定二氧化钛的串级比，手动调节二氧化钛溶液循环量达到串级量。

（2）检查现场阀门无误后，打开分散机排气阀约 1/3，用带套筒扳手缓慢开启分散机进口阀门，将分散机内的空气从排气阀内排出，操作时密切注意现场压力表，使原液供纺压力控制在工艺范围内(若现场压力表有下跌趋势，立即停止开启进口阀，待 DCS 将供纺压力复原后，再次操作)。打开溶剂储槽的出口阀、溶剂供料泵进口阀门，启动溶剂供料泵，打开溶剂供料泵出口阀门和进入分散机的阀门。将硫氰酸钠注入二氧化钛溶液的注入管线、单向阀和喷嘴(由于二步法二氧化钛溶液是用脱盐水配制的，所以必须先用浓硫氰酸钠清洗二氧化钛注入管线、单向阀和置换喷嘴中的原液，防止二氧化钛溶液注入时造成堵塞而使注入失败)。

(3) 待排气阀有浆液流出后，立即切进二氧化钛溶液：将二氧化钛溶液供料泵循环管线从"二氧化钛溶液自循环"切换至分散机(将三通阀切到进入分散机侧)，开启分散机。使二氧化钛溶液与硫氰酸钠同时注入分散机中。分散机运转约 30s 后，检查确定分散机出口排气阀排出消光浆液后，缓慢开启分散机出口阀门。

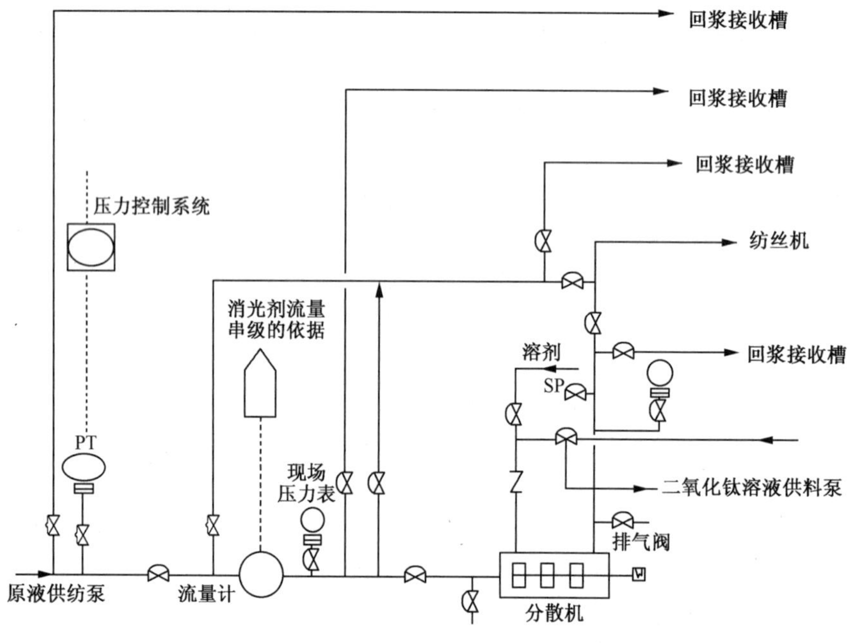

图 4-27　分散机系统开停车示意图

(4) 当确认二氧化钛溶液注入分散机后，关闭硫氰酸钠注入分散机的阀门，关溶剂供料泵的进口阀，停溶剂供料泵，然后关闭溶剂供料泵出口阀门，通知 DCS 操作人员在操作现场准备关分散机排气阀，在现场缓慢关闭排气阀门的同时，在 DCS 控制画面上，根据原液供压力的变化调节原液供纺泵的转速，将二氧化钛溶液加入流量控制系统切换至"串级"控制状态。关闭有光原液供纺阀门，完成从有光切换至消光的操作。

(5) 切换操作结束后，用脱盐水冲洗二氧化钛溶液自循环的回流管线。防止回流管线中的二氧化钛溶液因沉降黏结而堵塞管道。

(6) 在纺制消光纤维期间，在 DCS 控制画面上，要密切观察二氧化钛溶液的注入情况，当注入量小于注入比率，而二氧化钛溶液供料泵转速较大时，需要启动溶剂供料泵，向分散机内的二氧化钛溶液注入喷嘴冲硫氰酸钠进行清洗，待二氧化钛溶液注入正常后，停溶剂供料泵。

4.12.1.2　纺丝开车时，直接生产消光纤维

(1) 纺丝用浆大于一定流量后，方可加消光剂。在 DCS 控制画面上，手动调节二氧化钛溶液加入流量时必须严格控制在串级流量之内。防止因纺丝用浆量太小或二氧化钛溶液加入量太大，造成原液中二氧化钛含量太高而导致纺丝滤器和喷丝头压力超高。

（2）操作要点。

① 在纺丝压浆时，就开启分散机系统。打开分散机出口管线的所有排气阀门，在用有光原液管线压浆时，同时打开分散机进出口阀门。用原液把分散机内的空气经排气阀消除尽。然后按有光切消光的步骤操作。

② 在纺丝开车时，开启分散机系统。打开分散机出口管线上的排气阀门(纺丝台)排气。打开分散机进口阀。多次点动分散机，使空气从排气阀中排出。停分散机，关分散机进口阀。在 DCS 控制画面上，略微提高原液供纺压力，缓慢打开分散机出口阀，使有光浆液把未除尽的空气向下压至排浆阀(此时密切注意供纺压力)。排气后关闭排浆阀，打开分散机进口阀，再启动分散机，使供纺压力恢复工艺值。然后按有光切消光的步骤操作。

4.12.1.3 消光纤维切换至有光纤维

（1）切换准备。DCS 操作人员边通知纺丝生产岗打开原液供纺总管上的排气管，边调节原液供纺压力稳定在工艺值，纺丝工段做好纤维品种拦批(分批)准备工作。

（2）切换要点。DCS 操作人员通知原液现场操作人员停消光。打开溶剂供料泵进口阀，启动溶剂供料泵，打开溶剂供料泵出口阀门，打开硫氰酸钠溶剂注入分散机的阀门。在硫氰酸钠与二氧化钛溶液同时进入分散机的基础上，将二氧化钛溶液切换至循环一侧。当硫氰酸钠注入分散机 30min 后，缓慢开启有光原液供纺阀门。关闭分散机进出口阀门，开排气阀，关硫氰酸钠溶剂注入分散机的阀门，关闭溶剂供料泵出口阀门，停溶剂供料泵，关闭溶剂供料泵进口阀。拆下二氧化钛溶液注入分散机的单向阀、喷嘴进行冲洗后。关闭二氧化钛溶液供料泵进口阀门，停二氧化钛溶液供料泵，拆洗泵前过滤篮、过滤网和泵前管道。启动二氧化钛溶液供料泵，在 DCS 控制画面上，提高供料泵转速，用脱盐水建立循环清洗二氧化钛溶液管线。清洗后，将供料泵前的三通切换至二氧化钛溶液一侧，建立二氧化钛溶液自循环。在 DCS 控制画面上，将供料泵转速切换至“自动”控制状态。

4.12.2 消光系统开停车注意事项

1. 开车注意事项

有光切换消光时，可适当提高供纺压力，但不可过高，否则会对喷头产生冲击。开分散机进出口阀门时用带套筒扳手，保证缓慢开启分散机进口阀。开启分散机运转 30s 后，方可开启分散机出口阀，使分散机内气体在排气管充分排尽，降低纺丝工序纤维粉末降等概率。待分散机出口阀门开启后，再关闭排气阀，可防止原液倒灌进消光喷嘴。

在线换喷头时，保证供纺压力稳定在工艺值的基础上，可保证消光剂在低流量情况下正常加入。无论是有光纤维切换消光纤维，还是消光纤维切换有光纤维，在分散机处的供纺原液管线内均存在约 0.5m^3的冷浆，可能对喷头产生影响，因此，品种切换时，应缓慢启闭切换的阀门。纺丝台排原液供纺总管中的空气时，需要开启 30min 左右排气管阀门，此时要密切注意供纺压力的变化，并给予控制调整。所有排气阀排出的阀门均要及时回收。

2. 停车注意事项

在纺丝停车拉起喷丝头时，就可以停止二氧化钛溶液的加入，防止因纺丝用浆量的下降而采用提高二氧化钛溶液的串级量，来保证消光剂的注入，从而引起原液中消光剂含量过高堵塞相关管线和纺丝过滤器。二氧化钛溶液切自循环前，必须用硫氰酸钠冲洗单向阀和注入喷嘴，防止浆液倒灌而堵塞。

第5章　干法工艺操作

5.1　化工料配制

化工料配制是腈纶聚合装置的一道工艺操作，进入聚合装置生产系统的苯乙烯磺酸钠、引发剂、终止剂(EDTA四钠)、中和剂(NaOH)、消泡剂(MEHQ)、消光剂(TiO_2)、浅色剂(DTPA)等都必须控制在一定的工艺值(如浓度、相对密度、温度)之内，才能使聚合生产连续有效地处于受控状态。所以化工料配制是一项十分重要的工艺操作。

5.1.1　化工料配制目的

1. 配制苯乙烯磺酸钠溶液的目的

SSS是生产聚合物的第三单体，在低pH值的条件下，SSS转变为SSA(苯乙烯磺酸)。它结合到聚合物中，增加染色点数，从而提高纤维的染色饱和值。通常情况下苯乙烯磺酸钠是一种固体化工料，它不能直接进入聚合釜参与聚合反应，必须配制成符合一定工艺要求的水溶液，然后按工艺配比经精确计量后再进入聚合釜参与聚合反应，所以苯乙烯磺酸钠溶液的配制是一项重要的技能操作。在配制溶液时，为保证人体健康，必须待放空淋洗器内脱盐水量充足，放空阀打开后，再开始投入固体料。

2. 配制引发剂溶液的目的

引发剂由过硫酸钾和硫酸亚铁铵组成，过硫酸钾($K_2S_2O_8$)是聚合反应的氧化剂。它与铁离子、亚硫酸氢钠构成一个氧化-还原体系，引发生成聚合反应的自由基，该自由基在反应完成后成为聚合物分子的一个端基。硫酸亚铁铵$Fe(NH_4)_2(SO_4)_2$用作引发剂加入氧化剂中，通常情况下过硫酸钾是固体料，在调配过程中先用优级纯浓硫酸对硫酸亚铁铵进行酸化，然后与过硫酸钾一起配制成符合一定工艺要求的稀溶液，再按工艺配比经精确计量后再进入聚合釜。

3. 配制EDTA四钠的目的

EDTA四钠是聚合反应的终止剂，它是一种螯合剂，用来束缚反应中产生的铁离子，使铁离子不能参与聚合反应，从而达到终止反应的目的。EDTA四钠为桶装液体料，必须配制成符合一定工艺要求的稀溶液，才能作为聚合反应的终止剂使用。

4. 配制氢氧化钠溶液的目的

氢氧化钠溶液主要用于制备活化剂(亚硫酸氢钠)及用作中和剂加入再淤浆槽中以中和过量的游离酸，同时加到去单体回收的滤液中，控制其pH值。氢氧化钠是高浓度的液体，需要配制成符合工艺要求的稀溶液。某些工厂采用碳酸钠代替氢氧化钠。

5. 配制消泡剂混合溶液的目的

MEHQ用于防止聚合单体的自聚反应。消泡剂是防止去单体回收的滤液产生泡沫，造成单体回收塔运行不稳定。对羟基苯甲醚是粉末状的化工料，需要配制成符合工艺要求的稀溶液。

6. 配制消光剂溶液的目的

生产半消光纤维时，纺丝原液中需加入0.35%的TiO_2(以聚合物为基准计)。由于TiO_2

颗粒易聚集在一起，直接加到原液中很难分散均匀，故必须配成浆液与原液混合使用。

7. 配制浅色剂的目的

在温度高于 80℃、储存时间过长或铁离子存在等情况下，纺丝原液颜色会变深，造成纤维色相不好，络合工艺过程中的铁离子影响成品纤维的质量。因此，在原液制备过程中要加入一定量的浅色剂，干法工艺选用二亚乙基三胺五乙酸钠(DTPA)作浅色剂。

5.1.2 安全要点

1. 引发剂

过硫酸钾是一种氧化剂，在储存和运输中，必须避免与其他化学药品相接触。如果有溅落的过硫酸钾，应用水冲洗掉，而不应放到废品箱或垃圾箱中。当处理固态或液态的引发剂或是操作内装引发剂的设备时，均应佩戴防酸眼镜及橡胶手套，一旦不慎接触到了引发剂，应立即用大量水冲洗。在往调配槽中加用浓硫酸酸化的硫酸亚铁铵溶液时，应戴防护眼镜、橡胶手套和橡胶围裙。一旦发生该试剂溅到皮肤上和眼睛里时，应用大量水冲洗。

2. 终止剂

当调配、取样或操作盛有终止剂的设备时，应戴防酸眼镜和橡胶手套。当皮肤碰到了终止剂时，应立即用水冲洗。

3. 苯乙烯磺酸钠

操作 SSS 时，应戴防酸眼镜、皮革手套和粉尘过滤器。特别要注意避免吸入。配制 SSS 时，必须等放空淋洗器进水之后，方可投入 SSS，加入 SSS 的同时搅拌器要运行，并且必须在加完脱盐水之前加完 SSS。

4. 中和剂

配制中和剂时应戴粉尘过滤器和橡胶手套。当碳酸钠撒在地上时，用水冲掉。当碳酸钠弄到皮肤上或眼睛里时，用水清洗。

5. MEHQ

操作有阻聚剂的设备时，须戴防酸眼镜和橡胶手套。当皮肤接触到固态或液态阻聚剂时，应用大量的水洗去。

6. 进入化工料调配罐中清理杂物过程中必须做到以下几点：

(1) 进罐前必须接压缩风管通入罐中，且通压缩风 1h 后方可入罐。

(2) 进罐清理前要办理入罐许可证，进入罐前必须系好安全带。

(3) 清罐期间要保证压缩风连续通入罐内，且罐口必须有两人以上监护。

(4) 当 NaOH 弄到皮肤上或眼睛里时，及时用水冲洗并报告管理人员，操作 NaOH 时要戴防酸眼镜和橡胶手套。地面上 NaOH 要用水冲掉。

5.1.3 配制前的检查

(1) 首先检查脱盐水批量计是否工作正常，保证脱盐水计量准确。

(2) 检查调配罐与储罐手动阀是否关闭(自动阀有时关不严)，防止脱盐水及配制不合格的化工料进入合格料中。

(3) 检查所配制化工料的名称、批号，保证配制化工料准确。

(4) 检查化工料调配罐中物料是否放净，若有杂物，将影响化工料配制的质量，需要时进行清理。

(5) 配制 SSS 时要检查放空塔是否正常工作。

(6) 检查过硫酸钾调配罐内衬橡胶是否有破损，如有，立即上报有关人员处理。

(7) 检查脱盐水加热器的蒸汽手动阀是否打开。

5.1.4 操作要点

(1) 通知 DCS 人员，讲清所配化工料名称，并按工艺卡片规定，设定脱盐水批量计的脱盐水量，并把脱盐水管线上的电磁阀打开。

(2) 现场开手动阀，检查脱盐水是否加入应配制化工料的调配罐中，并检查调配罐及管线是否有泄漏点。

(3) 时刻注意脱盐水加入量及现场调配罐的液位，防止多加溢流。在加入设定水量一半时，慢慢关手动阀。

(4) DCS 要按工艺卡片调整好脱盐水温度，保证化工料配制质量。

(5) 按操作法的步骤配制。

(6) 配制完后，记录好化工料配制的时间、名称、批次，并按操作法进行取样分析。

(7) 分析合格后，记录好分析数据，备用。如不合格，按工艺值要求进行调整，直到合格。

5.1.5 消光剂溶液的配制

消光剂溶液的配制流程见图 5-1。

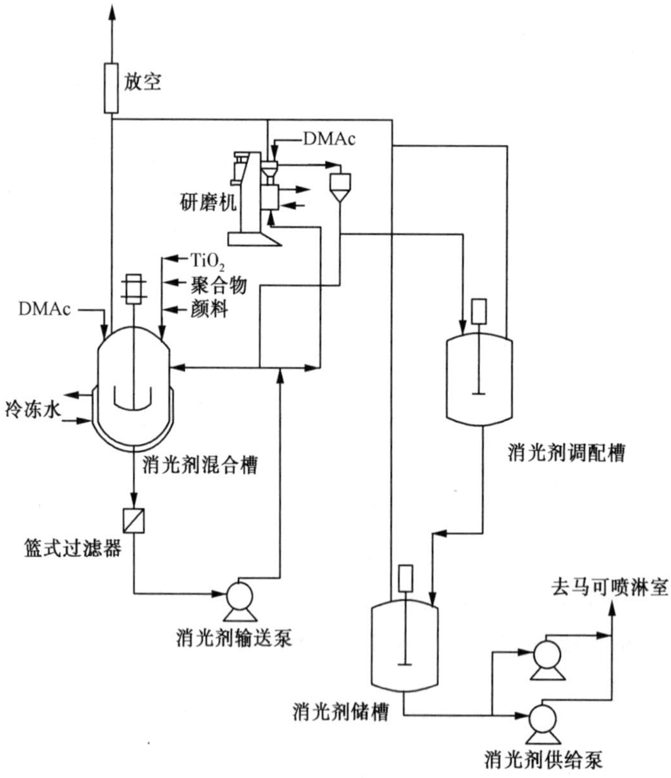

图 5-1 TiO_2制备工艺流程图

消光剂溶液是批量配制的，首先按配料的比例，通过批量流量计向消光剂混合槽加入一定量的 DMAc，加完后，再依次加入颜料、聚合物、TiO_2。搅拌 40min 后，经输送泵打到研磨机中进行研磨，使 TiO_2分散均匀，研磨后的浆液进入溢流箱中，箱内有一篮式过滤器，滤去固体杂质，溢流箱底部有三通阀，分别连通混合槽和调配槽。操作刚开始时，让研磨后的浆液返回混合槽进行循环，大约35min后，从溢流箱下的取样口取样分析，合格后通过三通阀打到TiO_2调配槽中，同时通过批量计向调配槽中加入一定量DMAc并进行搅拌，使其混合均匀，浓度达到8%。搅拌30min后，取样分析，合格后放入TiO_2储槽中，最后由TiO_2供给泵送至原液混合系统。

当研磨机将一批料研磨完成后，用100kg DMAc清洗研磨机顶部筛网的TiO_2浆液，以防止筛网阻塞，洗液返回混合槽，并通过该系统循环，防止滞留的TiO_2浆液堵塞管线(注：循环时流量要开最大，循环时间要短，不超过10min，时间过长容易磨损研磨机)。最后冲洗的DMAc储存在混合槽中作为下批浆料的一部分料液。

消光剂制备过程中，加入少量聚合物的目的是起稳定作用，使TiO_2颗粒能均匀、稳定地分散在DMAc中。因为TiO_2不溶于DMAc，为使TiO_2能均匀分散在DMAc中，必须加入一定量的聚合物，经过研磨后TiO_2带有正电荷，而聚合物带有负电荷，二者吸附在一起，聚合物将TiO_2颗粒包围，在DMAc作用下，溶剂化的大颗粒外表带有正电荷，同性相斥使悬浮液中的TiO_2颗粒稳定。

混合槽排料阀、研磨机及TiO_2循环泵的联锁：当混合槽排料阀关闭时，循环泵不能启动；当循环泵启动时，1min内必须启动研磨机，否则循环泵自动停下；循环泵停联锁停研磨机，研磨机停联锁停循环泵。

进入研磨机的流量通过自动阀调节，并与循环泵联锁，当TiO_2浆液流量低时，循环泵停止喂料。研磨过程产生的热量通过夹套冷冻水带走，装在研磨机底部的温度传感器控制温度在68℃以下，研磨机有高温联锁，温度过高能自动关闭研磨机。研磨机溢流箱中有浮头式液位开关与循环泵联锁，当箱内液位过高时联锁停循环泵。同时，调配槽液位计和排料阀、储槽液位计和排料阀相互联锁控制调配槽及储槽液位。

5.1.6 浅色剂的配制

浅色剂的配制流程见图5-2。

DTPA溶液是批量制备的，首先通过批量计控制加入混合槽的DMAc，DMAc要经溶剂加热器加热到75℃才能进入混合槽，温度由加热器出口的测温元件与自动控制阀控制蒸汽加入量来控制，然后称取DTPA，通过漏斗加到篮式溶解槽中，加完后，关上漏斗加料阀，启动DTPA循环泵，将混合槽中的DMAc打入加热器进行加热，使其温度达到125℃，加热温度由出口处测温元件与自动控制阀调节蒸汽加入量控制。由加热器出来的DMAc进入篮式溶解槽用于溶解DTPA，溶解后的DTPA与DMAc一起进入混合槽，并按此过程循环，直到DTPA全部溶解，循环时间大约2h，取样分析合格后放入DTPA储槽中，最后由DTPA供给泵送到原液混合系统。

5.1.7 试剂过滤器滤芯的更换

(1) 将备用过滤器切换到生产线上，检查过滤器盖是否牢固地夹紧。用聚乙烯袋子将过滤器罩上。关闭底部排净阀，关闭顶部放空阀，慢慢开启进料阀，等5min后，检查有无泄漏。把一个桶置于放空阀的下面，小心地旋开放空阀，排掉过滤器中的空气，直至流出液体来后关闭放空阀。慢慢打开出口阀，揭去聚乙烯袋。

(2) 隔离要切换下来的过滤器。慢慢关上进口阀门，关上出口阀，把隔离下来的过滤器排净。将进、出口阀锁定、标记、清理、试验。把一个桶置于排净阀下方(桶只宜充到约一半，这样，提起来不致溢出来)。接好地线，慢慢打开底部的排净阀，慢慢打开顶部的放空阀。通常让压力表隔离阀处于开启状态。

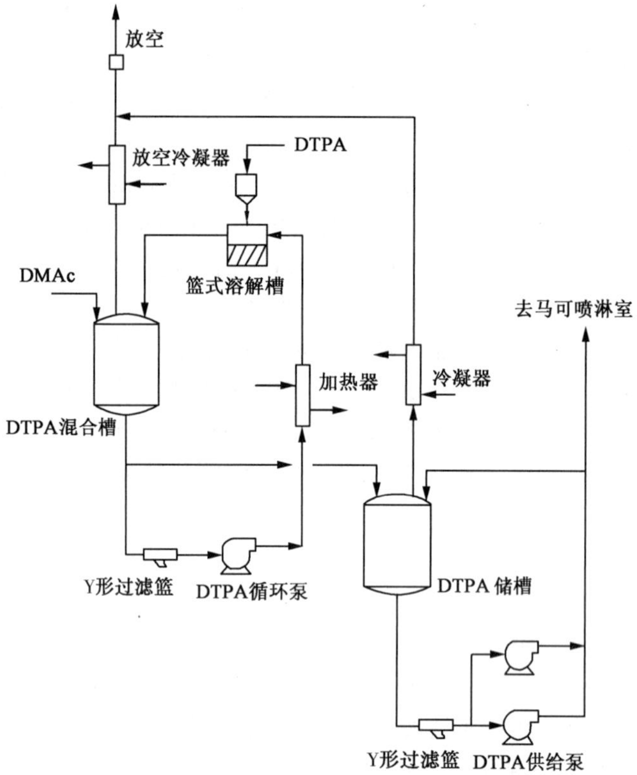

图 5-2　DTPA 溶液制备工艺流程图

（3）更换滤芯用专用工具，小心地拆卸紧固螺母，拿出滤芯，并放进塑料袋中。切记，不要把弹簧垫忘在过滤器里。更换新的滤芯，放入过滤器中，重装过滤器顶盖(务必使压紧弹簧和顶部 O 形环准确就位，以确保密封不漏)。

（4）过滤器的试压。关闭排净阀，放空阀则保持敞开。把一个聚乙烯塑料袋罩在过滤器上，以防止任何可能出现的喷射。将进出口的锁定和标记去掉。小心缓慢地打开进口阀，并密切注视，直到液体从放空阀流出。关上放空阀，并检查在有压力下有无泄漏，关上进口阀，揭去塑料袋。这样，该过滤器就处于备用状态。

（5）工作完成，清理现场。将换下来的滤芯，放入规定的废品箱中，将工器具妥善收起并放好。清扫工作现场。

5.2　聚合工序

（1）AN、MA、SSS 经氧化-还原引发体系引发，聚合生成适用于纺丝的高分子化合物，通过真空过滤，分离出未反应的单体、杂质，并在再淤浆槽中加入中和剂控制聚合物的游离酸度，以适应后道工序的要求。

（2）聚合过程是发生在水介质中的连续反应。各种组分通过计量连续地加入聚合釜中，大约 80%混合单体转化成了聚合物，生成的聚合物沉淀出来，在聚合釜中形成浆料。聚合主要反应条件为：温度(60±0.5)℃，pH 值 2.8±0.1。聚合物浆料、水、未反应的单体及其他物料连续地溢流到带有搅拌器的淤浆槽中，随着浆料从聚合釜中溢流出来，加入足量的终止剂以终止反应。浆料泵将此淤浆送到旋转真空过滤机，在这里聚合物被分离出来，用脱盐水彻底水洗以除去未反应的单体和盐，滤液被送到单体回收工段，将未反应的单体回收重新使用。离开过滤机的聚合物，大约含有54%的水分，通过加入中和剂调节pH值，然后用脱盐水再制成固含量大约26%的浆料，进入浆料混合系统。

（3）该混合系统由几个带有搅拌器的储罐组成，其中一个罐作为缓冲罐，聚合釜开车时生产的或其他不合格的聚合物在此罐中混合，随后以一定的速率打入其他混合槽。混合之后，浆料在第二个真空过滤机中脱水。这里出来的聚合物含有54%的水分，直接喂入挤条机，挤条机出来的“面条”被送入链板干燥机中。干燥后的聚合物面条通过风送、粉碎之后储存在聚合物计量料仓中。

5.2.1 聚合釜进料的流量标定(转子流量计)

（1）确认待标定的转子流量计清洁。将台秤和桶放在适宜的位置。

（2）将软管一端连接到待标定的转子流量计的放空阀，软管另一端可靠地塞入桶中，确保其不会蹦出来。启动相应物料的供料泵。

（3）请DCS操作人员检查控制阀是否全关闭，同时也在现场检查，确保没有物流进入聚合釜。

（4）打开转子流量计的放空阀，关闭出口阀，慢慢打开进口阀，调节转子流量计读数(流量标定范围是在正常值上下35%这段区间)。

（5）当流量稳定后，记录桶的质量，并同时启动秒表。

（6）向桶内注液5min，记录质量和时间，每个待测流量，重复测试三次以上。

（7）如发现任何异常，例如，同一流量，质量相差过大，应报告管理人员。要求重复测量结果之间的误差在1%以内。

（8）标定完成以后，关闭转子流量计进口阀及放空阀，需要的话，停下进料泵。拆下软管，用水冲净。把台秤和称量桶拿到规定的地方，将残留的液体倒入适宜的地方。冲洗标定用桶，并妥善收好，将台秤归还库房。填写聚合釜转子流量计标定记录表。

5.2.2 聚合釜开车

聚合釜开车前，必须确认放空系统畅通，以免损坏搅拌器轴封。要确认高温报警系统，主液位报警系统能正常动作。开车时，必须待釜内氧含量低于1%时，方可投料。聚合釜运转期间，要严格按照工艺值进行控制，若釜温超过63℃要切断混合单体供料，釜温达65℃时要切断除脱盐水、N_2之外一切进料，并启动应急脱盐水或手动消防水紧急降温，如果釜液位或一道过滤给料槽液位超高，必须切断除N_2之外一切进料，如果聚合釜因温度失控而启用了消防水系统，必须排尽釜内物料，彻底清釜，重新开车。

聚合釜夹套有结垢时，影响传热效果，不能顺利移走反应产生的热量，要用氨基磺酸对其进行定期清洗。如果釜内壁、搅拌器、折流板有结疤时，必须及时清除。

聚合釜系统总的开车顺序是：试剂制备系统、水封水系统、放空淋洗塔系统、聚合釜及头道过滤系统，开车前，各试剂配制2批，调配槽和储槽各1批，聚合釜开车前8h，按操作法对釜进行酸浸处理；同时标定各转子及DCS流量计。

5.2.2.1 聚合釜空釜开车

1. 聚合釜空釜开车准备

（1）聚合釜空釜开车时，将脱盐水加至第二搅拌桨叶处。准备好皮革手套、橡胶手套、防护眼镜、防毒面具等物品，准备好开车前检查记录表(需要逐一对照并确认)等。

（2）通知调度及回收岗聚合釜准备开车，大约在何时开车。

（3）试剂供料系统的准备。

① 确认关闭各供给泵的出口阀、泵进口管线上 Y 形粗滤器的排放阀、过滤器的放空阀和排放阀以及前后压力表的隔离阀和放空阀。

② 打开各供给泵的进口阀、SSS、引发剂、终止剂、中和剂返回其储槽的手动阀，SSS 溶液冷却器进口阀及其冷冻水出、进口阀。

③ 启动 SSS 供料泵（正常停车期间保持常开，以维持温度，防止自聚）、引发剂供料泵、终止剂供料泵、中和剂供料泵，通知回收启动混合单体供料泵、启动二氧化硫泵检查流量计处二氧化硫压力已达工艺值（每一种试剂的转子流量计的出口阀处于打开状态，防止因液体膨胀或超压引起转子流量计爆裂）。各试剂供料泵在储槽内打回流，同时检查各试剂泵及过滤器前后压力差是否在工艺值规定范围内。

（4）打开溢流口水封盖子检查聚合釜溢流管线是否有堵塞，是否有结垢现象，以及盲板是否拆除。检查各试剂进料管线是否有聚合物在釜内进口处结垢。

（5）聚合釜开车前 30min 确保脱单或一道过滤系统已稳定运行。头道淤浆罐液位调整在 30%，以形成对聚合釜溢流管的液封，控制系统的氧含量。

（6）检查聚合釜脱盐水高位槽液位及出水手动阀是否打开。

（7）打开进聚合釜脱盐水转子流量计前面的手动阀，DCS 设定好流量，调整聚合釜内的水位，使之恰好到第二层搅拌桨叶。按工艺值调整聚合釜搅拌器轴封水流量。

（8）满量程向聚合釜通 $N_2$2min。若搅拌器轴封处漏气，可以断定聚合釜放空管堵塞，然后把 N_2流量调整至工艺值，假如这时高液位报警动作，而流量低于 16.8Nm^3/h，则取出插入管，检查确认管底无聚合物（N_2是通过高液位管进入聚合釜的，如底管堵塞，就会发送一高压信号至高液位开关，从而触发高液位报警动作）。

（9）确认 O_2分析仪、pH 计已投用。

（10）打开进入搅拌器减速箱、液力偶合器的油冷却器冷冻水出、进口阀，按齿轮泵操作法投用油循环泵。

（11）聚合釜搅拌器，转速调至（90±5）r/min。检查聚合釜内 O_2 含量（如釜内 O_2 含量>2.5%，则不能开投料）。

（12）确认通往聚合釜夹套的冷冻水手动阀已打开。打开聚合釜冷冻水管线上各手动阀，以及切换进、出口手动阀。

（13）打开聚合釜夹套热水槽的手动供汽阀和凝液阀。启动聚合釜升温系统，启动夹套水系统的循环泵，将夹套水的温控器设定在强制加热状态，温度值设定在 60℃。（该温度值的设定，应以将聚合釜内温度升至 60℃为宗旨）。在聚合釜温度、夹套水出口温度均在 60℃并维持 5min 后，停下搅拌器查看釜内水位是否仍保持在第二搅拌桨叶处，若是，重新开搅拌器。

（14）检查通往 SSS 冷却器、混合单体冷却器以及二氧化硫冷却夹套的冷冻水手动阀是否都开着。将 SSS、混合单体、二氧化硫的温控器设定在工艺值，调至自动状态。

（15）确认 SO_2自动阀的蒸汽伴管手动阀及凝水阀均已打开。

（16）DCS 将各流量控制器打到手动状态，各阀均关闭（脱盐水、SO_2、引发剂、SSS、中和剂、混合单体及终止剂）。

2. 聚合釜空釜开车操作(图 5-3)

(1) 聚合釜温度及夹套水出口温度维持在 60℃，稳定 5min 后可继续开车。

(2) 慢慢打开活化塔脱盐水转子流量计进口阀，向活化塔注脱盐水，流量控制在 1200kg/h，由取样阀流出，直到其出口 pH≤8(pH>8，会引起聚合釜内结垢。冲洗脱盐水量不能超过 1200kg/h，否则可能会流进聚合釜)。

(3) 依次调节各流量快速达到工艺值：活化塔底部脱盐水、活化塔放空喷淋、聚合釜放空喷淋、聚合釜环管喷淋、聚合釜溢流口、进活化塔 SO_2、脱盐水、进活化塔中和剂、引发剂。

(4) 控制室调整 SO_2流量使活化剂 pH 值在工艺值。

(5) 活化剂及引发剂流量达到工艺值 10~15min 后，现场将搅拌转速提至 140r/min。

(6) 逐步加大混合单体流量，在 1min 内将其达到工艺值(重要的是聚合釜温度必须控制在 60℃，这样共聚单体进入聚合釜便起反应，若未反应的混合单体在釜内出现积累会非常危险)。

(7) 脱盐水流量调到工艺值。当釜温难以控制时，可适当调节脱盐水流量协助控制。

(8) 在引发剂流量达到设定值 20min 后，将 SSS 流量调到工艺值。

(9) 当反应释放出反应热时，夹套水停止加热并转向冷却，以维持釜温在 60℃，若出现釜温低于 53℃或高于 64℃的情况，立即切断除脱盐水外的一切物流，并通知有关人员。

(10) 当釜温稳定后把聚合釜温控器打到自动串级方式，控制温度在 60℃。

(11) 当聚合釜开始溢流时，快速加大终止剂流量使之迅速达到工艺值，把进入聚合釜溢流口的脱盐水流量调到工艺值。

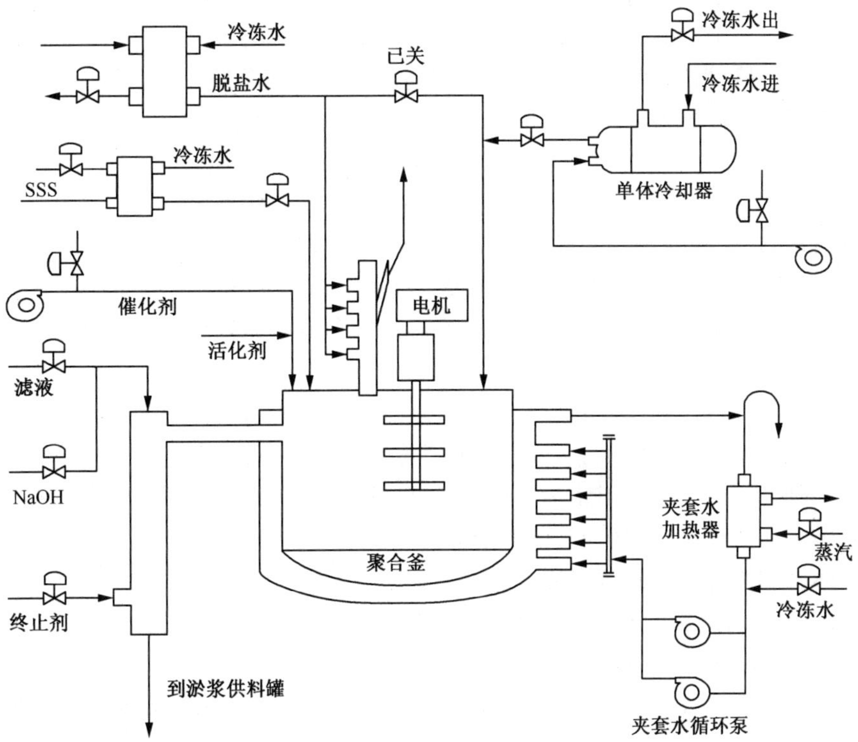

图 5-3　聚合釜系统流程图

（12）聚合釜溢流 10min 后，按顺序将各流量调节到聚合釜工艺值：终止剂、引发剂、SO_2、中和剂、混合单体、脱盐水、SSS、溢流口脱盐水。

（13）把脱单或一道过滤及再淤浆系统工艺调整至工艺值。淤浆进入淤浆缓冲罐。

（14）聚合釜温度及进料量达到工艺值 3h 后,在再淤浆处取样进行全分析,然后每隔 2h 取样全分析,化验结果达到工艺规定范围后,将淤浆切换到淤浆供料罐,取样时间改为 4h。

5.2.2.2 聚合釜浆料开车

聚合釜以正常程序停车 2~36h 期间，重新开车。

1. 聚合釜浆料开车准备

（1）准备好皮革手套、橡胶手套、防护眼镜、防毒面具等物品，准备好开车前检查记录表(需要逐一对照并确认)等。

（2）釜内充满淤浆，从聚合釜溢流口取样，检查釜内淤浆的 pH 值(若淤浆 pH 值高于 4.0 则釜内物料必须全部放掉；淤浆 pH 值在 3.5 以下时，可进行开车；淤浆 pH 值在 3.5~4 时，则调整至 3.5 以下方可开车)。

（3）打开聚合釜溢流管上盖子，检查溢流管是否堵塞或结垢。检查各试剂及混合单体进料管线，看其釜内进口处是否有聚合物结垢。检查各试剂转子流量计的进口阀、旁路阀、排净阀、放空阀是否均已关闭，确认活化塔放净阀已关闭，压力表的放净阀已关闭。

（4）控制室将脱盐水、SO_2、引发剂、SSS、进活化塔的中和剂、混合单体等流量控制器设置手动状态阀门关的位置。

（5）通知回收岗位，启动 SO_2 供料泵，向聚合供料，确认流量计处 SO_2 压力已达到工艺值。

（6）试剂供料系统的准备。按空釜开车准备。

（7）聚合釜开车前 30min 确保脱单或一道过滤系统已稳定运行。

（8）脱单供给槽液位调整在 30%，以形成对聚合釜溢流管的液封，控制系统的氧含量。按工艺值调整聚合釜搅拌器轴封水流量。

（9）确认 O_2 分析仪、pH 计已投用。

（10）将聚合釜搅拌器，转速重新调至(140±5)r/min。

（11）检查聚合釜内 O_2 含量(如釜内 O_2 含量>2.5%，则不能进料)。

（12）打开聚合釜冷冻水管线上各手动阀，以及夹套热水器进出口阀。打开聚合釜夹套热水器的手动供汽阀和凝液阀。启动聚合釜升温系统，启动夹套水系统的循环泵，将夹套水的温控器设定在强制加热状态，温度值设定在 60℃。

（13）打开通往混合单体冷却器以及二氧化硫冷却夹套的冷冻水手动阀。(控制室)将 SSS 溶液温度控制器、混合单体温控器、SO_2 的温控器设定在工艺值。

（14）打开脱盐水、SO_2、引发剂、SSS、进活化塔的中和剂、溢流口的中和剂、混合单体等各物料转子流量计出口阀(应让每一种试剂的转子流量计的出口手动阀处于敞开状态，以防止因液体膨胀或超压引起转子流量计爆裂)。

（15）确认 SO_2 自动阀的蒸汽伴管手动阀及凝水阀均已打开。

2. 聚合釜浆料开车操作

（1）确认聚合釜温度在(60±0.5)℃内，夹套水出口温度在(60±2)℃内(仅在开车时)，稳定 5min 后可继续开车。

（2）慢慢打开活化塔脱盐水转子流量计出口阀，向活化塔注脱盐水，流量控制在

1200kg/h，由取样阀流出，直到其出口 pH≤8(若 pH>8，会引起聚合釜内结垢。冲洗脱盐水量不能超过 1200kg/h，否则可能会流进聚合釜)。

(3) 将下列物料的流量控制阀打开，将其相应的转子流量计进口阀打开，在 5min 内使脱盐水流量、聚合釜放空喷淋、聚合釜溢流口、脱盐水流量、聚合釜环管喷淋、活化塔放空喷淋、终止剂、SO_2、中和剂、引发剂等物流达到开车时的工艺值。

(4) 上述流量达工艺值 10min，且聚合釜温度保持在工艺值，将混合单体料、SSS 的流量控制阀打开，(现场)将其相应的转子流量计进口阀打开，调整混合单体流量，在 1min 之内达到工艺值，调整三单流量，使之达到开车时的工艺值。

(5) 当反应开始释放出反应热时(聚合釜温度不再下降)，应立即把聚合釜夹套水由加热转为冷却，并小心控制好冷冻水量，不能使釜温变化过大(若出现釜温低于 53℃或高于 64℃的情况，立即切断除脱盐水外的一切物流，并报告相关人员)。

(6) 在引发剂流量达到工艺值 20min 后，将进聚合釜脱盐水量提高到工艺值。当釜温难以控制时，可适当调节脱盐水流量协助控制。

(7) 当聚合釜温度控制稳定后，把控制器投入串级自动控制。设定温度为 60℃。当聚合釜开始溢流时，把脱单或一道过滤供料来源由淤浆混合槽切换到聚合釜(如脱单系统热运、一道过滤空运，则不用切换)。

(8) 在聚合釜温度受控的前提下，尽快将终止剂、引发剂、进活化塔 SO_2、进活化塔中和剂、混合单体、脱盐水、SSS 等各流量调至运行工艺值。

(9) 把脱单系统或一道过滤及再淤浆系统工艺调整至工艺值。同时调整 SO_2维持活化剂 pH 值在工艺值。

(10) 开车 3h 后，若干燥机运行，将二道滤液引至一道过滤机的一道洗涤水槽。

(11) 在聚合釜温度及进料量达到工艺值 3h 后，在再淤浆处取样进行全分析，其余按空釜开车的要求操作。

5.2.2.3 聚合釜开车注意事项

(1) 操作阀门时，应戴橡胶手套和防护眼镜。

(2) 聚合釜溢流取样时，须戴防护眼镜和橡胶手套。

(3) 目测查看釜内的液位，要将聚合釜溢流上方的脱盐水喷淋关闭，然后再打开溢流取样盖子。

(4) 任何时候，觉得气味增大时，应立即用手提式空气分析仪检测二氧化硫及单体的浓度。

(5) 在单体浓度超过 $30mg/m^3$或者二氧化硫浓度超过 $5mg/m^3$的场所，应戴上防毒面具。

(6) 由于终止剂有经溢流管线倒灌入聚合釜淤浆内的可能性，为了减少反应失控的潜在危机，一旦出现溢流管堵塞，或是怀疑溢流管堵塞时，须立即停止聚合釜的进料并将聚合釜排净，检查并确认没有问题后方可重新开车。

(7) 当发生聚合釜搅拌轴封漏气时，应戴上防毒面具并通知有关人员。

(8) 当出现聚合釜高液位报警时，应立即通过视镜目测检查聚合釜内液位是否确已没过溢流口，如果确实如此，立即切断聚合釜的进料，并报告有关人员。

5.2.2.4 聚合釜开车应注意的操作

1. 头道过滤卸料调整操作

(1) 当转鼓滤布有滤饼时，启动脉冲阀。

（2）缓慢关反吹管线旁路阀。

（3）调整脉冲阀旁路。

（4）调整至最小压力下顺利下料。

（5）调时要慢慢调整，以防过大调整，损坏滤布。

2. 聚合釜升温操作

（1）启动夹套水循环系统。加热时，夹套水加热器只对应一台聚合釜。

（2）开加热器蒸汽阀，开凝水放净阀。

（3）DCS 转至升温状态。

3. 活化塔引入 SO_2操作

（1）开 SO_2管线伴冷冻水阀，并将现场温控器设置工艺规定温度。

（2）开 SO_2管线调节阀和汽化点伴热蒸汽阀。

（3）检查 SO_2压力。

（4）依次开 SO_2现场各阀。

（5）防止 SO_2在管线内汽化。

（6）防止 SO_2在管线结冰。

（7）打开转子入口阀和出口阀，依次向活化塔方向开，在此过程中保持 SO_2管线压力。

4. 聚合釜搅拌系统检查

（1）聚合釜搅拌器的变速箱和液压驱动油温。

（2）搅拌速度和电机电流。

（3）聚合釜搅拌器晃动情况。

5. 聚合釜搅拌桨的起动操作

（1）将耦合器手轮转至最低速位置。

（2）起动变速箱冷却油泵。

（3）油泵运转正常后起动搅拌电机。

（4）电机运转正常后缓慢调节耦合器、手轮，达到所需速度(如果搅拌速度太低，则混合效果不好；若搅拌速度太高，会产生飞溅，使聚合物挂到聚合釜壁口，同时氧气会进入淤浆中，导致聚合物颜色不佳，降低转化率。搅拌的最佳速度是不产生飞溅和涡流的最大速度)。

5.2.3　聚合釜停车

5.2.3.1　装置停工前的准备工作

（1）加强安全防护工作，落实安全措施，准备好劳保用品、安全警示牌等。停车前，组织全体职工认真学习本方案。

（2）停车前对整个装置的工艺、设备运行状况等进行全面检查，能处理的及时处理，保证安稳停车。无法处理的做好记录以便停车后检修。

（3）对装置的所有电器、仪表工作状况进行记录，通知有关部门处理。

（4）认真准备好装置停车前各工序所需添加的盲板，所需的接头、胶管、临时泵等。

（5）准备好添加盲板及吹扫原始记录表。

5.2.3.2　装置停工要求和注意事项

（1）停车前，针对在停车、清洗、吹扫过程中可能出现的安全问题对全体职工进行一次安全教育及必要的安全演练。

（2）由安全员及各区域的主管工艺员、设备员负责组织各自区域范围内的停车、清洗、吹扫过程中的全面安全管理工作，做好操作前的现场检查，操作中的安全监督及操作后的现场清理工作，确保全方位、全过程的安全，真正落实“谁主管、谁负责”的原则。

（3）由安全员及各区域的主管工艺员、设备员负责检查并保证安全器具完好，安全保护用品齐全。

（4）进入停车现场的所有人员必须按要求着装，佩戴好安全防护用品，如安全帽、防毒面具、防护眼镜、耐酸碱工作服等。

（5）停车后，对装置各系统进行全面认真检查，对存放有毒、腐蚀性原料的储罐、塔器等要设置安全警示标识。对其进出口管线要装好盲板，保证其隔防性，并做好记录。

（6）严格执行进入罐、塔作业的有关安全规定，做好进罐、塔前的吹扫、清洗、取样分析等工作。

（7）严格执行“三票”等有关安全规定。

（8）严格执行其他有关安全规定。

5.2.3.3　2h 以内的短时间停车

（1）按次序，在 2min 内关闭 SSS、混合单体、引发剂、进活化塔中和剂、进活化塔 SO_2 等各物料转子流量计进口阀，停止向聚合釜进料（切断聚合釜所有进料的操作，应尽可能地迅速，从 SSS 到全部关闭，不得超过 2min）。

（2）降低搅拌转速至（90±5）r/min。当釜内液位降至溢流口时，关闭脱盐水转子流量计进口阀。

（3）当聚合釜停止溢流后，关闭终止剂转子流量计进口阀、停止向溢流管加终止剂，关闭溢流口脱盐水手动阀。

（4）当头道供给槽液位降至 30%时，按脱单或一道过滤操作法用淤浆维持脱单或一道过滤系统。

（5）将各流量控制器（SSS、混合单体、引发剂、终止剂、脱盐水、中和剂、SO_2）打至“手动”位，并将控制阀开度调至 10%（防止因膨胀憋压，损坏转子流量计）。

（6）保持聚合釜温度在 60℃，N_2流量在（250±30）L/min。

5.2.3.4　2~36h 的停车

（1）按次序，在 2min 内关闭 SSS、混合单体、引发剂、进活化塔中和剂、进活化塔 SO_2 等各物料转子流量计进口阀，停止向聚合釜进料。

（2）把聚合釜搅拌速度降至（30±5）r/min。关头道供给槽放空及环管喷淋的脱盐水转子流量计进口阀。

（3）把聚合釜温度降至（30±5）℃，N_2流量降至 80L/min。

（4）通知回收工序聚合釜已停车。

5.2.3.5　36h 以上的停车

（1）按次序，在 2min 内关闭 SSS、混合单体、引发剂、进活化塔中和剂、进活化塔 SO_2 等各物料转子流量计进口阀，停止向聚合釜进料。

（2）把聚合釜搅拌速度降至（30±5）r/min。

（3）当釜内液位降至溢流口时，关闭脱盐水。将头道供给槽液位控制阀调至手动并全开自控阀。

（4）慢慢打开聚合釜底部卸料阀，向头道供给槽排料，调节流量，保持头道供给槽液位稳定。

(5) 当釜内物料排至下层搅拌桨叶处时，停搅拌器。当聚合釜排净后，关上排放阀。当脱单供给槽液位降至30%时，按头道停车操作。

(6) 打开活化塔底脱盐水转子流量计进口阀，调节水量至1200kg/h，冲洗活化塔20min。

(7) 打开聚合釜环管喷淋及放空喷淋转子流量计进口阀，向聚合釜注水，当液位超过下层搅拌桨叶时，开搅拌器，转速调至(30±5)r/min。

(8) 在注水期间，打开活化塔。脱盐水转子流量计进口阀，流量控制在1200kg/h。

打开活化塔SO_2进料电磁阀、转子流量计进口阀，流量调至50kg/h，通入SO_2，持续1min，然后关闭(该SO_2能将聚合釜内水的pH值降至4.0以下，可防止聚合釜壁的结疤和氧化，如果停车后将清洗聚合釜，则可不加SO_2酸化)。

(9) 当釜内液位升至距溢流口30~50mm时，停搅拌器，关闭轴封水。当液位升至溢流口后，关闭脱盐水转子流量计进口阀，停止注水。

(10) 通知回收工段停SO_2输送泵。

(11) 关闭聚合釜夹套水循环泵出口阀、停泵。

5.2.3.6 管线、设备吹扫清洗要求

(1) 停车吹扫时，混合单体易发生聚合堵塞管线，要彻底扫尽。

(2) 由于盲板的添加、泵入口短节及其他一些断开点数量都很大，设备、工艺作业人员要认真编号，做好记录后集中保管，以免混乱。

(3) 对施工现场附近有未吹扫尽的物料的管线及储罐，实行现场挂牌警示标记。

(4) 放空吹扫SO_2等有强毒性物料管线时，要严格控制吹扫速度，并在附近管口设专人监护及醒目标记，以免发生人员中毒事故，吹扫等作业人员要戴好防毒面具。

(5) 在进入塔器、釜、罐内进行作业时，要严格按有关安全检修规程作业；务必保证作业环境氧含量在20%以上，其他有毒气体含量在规定范围以内后，方可进入检修。

(6) 吹扫、检修或清罐作业中，所涉及的其他安全注意事项分别依照各自岗位操作法操作。

5.2.3.7 聚合釜停车后的检查项目

(1) 聚合釜高液位报警。慢慢提高通入釜内的氮气流量，直至发出高液位报警。

(2) 聚合釜的放空。如果在低于0.28m^3/min的氮气流量下，便触发了高液位报警，这表明氮气高液位探管有堵塞。

(3) 检查聚合釜溢流。打开聚合釜的溢流取样阀，用手电筒查看溢流口是否堵塞。

(4) 检查聚合釜内壁的清洁程度。查看釜内挡板、搅拌器、釜壁、溢流口、试剂加料口等处，是否有聚合物的结疤。

(5) 用肉眼检查聚合釜的温度探头，看是否有聚合物结疤。

(6) 检查头道过滤供给槽和再淤浆槽的情况，观察槽内粗滤器的清洁状况。

(7) 检查所有试剂转子流量计，确认所有物流都已切断。

5.2.4 聚合釜系统的清洗

5.2.4.1 聚合釜的清疤

1. 聚合釜清疤的准备工作

(1) 准备拴有一根绳子的吊桶、四只空的塑料桶、闹钟或类似功能的用具、铜锤、梯子、警示绳、危险标志牌、空气扩散管及软管、氧分析仪、空气中AN含量分析仪、长管呼

吸器、皮革手套、橡胶手套、防护眼镜、防毒面具等物品。

（2）确认聚合釜已经停车并按停车的检查事项表进行了核对。

（3）煮釜完成后，打开釜底卸料阀，把水排至下水道。同时通知调度和污水处理场。排水时，打开釜内喷淋水，液位降至下层桨叶时，停搅拌（如果气味还大，再重复进行加水冲洗）。关闭聚合釜脱盐水喷淋管上阀门。对所有通向聚合釜的阀门都必须关闭并加标记。对于连接聚合釜的各物料管线，拆除一段管线或是装上盲板。同时将聚合釜放空管加上盲板，拆下溢流管，并安装带有排净阀的盲板法兰。

（4）把卸料管与釜底分开，打开釜底放净阀，接压缩空气置换。用气体分析仪器测定釜内空气中的氧及 AN 含量。通过连续不断地置换，直至 AN 及氧含量均达到规定要求。最低限度氧含量为 20%，单体含量不得超过 20μL/L。进釜清理期间，应维持不断地从釜内送气、排气。

（5）切断搅拌电机的电源。

（6）进釜之前，填写和签署工作许可证、进釜许可证和进釜准备工作记录表。

2. 聚合釜的清理

（1）用警示绳围起现场，挂上“危险”标牌。

（2）进釜前，须将搅拌器电机的电源切断。所有进出聚合釜管线的阀门和搅拌器开关，均应锁定、标记、试验。所有进出聚合釜的管线均应加盲板或是卸下来，方准进釜。

（3）进釜操作的人必须穿戴规定的防护用品。釜内滞留不得超过 30min，出来后必须在外面停留 60min 以后再进釜。

（4）把梯子放入人孔内，梯子顶部露在人孔外。只许一个人进釜，并带有清釜工具（铜制錾子和錾平锤），同时必须有两人守候在釜外。

（5）从铲除搅拌器、挡板上的疤块开始清理，直至铲下全部疤垢。用绳子把吊桶放下，把全部疤垢放入小桶内，提出后倒入纤维袋内。

（6）清除所有的疤垢之后，用软胶管接上脱盐水对釜内壁彻底冲洗，冲洗水排至下水道。

（7）收拾所有的工器具，逐一核对，确保每一件都有着落。在纤维袋标上标签，注明内盛何物，然后搬到指定地点。

5.2.4.2 聚合釜的酸浸处理

（1）聚合釜停车清理后，对聚合釜内表面进行酸浸处理时，要准备好规定的防护用具、胶带、标签、标牌、工艺值规定量的盐酸和聚合釜酸浸操作记录表。

（2）沿聚合釜基础设置围障，挂上标牌。

（3）确认聚合釜已排净且已经冲洗过。关上釜底卸料阀，取消进釜脱盐水总管线上的阀门的锁定、标记，向釜内注水至距顶 15cm 时为止。

（4）从人孔加入规定量的盐酸，加完盐酸后把人孔装上。开动搅拌器，转速 30r/min，搅拌 4h，搅拌的同时按工艺值规定升温到 50~55℃。

（5）酸浸 4h 后，把聚合釜冷却到 25℃，停搅拌。把釜内水排放至下水道，同时打开釜喷淋水，流量 500kg/h 至酸浸水放完。打开盲板法兰上的排净阀放净积水，拆下盲板法兰，重新装上溢流管。

（6）冲洗。釜内排净后把环管喷淋量提高到 2500kg/h，持续 30min。关闭卸料阀向釜内注水至溢流口，注水同时打开进釜 N_2 阀，流量 250L/min，待水开始溢流时，把 N_2 流量阀关小。

(7) 消除所有锁定、标记及警示绳。恢复拆除的管线，拆除安装的盲板。把盐酸容器清洗干净，归还所有用具，清扫现场。进行每项操作后，操作人员签字，填写聚合釜酸浸操作记录表。

5.2.4.3 聚合釜夹套的酸洗

(1) 在进行聚合釜夹套定期清洗时，准备好全套防酸工作服、防护眼镜、皮革手套和橡胶手套、酸桶和酸泵、搅拌棒和 45L 氨基磺酸(搬运氨基磺酸时应穿全套防酸服，如果氨基磺酸溅到身上，应在喷头下彻底冲洗)。

(2) 酸洗设备的区域用安全带围起来，挂上警示牌，并写上“聚合釜夹套正在酸洗”的字样。

(3) 氨基磺酸的溶解。关闭酸溶解桶出料阀，向 220L 的酸桶加入半桶水，慢慢向桶中加入 45kg 氨基磺酸晶体，并不断用木质搅拌棒搅拌。在加完 45kg 氨基磺酸后，连续搅拌，直至溶解。再次向桶中加水至距顶部 15cm 处。

(4) 酸液的加入。关闭聚合釜夹套冷冻水两个进口阀，打开釜夹套倒空阀，排出 $0.2m^3$ 的水至桶中，以便计量。排完夹套后，关闭排净阀，用软管把酸泵出口与循环泵进口管上的排净阀连通。把酸泵电机电线插头插到插座上，撤除酸泵出口阀、夹套水加热器、循环泵进口管排净阀的锁定与标记，开各阀。启动酸液注入泵和夹套水循环泵，当酸桶被抽空后，关闭循环泵进口排空阀。停加酸泵，通知 DCS 人员，把聚合釜温控设定于 60℃。拔掉循环泵进口排净阀上的胶皮管，向酸桶中充水，打开酸泵不断排出水至楼面下水，冲洗酸桶和酸泵，酸桶中水排净后，拔下酸泵电插头，把所有器具收拾起来，放回库房。

(5) 夹套酸液的排放。夹套内酸液于 60℃循环 4h 后，停循环泵加热器，通知废水处理厂，将酸液排至下水道，打开聚合釜夹套的放净阀和循环泵入口管的排净阀，将酸液排至楼面下水道，排酸液的同时，打开通向楼面下水道的中和剂阀门中和酸液，聚合釜夹套内酸液排净后，打开冷冻水阀冲洗夹套。在夹套及相连的系统冲洗大约 2min 后，关闭夹套排放阀。夹套倒空后，关上加至楼面下水道的中和剂阀门。通知调度，这批污水已排完。夹套再注水、清洗，打开循环泵进口冷冻水阀，启动循环泵，清洗水循环 30min 后，停循环泵，此时夹套水系统可随时投入运转，撤除警示绳、警示牌及有关的锁定、标记。清扫现场，将有关器具送至库房。

(6) 不要将洗液留在夹套内 10h 以上，否则洗液中的结垢会再沉淀，变得异常坚硬，用化学方法很难清洗。

5.3 一道过滤系统

过滤机运转状态要按工艺规定进行控制，过滤机转鼓内氧含量超限不得开车；若过滤机正在运行，转鼓内氧含量超标，必须将过滤机立即停车。过滤机运转期间，淋洗塔必须处于正常运转状态，而且在一道过滤机开车前，淋洗塔已正常运转。如果淋洗塔不能正常运转，必须停一道过滤机和聚合釜。送一道过滤机的浆料要过量，要保持过滤机底部淤浆槽的溢流，维持过滤机运转平稳。淤浆输送管道停车后，必须用脱盐水冲洗管线，以防止管道堵塞，在淤浆输送管道投入运转之前，通入脱盐水检查是否有堵塞现象，若有堵塞现象，需疏通后再开车。过滤机运转期间，真空泵密封水槽内必须维持工艺规定的液位。U 形支管内必须有水，密封槽内必须按工艺规定添加消泡剂(MEHQ)溶液。聚合物特性参数不合格时，要按工艺规定进行调整。每两次调整的时间间隔不得少于4h，不合格的再淤浆，送入缓冲槽内，缓冲槽的不合格淤浆只有在聚合釜产出合格淤浆时，方可按工艺规定比例混入混合系统。

5.3.1 水封水系统开车

（1）聚合岗位水封水系统开车时，准备好皮革手套、橡胶手套、防护眼镜、防毒面具（在操作水封水系统时，水封水系统含有单体，操作人员必须穿戴防护用品，避免直接接触，防止通过口鼻吸入或皮肤吸收而中毒）。

（2）确认已关闭水封水槽底部排出管线的连通管阀门、水封水槽底部管线的放净阀、Y形粗滤器的放净阀和旁通阀、水封水输送泵出口压力表的隔离阀及放空阀、水封水冷却器入口处放净阀、进水封水槽脱盐水转子流量计进口阀、旁通阀。见图5-4。

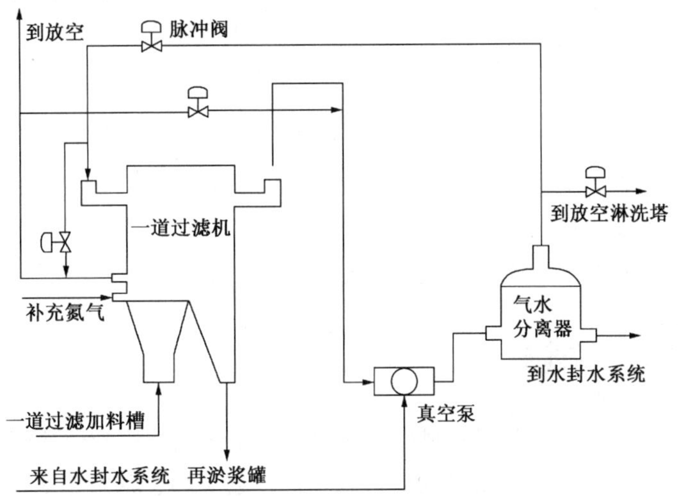

图5-4　一道过滤水封水系统流程图

（3）打开水封水输送泵进料管线上Y形粗滤器的隔离阀、水封水转子流量计出口阀、消泡剂转子流量计出口阀。

（4）水封水系统开车。打开水封水槽脱盐水补加阀，注入脱盐水，当水封水槽液位达40%~50%时，打开水封水排出管线上的连通管阀门，用水封水充满U形管后关上该阀门（2~3min）。启动水封水输送泵，打开泵出口阀。在手动状态下将水封水槽液位设定在工艺值，稳定后切到"自动"。打开水封水冷却器的冷冻水进、出口阀。将水封水冷却器的出料温度设定于工艺值，调节阀达到稳定后转至"自动"位。打开消泡剂转子流量计进口阀，调节流量至工艺值。

（5）水封水系统的停车。确认所有真空泵停车后。停水封水输送泵，关闭消泡剂进口阀、水封水冷却器的冷冻水手动阀，关闭去水封水槽的脱盐水补水阀。

5.3.2 一道过滤系统开车准备

（1）检查确认水封水系统或脱单系统已经开启。

（2）在手动状态下，打开一道洗涤水槽液位控制阀，以工艺值流量向槽内加脱盐水。见流程图5-5。

在手动状态下，将洗涤水加热器的温度设定在工艺值，温度达到稳定后转为自动。一道洗涤水槽液位达到35%后，将其液位自控阀设定于50%，并投入自动。当二道过滤处于运

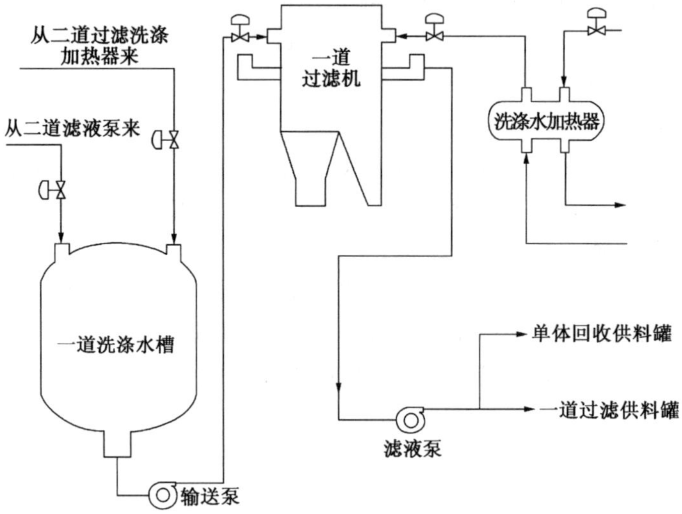

图 5-5　一道过滤系统开车流程图

行状态时，则在聚合釜溢流 3h 后，打开一道洗涤水槽液位控制阀前的滤液补加手动阀，将二道滤液引入一道洗涤水槽。

(3) 打开淤浆供料泵出口阀、一道淤浆返回管线上的手动阀。在脱单(淤浆)供给槽液达到 30%，启动搅拌器。

5.3.3　一道过滤系统开车

(1) 启动一道转鼓驱动电机。

(2) 利用淤浆混合泵向淤浆供给槽输送淤浆，在淤浆供给槽液位达到工艺值后，将其液位控制器投入自动。打开淤浆供给槽的出料阀。打开进口阀、轴封水手动阀(保持有适量水流出)。启动泵，慢慢打开泵出口阀。见图 5-6。

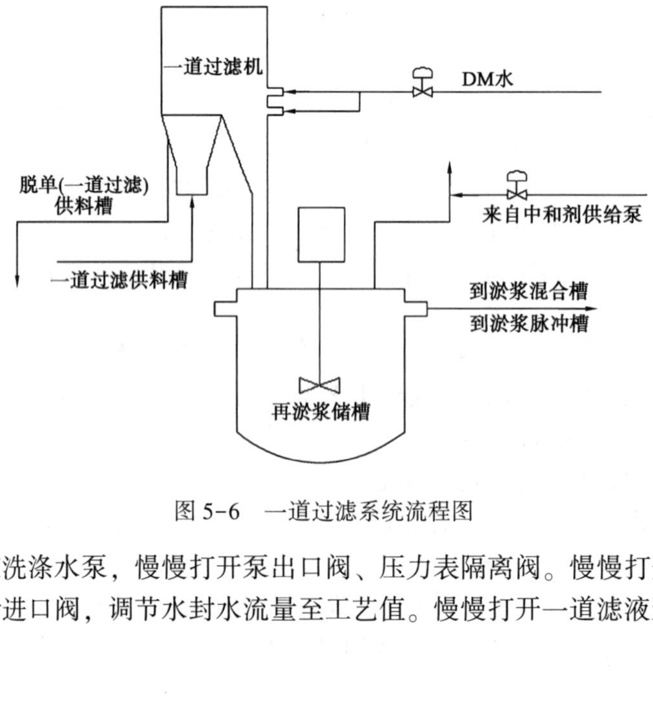

图 5-6　一道过滤系统流程图

(3) 启动一道洗涤水泵，慢慢打开泵出口阀、压力表隔离阀。慢慢打开一道水环真空泵水封水转子流量计进口阀，调节水封水流量至工艺值。慢慢打开一道滤液泵轴封水转子流量计进口阀，保持有水流出。通过快速接头接上脱盐水软管，向滤液泵注水，然后关上阀门。启动一道水环真空泵。

(4) 启动一道滤液泵，慢慢打开泵出口阀，压力表隔离阀。启动脉冲阀电机。将一道洗涤水流量设定于工艺值，稳定后转至自动。

(5) 打开压力表隔离阀。将真空度控制器设定在工艺值，在手动状态下，慢慢提高真空度，当达到要求后转至自动。

(6) 将再淤浆脱盐水流量设定于工艺值，在手动状态下逐步提高流量，达到工艺值后转至自动。

(7) 检查滤饼成形情况，打开反吹管线上的手动阀，调节反吹旁通阀，控制反吹压力($\leqslant$100mmH_2O)，以便达到在最小的压力下能顺利地进行脉冲卸料。

(8) 再淤浆槽液位达到30%以后，开再淤浆槽搅拌器。当脱单塔或过滤机稳定运行30min后，进行聚合釜投料，在聚合釜开始溢流后，关掉二道淤浆供给泵，停止向脱单供给槽供料，并用脱盐水冲洗淤浆供给泵进出口管线，以防堵塞。

5.3.4 一道过滤系统开车注意事项

(1) 如果脱单或过滤区域有单体逸出，须戴上防毒面具，同时测定AN或SO_2含量。

(2) 打开过滤机各观察口时，应戴橡胶手套和防毒面具。

(3) 处理滤鼓下来的滤饼时，应戴橡胶手套和防护眼镜。

5.3.5 一道过滤系统停车

(1) 准备好皮革手套、橡胶手套、防护眼镜、防毒面具和各种阀门的扳手。

(2) 聚合釜停车后。液位控制器置于“手动”位，全开淤浆供给槽自控阀。当液位降至10%时，往淤浆供给槽加水，保持一道系统水运(淤浆供给槽加水可用淤浆输送泵的冲洗水或聚合釜底部放料管线的冲洗水)。

(3) 检查淤浆输送泵出口排放液是否浑浊，若还浑浊，则继续水运，直至排放液较干净才可停止加水。

(4) 关闭放空及环管喷淋的脱盐水转子流量计进口阀。当头道淤浆供应槽液位降至10%时，停淤浆输送泵，关闭泵的进出口阀，关轴封水。

(5) 停洗涤水系统。关闭一道洗涤水泵出口阀，停泵，关泵轴封水阀。关闭一道洗涤水泵进口阀。关闭进洗涤水槽的脱盐水手动阀；若有二道滤液引进，关闭滤液进洗涤水槽前的手动阀。

(6) 真空及滤液系统停车。全开反吹旁路手动阀，关上反吹管上的手动阀。停一道水环真空泵。关闭一道水环真空泵水封水转子流量计进口阀，(控制室)将真空度控制器转至“手动”位，关闭自控阀，停脉冲阀电机。关一道滤液泵出口阀，停滤液泵，关闭轴封水。

(7) 停转鼓驱动电机(如二道过滤未开车，则按水封水系统停车操作停水封水系统)。

(8) 停再淤浆系统。一道水环真空泵停运后，联锁系统将自动切断再淤浆用脱盐水进料。将再淤浆脱盐水控制器置于“手动”位，打开控制阀向滤饼下料槽注水约2min，冲掉残留的聚合物。关闭脱盐水手动阀。在再淤浆槽正常溢流管的出口处接上脱盐水软管，关上溢流管出口的第二个手动阀(由溢流管去各混合槽或缓冲槽)。打开脱盐水冲洗阀，约1min后关上再淤浆槽溢流出料阀。打开各淤浆混合槽及缓冲槽进口阀，打开溢流管出口的第二个手动阀(开车时淤浆经此阀送至混合槽或缓冲槽)，冲洗从再淤浆槽至混合槽(或缓冲槽)的淤浆输送管线。整条管线变凉时，关上脱盐水冲洗阀及溢流管出口第二个手动阀。

5.3.6 一道过滤系统停车注意事项

（1）操作真空过滤机及操作在线的手动阀时，均应戴防护眼镜和皮革手套。

（2）取样时，应戴防护眼镜和橡胶手套。

（3）如果淤浆洒到地上，要立即消除造成溢出的原因，并将洒出的浆料冲入楼面下水道。

（4）当发觉单体气味太浓时，应戴上防毒面罩，并立即测定空气中SO_2和AN含量，消除泄漏。

（5）在紧急停车过程中或刚停下来之后，不要打开视窗盖，要待一段时间让机内的物料流回供给槽。

5.4 淤浆混合与分离

（1）戴好劳动保护用品并准备好各种阀门扳手。

（2）检查淤浆混合设备。关闭淤浆缓冲槽出料阀、淤浆混合槽出料阀、淤浆管线上的脱盐水冲洗阀、缓冲槽和淤浆混合槽连通管手动阀。打开混合槽之间连通管手动阀、搅拌器轴封脱盐水阀（在启动搅拌前打开，保持有一定水流出）。见图5-7。

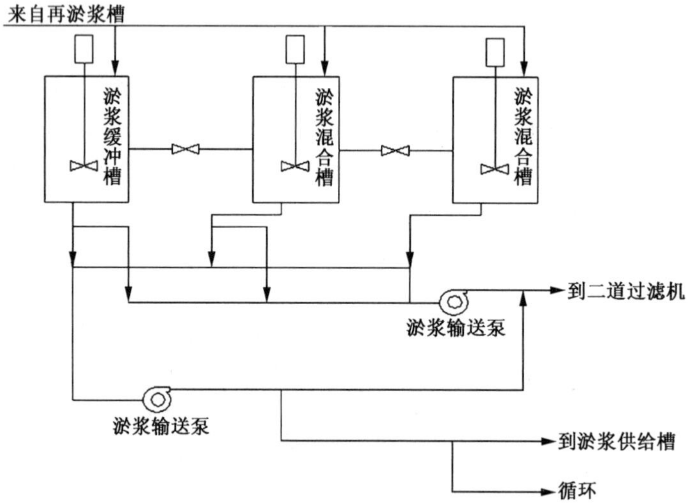

图5-7　淤浆混合系统流程图

（3）淤浆进料。如再淤浆槽过来的是不合格淤浆，则打开再淤浆槽至缓冲槽的出料阀，关闭去混合槽的阀门。如再淤浆槽出来的是合格淤浆，则打开再淤浆槽至淤浆混合槽的出料阀，关闭去缓冲槽的阀门。当缓冲槽或淤浆混合槽液位达10%左右时，打开该槽搅拌器轴封水阀（保持有一定水流出），启动搅拌器。

（4）向二道过滤供料。在正常情况下，二道过滤进料是从最后一个混合槽用泵输送的。原因是淤浆混合均匀，停留时间长。

（5）不合格淤浆的处理。生产的不合格淤浆必须送入缓冲槽内分离。打开再淤浆槽至缓冲槽的淤浆管阀门，关上再淤浆槽至混合槽的淤浆管阀门。当淤浆化验合格后，打开再淤浆槽至混合槽的淤浆管阀门，关上再淤浆槽至缓冲槽的淤浆管阀门。

（6）分离淤浆的混合。分离淤浆打到混合槽之前，须得到批准，送至混合槽的分离淤浆流量不能超过规定值。分离淤浆混合完毕后，打开供给泵进口处脱盐水冲洗阀，关上供给泵淤浆进口阀。让脱盐水经供给泵至刚接收不合格淤浆的混合槽，维持 2min，冲洗完后，停供给泵。关供给泵出口阀(2 个)，打开供给泵进口阀，让冲洗水返回缓冲槽，冲洗 2min 后，关上缓冲槽出料阀。关上供给泵进口阀，关上供给泵脱盐水冲洗阀。

(7) 在操作过程中，淤浆混合槽及缓冲槽的料位，不得超过最高规定位置，以免浆料溢出。

5.5 淤浆泵切换操作

淤浆泵的作用：一是对淤浆进行循环使其充分混合，二是对二道过滤机供料。淤浆泵(图 5-8)是单螺杆泵，用变频器调节泵转速，从而改变泵输送淤浆的流量。正常生产过程中，淤浆的循环、返料和为二道过滤机的供料是同时进行的，因此每个淤浆混合槽都有两个出料口。为减少淤浆颗粒和杂质对挤出机的影响，在淤浆供料泵出口装有 Y 形过滤器。备用泵的切换是指为二道过滤机供料的泵出现问题，或 Y 形过滤器需要清理时，在不停二道过滤机的情况下切换到备用泵上。

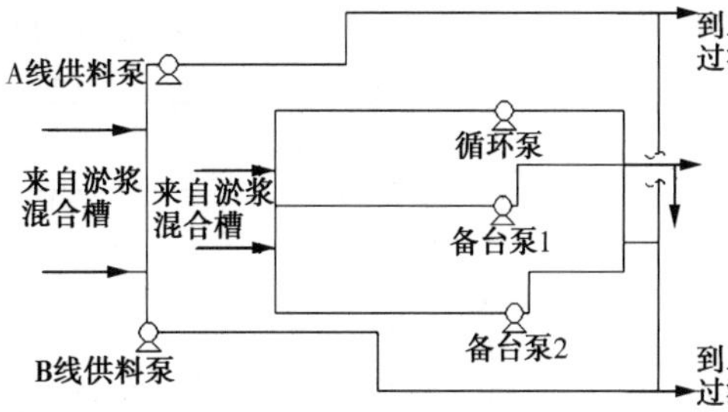

图 5-8　淤浆泵系统流程图

淤浆泵切换操作要点：

(1) 操作前准备好必需的防护用品和工具，切换泵时注意泵前后阀门的开关状态，若有物料喷到身上须马上用水冲洗。切换前，备用泵必须确认正常。在泵切换前现场与控制室的人员要联系好。现场人员打开备用泵出入口手动阀，现场开启备用泵，控制室人员看到备用泵启动后，缓慢地将备用泵的转速提高至规定值后，同时控制室人员将在线需要切换的淤浆泵的转速降低，停在线淤浆泵。现场人员看到在线淤浆泵停止运行后，用脱盐水分别冲洗泵出入口管线，关闭有关阀门。

(2) 备用泵启动后，控制室人员提高转速期间，现场人员要用手感觉管线温度变化，以判断淤浆输送是否正常。如果在短时间内管线温度没有明显变化，立即通知控制室人员暂时停止切换，并对备用泵管线进行冲洗。

5.6 二道过滤系统

二道过滤操作与头道过滤相同，其主要功能是对聚合物进行洗涤和脱水，把滤饼的含水量控制在挤出机所要求的范围内。过滤机的进料由淤浆输送泵供给。二道过滤的进料流量及淤浆的固体含量，决定了正在干燥并进入料仓中聚合物的量。过滤机运转期间，必须严格控制其工艺条件，如果二道过滤滤饼湿度不合格，要及时进行调整，以保证挤出的“面条”合格。聚合物挤出机运转期间，必须保持夹套有冷冻水以移走热量，若挤出的“面条”不规则，需更换或清洗挤出机面板。见图 5-9、图 5-10。

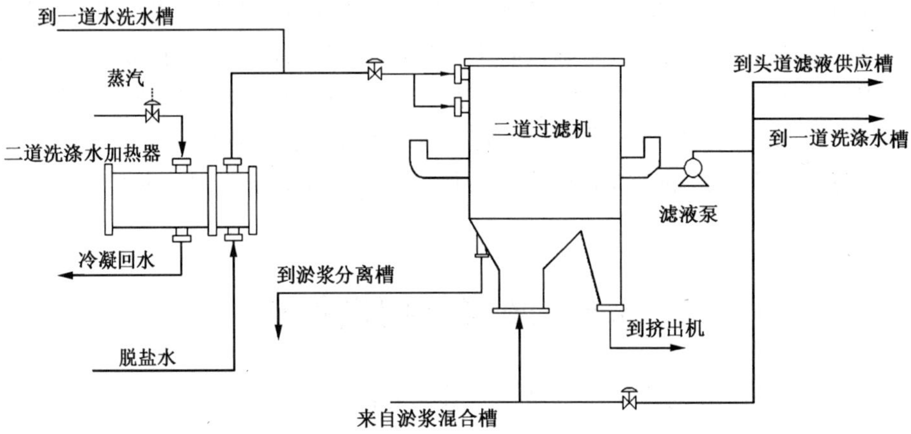

图 5-9　二道过滤水洗系统流程图

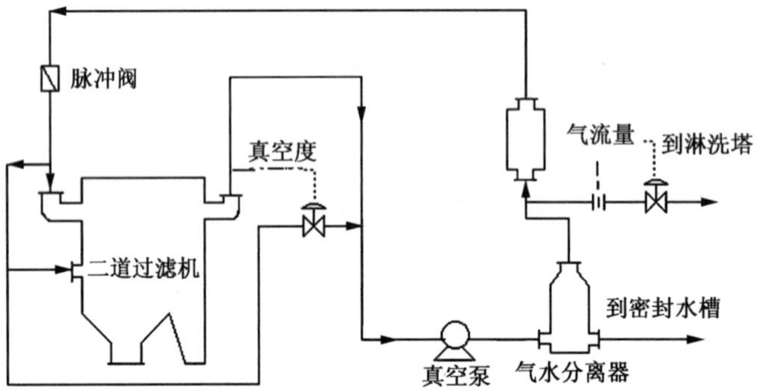

图 5-10　二道过滤真空系统流程图

5.6.1　二道过滤系统开车

1. 开车操作要点

（1）操作人员准备必需的防护用品、一般工具和更换挤出机面板的专用工具。确认风送系统、干燥机螺旋出料器、聚合物干燥机、铺匀器和挤出机、淋洗塔和水封水系统已正常运行，聚合物湿料再淤浆系统已准备好接收干燥机开车期间的出料，用脱盐水分别冲洗淤浆供料管线、为二道过滤机供料的淤浆供料泵、二道过滤机滤液补加管线畅通。关闭淤浆托盘排放阀门。

（2）启动二道过滤机转鼓驱动。打开真空泵密封水阀门并把水量调整到工艺值，启动真空泵。调整洗涤水流量和温度至工艺值并转自动控制，启动滤液泵。在二道过滤机淤浆托盘液位至规定液位时，低速启动淤浆供料泵。调节真空度和去淋洗塔的气流量至工艺值时转自动控制，二道过滤机淤浆托盘液位至工艺值并转自动控制，启动反吹脉冲阀。挤出机出料后投加造粒剂。检查挤出机及铺匀器的工作状况，将淤浆供料泵转速提至规定产量的转速。

2. 二道过滤机控制

（1）淤浆托盘液位。控制托盘液位的目的主要是建立起一定的真空度。一部分滤液加入托盘中对液位的稳定控制有益，并防止淤浆托盘液位过高而发生溢流。

（2）真空泵与真空度。真空泵的密封水至关重要，一定要先开密封水再开真空泵，否则不仅真空度无法建立，而且会造成泵体的机械损伤。通过调节真空度可以控制滤饼含水量的变化。

（3）反吹压力。应把反吹压力保持在足以顺利下料的最低限度。压力太高会损坏滤布。在调整真空度时，也必须同时调整反吹压力。

（4）洗涤水系统。洗涤水温度应严格按工艺值控制，以使挤出机“面条”成型良好为宜。水温过高，滤饼易碎；水温过低，导致滤饼中的水分难以脱除。

5.6.2 二道过滤系统停车

（1）慢慢降低二道滤机淤浆供料泵转速，停供料泵。将托盘液位、真空度、去淋洗塔的气流量控制器转手动控制并全开，依次停下真空泵、反吹脉冲阀和滤液泵，同时停洗涤水系统。观察挤出机不下料时，打开淤浆托盘排放阀将托盘内淤浆放净，停挤出机和铺匀器，停止造粒剂的加入。

（2）重新启动真空泵和滤液泵，打开洗涤水冲洗转鼓，至规定时间后停转鼓，停真空泵和滤液泵，停洗涤水，关闭真空泵密封水阀门。用脱盐水冲洗淤浆供料管线、供料泵、二道过滤机滤液补加管线，防止淤浆沉积发生堵塞。

5.7 更换真空过滤机滤布

5.7.1 准备工作

（1）准备好适当长度的滤布、衬布、封口用的橡皮条。准备好拆装滤布的工具，如冲洗软管、剪刀、橡胶锤、警示绳、标牌、锁定及标记用品、AN 分析仪、皮革手套、橡胶手套、防护眼镜、防毒面具。

（2）按岗位操作规程停一道过滤机或停二道过滤机。

（3）经供料管线，将一道过滤机托盘内的浆料排回到淤浆供给槽。或者通过二道过滤机托盘底部的排放阀，把盘内的浆料放到缓冲槽。

（4）用水冲洗以驱除有害气体，在头道过滤机水运 1h 驱除机罩内有害气体。

① 用 80℃以上的热水冲洗转鼓 30min，以驱除 AN 气体。

② 用橡胶锤或木锤震击滤机的上部和两侧，震掉集结在机罩内的聚合物。

③ 用 20℃左右的冷水继续冲洗转鼓 30min。

（5）过滤机是机械转动设备，更换滤布时要拉起围栏、立起标牌。更换滤布的操作人员必须锁定、标记、清理和试验转鼓的驱动系统。在拆除钢条及滤布时，须戴防护眼镜和橡胶手套，在安装钢条和新滤布时，要戴皮革手套。在换滤布操作时，千万不要碰转动着的转鼓，换滤布的人员，在转鼓转动时，必须站在围栏外。若出现有害气体时，须戴防毒面具。

5.7.2 更换操作

（1）拆旧滤布。用钳子向外拉密封橡胶压条，点动转鼓，将橡胶压条全部拉出，并用钳子向转鼓一侧拉动滤布使钢条松动便于抽出。若松动滤布后，钢压条能抽出一定距离则用手直接取出，若不能，则用顶锥或锤子将钢压条顶出一段距离，再用手或专用钳子抽出。点动转鼓以拆下所有钢压条。

（2）干燥滤鼓。取走滤布，放在指定位置，用脱盐水冲洗转鼓表面和两侧，用压缩空气吹扫转鼓表面和钢压条嵌槽，使之干燥。在干燥期间，须让转鼓不断转动。

（3）检查转鼓表面的各连接板（疏水桥板），看是否有毛刺、锐边和松动。转鼓的疏水桥板有损坏要予以更换。检查修理过的钢条，看是否有锐边和毛刺，不要使用损坏的钢压条。

(4) 安装新滤布。

① 操作人员站在过滤机的下料端，将衬布放在鼓上，两边重叠部分对称，衬布留 25cm 的长度，用滤布定位工具把钢条推进槽子中以固定衬布，一个人推钢条，另一个人在钢条前推进定位工具，一边推，一边转动钢条，会比较容易插入。

② 待衬布盖过三块连接板时，将滤布盖到衬布上，滤布预留 25cm，将定距棒放在顶面滤布下面，从鼓顶开始，让转鼓转动，将两层布都卡紧在沟槽中，然后抽出定距棒，在每块滤鼓的连接板上重复上述步骤，直到滤布铺回到开始时的端点。

③ 将衬布搭接在一块连接板上，剪去圆围方向上多余的衬布(不是宽度方向)，留半个板宽的余量。继续完成其余的连接板，直至来到滤布的起点，然后，再搭接四个板宽，返叠回一个板宽。

④ 用橡胶皮条将滤布两端封严。一个人握住嵌入鼓一侧沟槽的橡胶条短头，向下移动，另一个人握住橡胶皮条的另一头，在两侧分别用力把皮条拉伸，当大小约为原来的一半时，把它压在滤布上，一起嵌入滤鼓沟槽里。握住短头的那个人放开皮条，任其伸入沟槽内，就把滤布压紧了。握着长头的人继续拉伸皮条，把它往后拖，点动转鼓，一次约转 25cm，拉伸的皮条就绕着滤鼓把滤布嵌入沟槽中，一直到两头搭起来，慢慢松开皮条，留两头搭接 50cm，多余的切除。

⑤ 将橡皮条向转鼓的沟槽里压入，在边上的滤布和衬布就被勒入沟槽，然后用封口工具和手锤将皮条嵌入沟槽内，小心不要损伤了滤布，这样就完成了封口工作(对于二道过滤机，有时须将滤布两边裁到距鼓边 10cm 的位置)。

(5) 检查滤布是否完好无损。如完好无损，就可盖上过滤机盖，连接好洗涤水管，摘去过滤机驱动的锁和标牌。归还安装滤布的工具。

(6) 注意事项。

① 滤布的光滑面向上。

② 反压处与转鼓转动方向相反。

③ 滤布与衬布松紧度一致。

④ 在滤布的安装过程中要注意防止工具落入过滤机供料管线内。

⑤ 检查机罩密封条是否完好并在嵌槽内。

⑥ 安装机罩时要平稳，防止砸伤滤布。

5.8 干燥系统

聚合物烘干机操作对控制聚合物的含水量、最终产品(纤维)的染色性能至关重要。

5.8.1 烘干机开车

(1) 操作人员准备必需的防护用品、一般工具和更换挤出机面板的专用工具。靠近蒸汽管线时，应小心烫伤。在烘干机开车前应首先确认：风送系统正常运行；湿料再淤浆系统可以接纳湿料；铺匀器的液压系统已提前启动；所有人员均脱离干燥机，机门已关好；挤出机已换上清洁的面板，烘干机进气和排气风门已开。流程图见图 5-11、图 5-12。

(2) 启动排气风机，启动 16 台循环风机并检查其运行方向是否正确。开蒸汽总管阀门给烘干机升温。升温后检查确认烘干机出料回转阀工作正常，开螺旋出料器和烘干机链板。当四个区温度达到工艺值时，启动铺匀器输送皮带、挤出机、二道真空过滤机。烘干机刚开车时将不合格的聚合物料送入湿料再淤浆系统，聚合物料合格后转入风送系统。检查挤出机出料成型情况。

5.8.2 烘干机停车

（1）依次停下二道过滤机、挤出机、铺匀器输送皮带和液压系统，清理挤出机内部并更换挤出机面板。

（2）当聚合物料层的尾部经过每一个区时，相应区的温度会升高。一旦在某区出现升温迹象时，即关闭蒸汽控制阀。

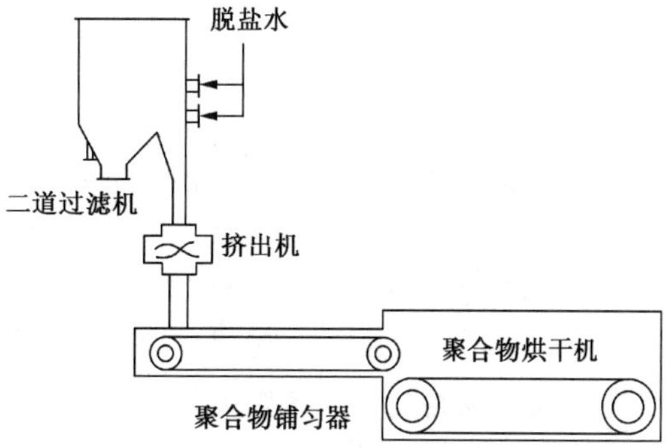

图 5-11 聚合物挤出机、铺匀器流程图

（3）在烘干机出口看到链板上没有聚合物料层后，关闭蒸汽总管阀门，停下烘干机、螺旋喂料机，停风送系统。

（4）当烘干机四个区的温度降到50℃以下后，停16台循环风机，停排气风机。

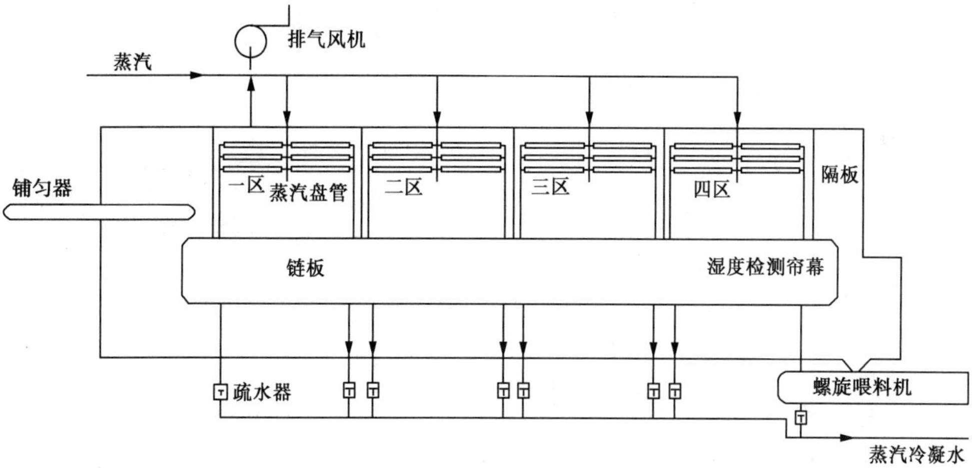

图 5-12 聚合物干燥机流程图

5.8.3 烘干机操作注意事项

（1）在开蒸汽总管阀门给烘干机升温前，要先排放蒸汽管线和加热盘管内的冷凝水。蒸汽阀门一定要缓慢打开，防止产生水击。

（2）铺匀器液压系统要在烘干机开车前30min启动，使油温稳定，从而保证铺匀器摆动稳定，摆幅均匀。

（3）当“面条”成型不良、挤出机负荷过高（由电流表读数判断）、部分堵孔、二道过滤机和挤出机停车时间超过1h时，必须更换清洁的挤出机面板。

（4）挤出机夹套的冷冻水进、出口阀门应保持常开状态。为了保持挤出机冷却夹套的良好传热效果，要定期用氨基磺酸溶液清洗夹套。

（5）为防止聚合物粉尘在烘干机内积累构成火灾的危险，每周要对烘干机进行一次清理。主要是用水冲洗烘干机内部、循环风机翅片以及加热盘管，确保上面不留有聚合物粉尘。烘干机内清理出来的粉尘，不能重新用于生产，要作为废料处理。

5.9 风送系统

风送系统是把干燥好的聚合物输送到粉碎机。该系统由于存在大量的聚合物粉尘，因此必须严格控制风送系统的含氧量，以防止粉尘爆炸和减少对纺丝原液颜色的影响。风送系统是一个环状闭合的系统，内部充有氮气，每台烘干机有各自独立的风送系统。输送风机强制氮气在闭合通道内循环，在旋风分离器中将聚合物分离出来，聚合物垂直下落到粉碎机，经粉碎后进入计量料仓，气体则重新回到输送风机继续循环。每一套独立的风送系统有三种路径可供选择：烘干机到计量料仓、烘干机到储料仓、储料仓到计量料仓，可根据生产情况予以选择并切换。见图 5-13。

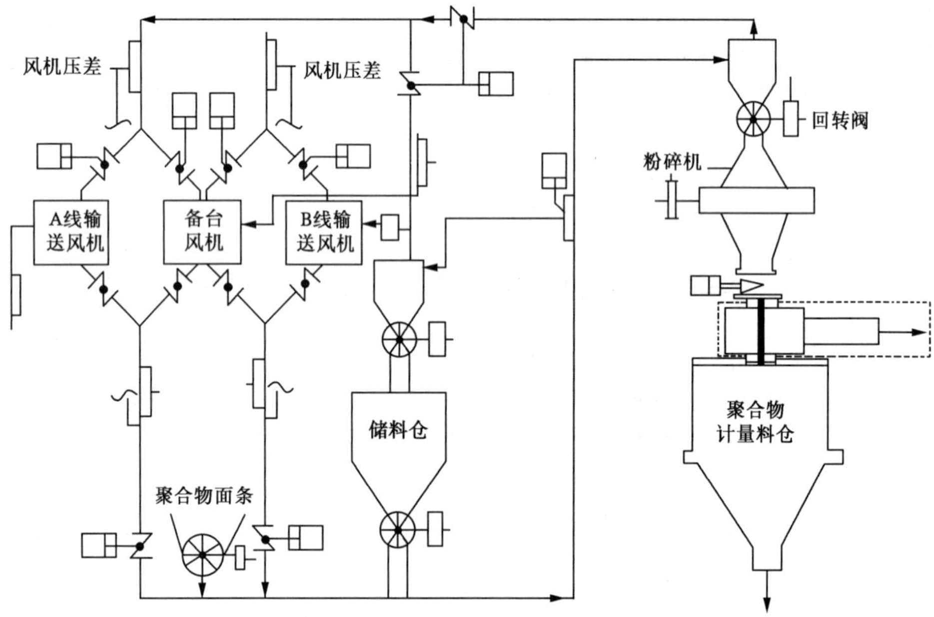

图 5-13　聚合物风送系统流程图

5.9.1 风送系统操作

(1) 操作人员准备必需的防护用品。确认所有检查口和陷阱均已封严。打开待用风机的进出口阀门。打开去风机轴封和风送管的氮气阀门，并调至工艺值。确认 O_2分析仪和系统 O_2含量正常。

(2) 由烘干机到聚合物计量料仓的开车。

① 打开烘干机出料回转阀至风送管线的阀门，旋风分离器至粉碎机回转阀的插板阀，粉碎机到聚合物计量料仓的阀门。同时打开相应的氮气并调至工艺值。

② 开粉碎机、粉碎机回转阀。启动输送风机、烘干机出料回转阀、烘干机螺旋出料器。调整输送风机出口压力，使压力控制适宜。

(3) 由烘干机到聚合物计量料仓的停车。

① 将风送系统内聚合物料吹净后(可根据风机的进出口压差来判断)，停烘干机至风送管线的回转阀，关闭回转阀至风送管线的阀门。

② 停输送风机，停粉碎机入口回转阀和粉碎机。关闭相应停止运行设备的氮气。

(4) 烘干机到聚合物储料仓、聚合物储料仓到聚合物计量料仓与烘干机到聚合物计量料仓的开停车操作基本相同。

5.9.2 风送系统操作注意事项

(1) 当输送风机故障或发生堵塞(高压力降)时，停止向风送系统供料。

(2) 风送系统内任何设备出现故障，都要停止系统运行。

(3) 风送系统的 O_2 含量不能超过 7%，这一指标是通过向系统内通入氮气来维持的。

(4) 两套风送系统有三台输送风机。除每套系统有一台专用风机外，第三台用来代替两者之中的任一台工作，但不能同时代替两台工作，因为两个系统是互不相通的。

(5) 输送风机出口压力迅速升高时，表明风送管道内有不通畅的地方，必须停烘干机或停止送料进行检查，待风机出口压力恢复正常后烘干机才能开车或继续送料。

(6) 粉碎机内的筛网有时可能被外界进入的物质(螺栓、螺母)损坏，影响粉碎后聚合物颗粒大小。需要定期检查筛网，必要时予以更换。

(7) 定期检查聚合物计量料仓的放空管线，确认在向外排气而不是在进气。

(8) 定期检查风送系统是否有泄漏，系统出现漏点会影响 O_2 含量的控制。

(9) 风送系统切换路径时要检查换向阀是否到位，新的路径必须吹扫后才能投入使用。

5.10 原液制备

原液制备是将聚合物、溶剂和添加剂以适当比例混合、溶解，为纺丝工序提供合格的纺丝原液。具体工艺流程见图 5-14。

5.10.1 马可混合机开车准备

(1) DTPA 溶液已经配制完毕，若生产半消光纤维时 TiO_2 浆液已经配制完毕。

(2) 确认喷淋箱喷嘴安装正确，所用喷嘴符合开车的喷淋量。

(3) 确认活动溜槽密封圈完好，活动溜槽复位。

(4) 控制室准备：和现场人员一起检查确定换向阀动作正确，并保证换向阀在标定位。设定好进马可混合机各物料工艺值，并使各物料的自控阀处于手动关闭状态。DMAc 加热器温度控制器设定好工艺值，并使自控阀处于手动关闭状态。

(5) 现场准备：标定台的闸板阀打开；打开马可混合机出料阀，启动马可混合机；检查质量流量计螺杆的 N_2 加入量；打开 DMAc 手动阀及 DMAc 加热器的蒸汽阀，及 DTPA、TiO_2(生产半消光纤维)进马可混合机的手动阀。打开进马可混合机废原液手动阀。

5.10.2 马可混合机开车

(1) 把 DMAc 自控阀在手动状态打开一定阀位，通知回收人员，立即向原液制备输送 DMAc。

(2) 启动废原液输送泵、启动废原液计量泵并调到工艺转速。

(3) 加入 DMAc 后启动振动螺旋给料器、振动螺旋给料器振动器、聚合物计量料仓振动器。

(4) 开车初期，聚合物计量器流量控制器在手动位置控制好聚合物流量。

(5) 迅速调节各流量(2min 以内)，DMAc 的流量是聚合物的 2 倍以上后，把换向阀从标定位打到马可混合机位。依次调节 DMAc 流量、聚合物流量、DMAc 温度、DTPA 流量、TiO_2 流量，稳定后切换为自动控制。

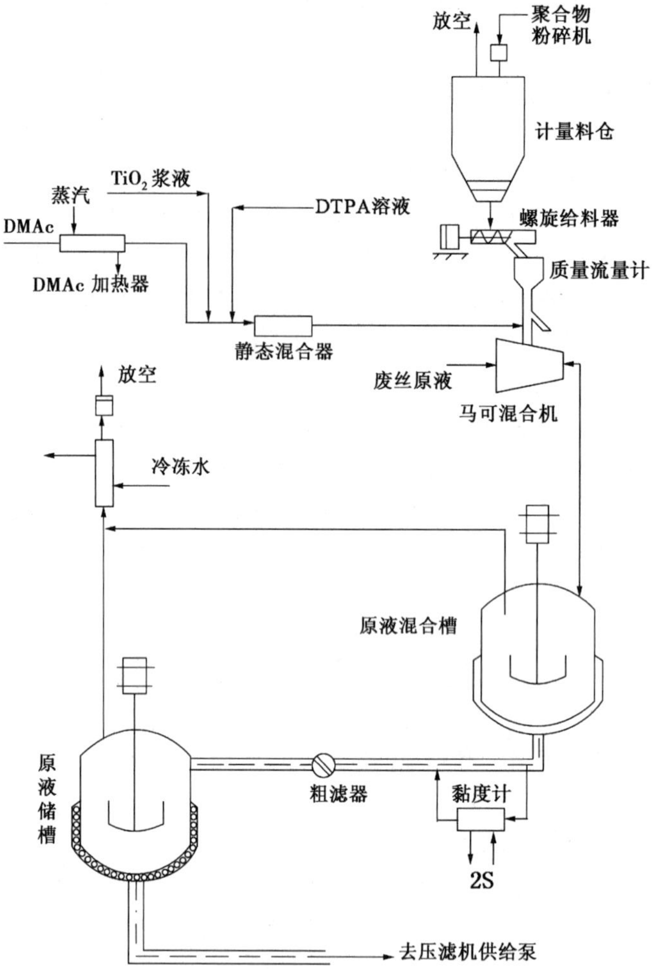

图 5-14　原液混合及储存系统工艺流程图

（6）调节流量时必须有一人同时调节喷淋压力，稳定后现场检查开车后的情况，如有问题及时与控制室联系。

（7）原液混合槽液位超过 15%后启动搅拌，到 60%时将放料阀切换到自动控制；并投用原液混合槽黏度计。

（8）开车 30min 后，通知取样，分析固含量等指标。

5.10.3　马可混合机停车和清洗

接到停车指令后，作下列停车步骤：

（1）在计量标定台下放好空桶，打开标定台闸阀。

（2）停下聚合物计量料仓振动器、振动螺旋给料器，将换向阀打至标定位。

（3）DMAc 主流量控制阀切换至“手动”状态并关闭，并通知泵房人员；把 DTPA、TiO_2 流量控制阀切换到“手动”状态并关闭。

（4）停废原液计量泵、废原液输送泵。

（5）确认换向阀已打至标定位后，待喷淋压力降到零，关闭 DMAc 进加热器前的手动阀，关闭 DMAc 加热器蒸汽阀、DTPA、TiO_2进马可混合机的手动阀。

（6）关闭进马可混合机的废原液手动阀。

（7）2min 后停下马可混合机。现场检查并清理马可混合机小端的胶块。

（8）把活动溜槽密封圈内的气体放掉。把活动溜槽移至摆出位。用抹布擦拭溶剂喷淋室，确认喷嘴没有沉积物，同时确认三个放空管是清洁的。清洁后在喷淋箱上盖上防尘盖板。

（9）如长期停车，原液混合槽须放尽，并用 DMAc 对混合槽黏度计进行清洗。

5.10.4　马可混合机正常操作

增加或降低混合速率时，各步操作要连续完成，中间不得停顿。

（1）DMAc 流量控制阀以 200kg/h 的速率提高或降低 DMAc 流量（对 DMAc 流量频繁或大幅度地调整将影响马可混合机运行的稳定并导致原液质量下降，因此对 DMAc 流量的调整不得超过 200kg/h）。

（2）聚合物流量控制器按 100kg/h 的速率提高或降低聚合物流量。

（3）TiO_2流量控制器打至“手动”位，根据聚合物和 DMAc 流量的变化情况，相应增加或降低流量至所需的速率（这一步仅适用于生产半消光纤维）。

（4）DTPA 流量的控制同上。

（5）调节废原液计量泵转速到所需设定值。

（6）按需要随时调节四组喷淋总管上的阀门以保持工艺要求的喷淋压力。喷淋压力过高时可部分打开去马可混合机入口的 DMAc 旁通阀。

5.10.5　马可混合机操作注意事项

（1）聚合物质量流量计稳定运转 1h 后才能进行标定，同时标定工作还必须在马可混合机开车前至少 1h 完成，以便有足够的时间进行调整，停车时（除全面停车外）聚合物质量流量计严禁停。重新开车时只标定设定点即可。重新启动时，要重新标定，作出新的标定曲线。

（2）当标定的聚合物流向标定台时，应保证标定台内已做好接收聚合物的准备。

（3）如果在原液制备时注明不加废原液，则有关废原液加入的步骤可以略去。

（4）如果是生产有光纤维，则不必加 TiO_2，有关 TiO_2的步骤可以略去。

（5）DMAc 应在加入聚合物前 60s（马可混合机进行高速率配制时该时间限制减至 30s）内加入马可混合机。如果开车时不加废原液，而 DMAc 加入时间超过 60s，则要切断 DMAc，关闭马可混合机，让马可混合机排放 2min，再按开车步骤重新通入 DMAc。

（6）对于批量配制的 TiO_2浆液、DTPA 溶液，一批放入储槽后，通常应立即进行下一批的配制以作备用，在下次开车时，先检查其储槽液位，以确保有足够的液位。

5.10.6　有光与半消光的转换

（1）可以通过停马可混合机或降马可混合机产率来实现有光和半消光的转换。

（2）接调度通知后，控制室停马可混合机或降低马可混合机产率。

（3）缓慢放尽原液混合槽内原液，观察原液储槽的液位变化。

（4）当原液储槽液位到 30%时，控制室关闭原液混合槽底阀。

（5）控制室按马可混合机开车操作程序开马可混合机（当通过调整马可混合机产率来转换时，控制室要提高马可混合机产率。转有光时停加 TiO_2，转半光时则加 TiO_2）。

（6）原液混合槽液位到 70%后，控制室手动打开原液混合槽底阀，控制原液混合槽的液位至工艺值切换自动控制。

（7）通知调度员，转换的原液已经至原液储槽，并通知其要求取样分析。

5.11 废原液制备

在生产过程中，会产生大量废丝，为了降低成本、减少污染，提高经济效益，这些废丝应尽可能回收利用。

各工序的废丝、废原液的处理方法，见图 5-15。

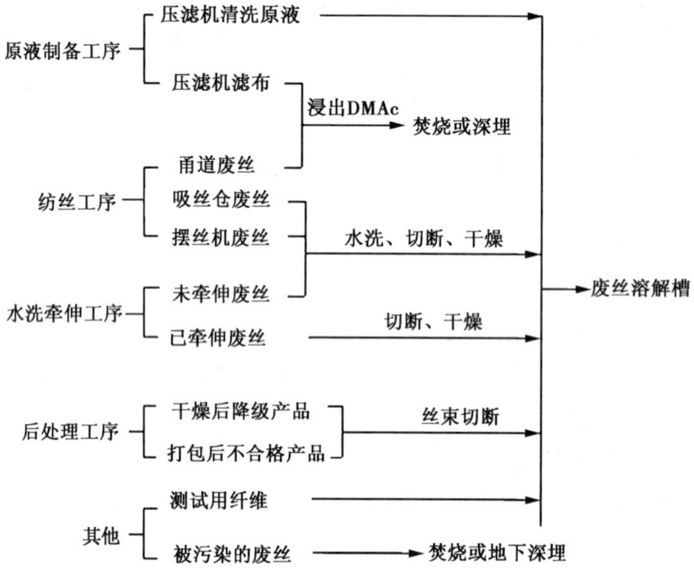

图 5-15 各工序的废丝、废原液的处理方法

在废丝回收时，含 DMAc 的废丝要经过水洗、切断、干燥等处理，不含 DMAc 但含有水的废丝要经过切断、干燥，干的废丝直接投入废丝溶解槽溶解，对于丝束切断后再溶解。

5.11.1 废丝洗涤

1. 开车前的检查与准备工作

（1）准备好皮革手套、橡胶手套、防毒面具、剪刀、橡胶围裙、面罩、长袖手套等物品。

（2）确认离心机、排滤液管线上的粗滤器洁净。在离心机盖打开的情况下，按离心机启动按钮，检查离心机盖的联锁是否正常。

2. 开车操作具体步骤（图 5-16）

将废丝盛丝桶内含 DMAc 的废丝倒入离心机吊篮内。用吊篮小车放至离心脱水机上（吊篮内废丝一定要铺匀，否则离心机不能正常工作），每次离心脱水的废丝约为 370kg，在开动离心脱水机之前，先设定离心脱水机定时器。

盖上盖子后，启动离心机，将篮内纤维中的液体脱水，排入储槽，然后停车进行第一次水洗，用废丝洗液储槽中的液体冲洗吊篮，再浸渍，使水能更好地浸透纤维。再开始离心甩干，旋转脱出的液体排入洗液储槽，储槽中的液体用泵打至回收工序稀液供料槽中，完成第一次水洗离心过程。随后向吊篮内注入脱盐水进行冲洗和第二次浸渍，目的是使水充分润湿纤维，接着进行第二次离心脱水，脱出的液体进入储槽，整个离心过程结束后，打开盖子，由吊篮小车将吊篮从离心脱水机中取出。离心脱水整个过程都是自动循环进入的。

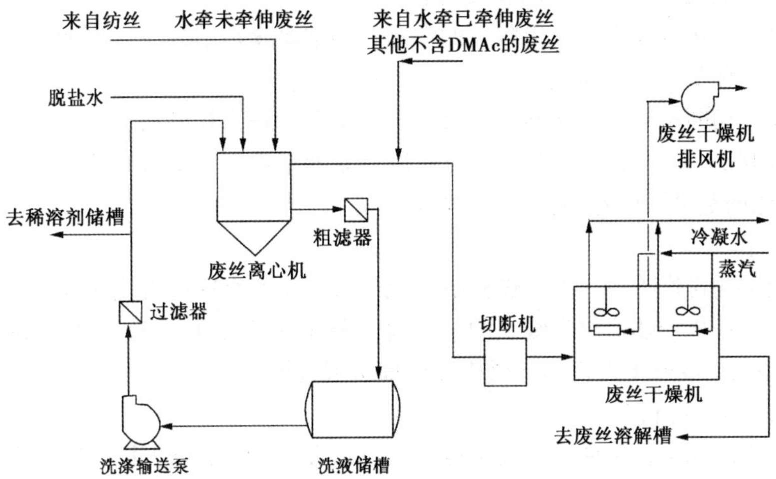

图 5-16　废丝洗涤系统流程图

离心机也可手动操作，每步按自动的步骤及设定的时间进行。

离心机设有一个不平衡负载检测器，它可以使离心机停止运转，并报警。

3. 废丝洗涤系统操作注意事项

（1）若在废丝洗液储槽无洗液的情况下启动离心脱水机，必须手动操作。在首次旋转过程完成后，向离心机加入脱盐水，以代替废丝洗液储槽中的水。

（2）只要离心机刹车闸在工作，离心机电机就不会启动。

（3）若负载不平衡，不平衡检测器将关掉离心机，控制盘发出报警。若发生这种情况应立即合闸，关掉音响报警（在消除警铃声前必须合闸，否则离心机吊篮不再碰撞不平衡开关，离心机会再次开始旋转）。当离心机吊篮不再碰撞不平衡开关时，报警灯熄灭，打开盖子重新铺匀负载，关盖，重新开始循环。

（4）洗涤过程中，无论何时按压电机停车按钮，离心机都会停车，随后洗涤循环必须用手动操作才能完成。

5.11.2　废丝切断机系统

（1）所要切断的废丝种类：离心洗涤后的废丝、牵伸过的废丝、干丝束（通常直接送到废丝溶解槽）。

（2）在启动废丝输送风机前，先启动干燥机喂入风机。

（3）按下列步骤将废丝放到输送带上。

将纤维均匀地铺放在输送皮带上（厚约 16mm），在输送带上丝束层顶部与切断机给料辊上的金属保护层之间至少保持 12.7mm 厚（控制喂料速度使干燥机喂入机有合适的料位。若料位太高会使废丝输送机停车，料位太低则链板上不能铺满纤维，废丝得不到正常烘干）。

5.11.3　废丝干燥机系统

1. 开车操作

（1）启动干燥机排风机。检查确认已打开了干燥机进气/排气风门。打开疏水器的手动阀门、冷凝液支管的阀门，慢慢打开供汽阀。

（2）手动位慢慢打开两个区的温度控制器，直到温度达到工艺值，然后将控制器置于自动。

（3）启动两个废丝干燥机循环风机，启动废丝干燥机喂入机及废丝干燥机排风机，启动废丝干燥机链板电机和废丝干燥机喂入机电机。

（4）将废丝小车放在干燥机出料口的位置。用空废丝小车替换已装满的小车，并把装满的小车推向磅秤称重，记录净重。

（5）若废丝切断机只用来切断干丝束，干丝束开始送入切断机后 10min，把两区温度控制器温度调至 0℃。一旦湿废丝再喂入切断机，立即把温度控制器调至正常。当班结束后，清洁进/排气滤网及烘干机外部，并清扫地面。

2. 停车操作

当废丝全部输送烘干后，停干燥机喂入机电机。将两个区的温度控制器置于“手动”位，并关闭，关闭干燥机加热器供汽线上的手动阀，全开排气风门。当干燥机的两区温度下降到（30±5）℃，停两个废丝干燥机循环风机和干燥机喂入风机。

3. 废丝干燥机的清扫

为了消除事故隐患，保证设备安全运行，每 7 天清扫一次烘干机。废丝干燥系统的清扫内容：用钢刷刷去加热器散热片滤网的纤维屑及油污、清理排风机入口滤网、链板夹层间的纤维屑、出料冷却区的堆积飞毛、链纶缠毛、循环风机联接轴上缠毛和设备外区域卫生，对温度探头表面擦洗。同时清扫喂入部分的凝棉装置排风滤网、各传动链缠毛。

第 6 章　工艺控制方法及联锁

6.1　湿法工艺的主要控制系统

在腈纶聚合装置生产过程中，工艺控制方法及联锁是保证工艺参数正确执行和产品质量达到指标要求及当发生故障时减少损失的重要手段。不同的腈纶聚合工艺技术其工艺控制方法及联锁方式存在较大的区别。

湿法工艺的主要控制系统按生产工序可以分为化工配料工序、聚合工序、原液工序等。

6.1.1　化工配料工序

在化工料配制过程中，各配制溶液为了达到聚合装置生产所需要的工艺要求，以确保聚合生产的产品达到质量指标，在各化工料的配制过程中都有各自不同的工艺控制项目。

1. 化工料配制工艺控制项目

该工艺控制项目主要涉及连续生产所需要的各化工料的调配槽液位、供料槽液位、调配浓度和某些溶液的温度。

2. 控制方法

化工料调配工序的控制方法包括液位控制方法、温度控制方法和浓度控制方法等。

(1) 调配槽液位控制。在化工料调配时，在 DCS 控制画面上将调配槽液位传送状态切换至调配混合状态，根据化工料调配工艺要求，在批量设定流量计上分别设定每次调配所需要的脱盐水量和高浓度的化工料量或称取固体化工料量，按调配操作顺序，在化工料调配槽中配制一定液位的合格化工料溶液，再将调配槽液位调配混合状态切换至传送状态，当多次传送后，调配槽液位下降到工艺规定需要重新调配的液位时，在 DCS 控制画面上将调配槽液位传送状态切换至调配混合状态，然后调配。

(2) 供料槽液位控制。液位检测仪每隔一定时间(如 10s、30s 等)测量一次供料槽液位，并将检测到的数据与设定值进行比较，当检测到供料槽液位低于工艺值，同时调配槽处于传送状态时，仪表控制系统自动将调配槽至供料槽之间的气缸阀打开，将调配好的合格化工料溶液传送到供料槽，当检测和比较供料槽液位高工艺值时，仪表控制系统自动将调配槽至供料槽之间的气缸阀关闭，停止向供料槽供料。

(3) 温度控制。对某些有温度要求的化工料调配溶液，其调配槽与供料槽的温度控制分为两类，一类是没有温度自动控制系统只有保温系统的温度控制，平时主要依靠槽外或槽内安装的保温系统进行保温，在冬天操作人员根据温度检测仪测量到的温度情况，用热水调配来保证调配槽与供料槽的温度要求。另一类是有温度自动控制系统的温度控制，安装在槽中的温度检测仪每隔一定时间(如 10s、30s 等)测量一次槽中溶液的温度，将检测到的数据与设定好的槽内溶液温度工艺控制指标相比较，当检测到槽溶液温度低于工艺控制的指标，仪表控制系统自动调节温度控制调节阀的开度，从而达到温度受控于工艺控制指标的目的。

(4) 浓度控制。化工料调配时的浓度控制是根据工艺制定的调配参数进行配制的，当调配浓度偏离工艺值时，按照浓度调正的方法进行调整。

3. 联锁控制

在化工料调配工序中有两类联锁控制方法，一类是调配量联锁控制，在批量设定流量计上人工设定一定的调配量，在按下批量设定流量计的启动按钮时，批量设定流量计发出信号使安装于流量计后的气缸阀自动打开，开始以一定的流量通过流量计，同时流量计进行计量(加入量累积递加，设定量累积递减)，当设定量递减到零(加入量累积递加到设定量)时，批量设定流量计发出信号使气缸阀自动关闭。另一类是液位联锁控制，当安装在槽中的液位检测仪检测到槽中液位低于设定好的液位工艺控制规范时，液位自动联锁控制系统发出信号使供料气缸阀自动打开，向供料槽供调配好的化工料溶液；当液位检测仪检测到槽中液位高于设定好的液位工艺控制规范时，液位自动联锁控制系统发出信号使供料气缸阀自动关闭，停止向供料槽供料。

6.1.2 聚合工序

6.1.2.1 湿法一步法聚合工序

1. 湿法一步法聚合工序的主要工艺控制项目

该工序的工艺控制项目主要涉及连续聚合生产所需要的各液位、温度、流量和压力等工艺参数。

2. 工艺控制方法

湿法一步法聚合工序的工艺控制方法包括液位控制方法、温度控制方法、密度与流量控制方法和压力控制方法等。

(1) 液位控制：

① 硫氰酸钠匀温槽液位。匀温槽液位控制由液位自动控制系统实施，安装在匀温槽下部的差压变送器测得液位后，将其信号送到液位自动控制系统上进行显示，并与设定值比较运算后，发出指令信号给安装在匀温槽硫氰酸钠进口管道上的气动薄膜调节阀，通过调节此阀的启闭大小，控制进入匀温槽的硫氰酸钠流量，来保证匀温槽液位受控在工艺范围内。

② 第三单体储槽液位。安装在第三单体储槽下部的差压变送器测得液位后，将其液位信号送到 DCS 自控室显示。根据液位显示值与工艺控制要求决定是否调配输送来保证第三单体储槽的液位。

③ 反应试剂混合槽液位。安装在反应试剂混合槽下部的法兰式差压变送器测得液位信号并送到 DCS 自控室，反应试剂混合槽液位的控制极其重要，但不能直接调节控制，只能通过调节系统物料平衡，使反应试剂混合槽液位控制在工艺范围内。

④ 第一、第二脱单塔液位控制。安装在第一、第二脱单塔底部的差压变送器测得液位信号送到自控室的第一、第二脱单塔液位自动控制系统上进行显示，并与设定值比较运算后，输出指令信号给第一、第二脱单塔抽出泵变频控制器，调节泵输出值大小达到第一、第二脱单塔液位的控制。

(2) 温度控制：

① 硫氰酸钠溶液温度。按工艺要求，硫氰酸钠溶液温度应控制在一定的工艺值，由化动车间对硫氰酸钠溶液温度进行控制，在腈纶聚合装置，只对硫氰酸钠溶液温度监视显示，若温度偏离工艺值，自控室操作人员通知调度员，由化动车间进行调节控制。

② 反应试剂混合槽中的混合液温度。按装置在反应试剂混合槽的温度测点测得混合液温度数据后，由温度变送器将信号传送到自控室显示仪上进行显示。自控室操作人员根据温度显示来间接调整反应试剂混合槽中的混合液温度至工艺范围内。

③ 回用单体冷却器出口混合液的温度。安装在回用单体冷却器出口混合液管道上的温度变送器，测得管道内混合液温度后，将信号传送到自控室温度自动控制系统进行显示，并与设定值比较运算后，输出指令信号给装在回用单体冷却器 1℃冷冻水进口管道上的气动薄膜调节阀，通过调节阀的启闭大小来调节 1℃冷冻水的流量，使回用单体冷却器出口混合液温度控制在工艺范围内。

④ 聚合釜反应温度。聚合釜反应温度串级控制通过调节聚合釜夹套温度和进料温度，进而控制聚合釜内温度的恒定。当安装在聚合釜底的温度测点测得聚合釜内温度，温度变送器将温度数据信号传送到聚合釜反应温度自动控制系统或聚合釜釜顶温度自动控制系统进行显示，并与设定值比较运算，自动控制系统输出指令信号给转化率控制器的 1℃冷冻水进口管上的气动薄膜调节阀和夹套水循环泵进口脱盐水管上的气动薄膜调节阀，增大阀门的开度，使进料温度和夹套水温度下降，从而控制聚合釜反应温度与设定值相符。相反，当温度小于设定值时，又会输出指令信号给转化率控制器的 60℃水进口管上的气动薄膜调节阀和夹套低压蒸汽管上的气动薄膜调节阀，使其阀门开启度增大，通过升高进料温度和夹套水温度来控制聚合釜内的温度与设定值完全相符。在内温串激控制趋势图中，内温应是一条直线，而进料温度和夹套水温度允许有波动。

（3）密度、流量控制：

① 反应试剂混合槽内混合液密度。安装在喷淋冷凝器进口到反应试剂混合槽管道进口中间的密度测量变送器，测得混合液密度，并将信号传送到自控室显示记录。DCS 操作人员再根据显示密度进行间接控制。

② 补充料四配比流量计流量。硫氰酸钠、丙烯酸甲酯、丙烯腈、甲基丙烯磺酸钠四种料液分别送到四配比流量计平台处的质量流量计进行计量并将信号送到 DCS 自控室各自的自动控制系统上进行显示，与设定值比较运算后，输出指令信号给装在质量流量计前面的气动薄膜调节阀，调节此阀启闭大小，控制各组料液流量以符合其设定值。

③ 单体冷凝器中的混合液喷淋量。安装在回用单体冷却器至单体冷凝器之间管道上的孔板流量计对喷淋流量进行测量，并由双平法兰变送器将信号送到自控室记录仪进行打点记录。DCS 操作人员根据混合液喷淋量的记录情况，通知现场人员进行流量调整。

④ 聚合釜进料量。由调节仪根据设定值进行运算比较，输出指令信号给电磁屏站的控制器，由控制器改变电流频率，从而调节电机和聚合釜反应试剂混合液给料泵的转速，控制聚合釜进料量符合设定值。

（4）压力控制：

① 聚合釜出口压力。压力变送器测得聚合釜的原液出口压力，并将信号传送到自控室压力自动控制系统调节仪上显示，经运算比较后，输出指令信号给装在第一脱单塔原液进口管道上的气动薄膜调节阀，改变阀门的开度，调节原液的出料流量，控制聚合釜出口压力在工艺范围内。

② 单体冷凝器绝压。安装在单体冷凝器顶部的绝压变送器，测出单体冷凝器内的绝对压力，并将信号传送到自控室绝压自动控制系统调节仪上显示，由调节仪将测量值与设定值运算比较后，输出指令信号给安装在单体冷凝器旁边的气动薄膜调节阀，改变此阀启闭的大小，调节吸入的气体流量，控制绝压在工艺范围内。

3. 聚合釜反应温度联锁控制

聚合釜内温设有安全仪表系统即 SIS 系统。在 DCS 室 SIS 系统控制面板上有每台聚合釜对应的聚合釜温度高高报警显示按钮、联锁开关(聚合釜紧急联锁停车)按钮、复位按钮，在控制面板最下方为报警确认按钮、报警复位按钮、报警灯测试按钮、报警蜂鸣器按钮。

聚合釜内温达到SIS系统联锁设定值(现设定为95℃)时，SIS系统同时自动执行如下操作：混合液进料泵自动停止运行，混合液泵出口的切断阀自动关闭；溶剂管线上的切断阀打开，自动向聚合釜中充入NaSCN；聚合循环夹套水加热低压蒸汽阀自动关闭；转化率控制器热水阀自动关闭。当聚合釜内温从高报值下降至设定值时，溶剂进料阀自动关闭，停止向聚合釜充入NaSCN。DCS人员可以复位操作，按一下复位开关复位，进行正常控制操作。

6.1.2.2 湿法二步法聚合工序

1. 湿法二步法聚合工序的主要工艺控制项目

该工序的工艺控制项目主要涉及连续聚合生产所需要的各液位、温度、流量、pH值和压力等工艺参数。

2. 控制方法

(1) 液位控制：

① 液位自动控制系统。安装在釜、槽、塔等底部的差压式液位变送器测得液位，变送器将信号传送到液位自动控制系统上进行显示，并与液位自动控制系统的设定值比较运算后，输出指令信号到釜、槽、塔等出口管道上的气动薄膜调节阀，通过改变此阀启闭大小，调节抽出泵输送的淤浆流量，将釜、槽、塔等液位控制在工艺范围内。

② 液位手动控制系统。安装在储槽底部的差压式液位变送器测得储槽液位，变送器将信号传送到DCS控制画面上进行显示，DCS控制人员根据液位显示情况，通知现场调节转速或出口阀门来控制储槽液位。

(2) 温度控制：

① 聚合釜反应温度。二步法针对丙烯腈聚合的放热反应，采用调节聚合釜夹套内的循环水中送入20℃左右的冷却脱盐水流量，来带走热量。当聚合釜开车升温时，采用在聚合釜夹套内的循环水中送入蒸汽来提供热量。即聚合釜反应温度控制回路中，采取以釜内温度为主参数，DCS系统通过调节进入循环水的20℃左右的冷却水流量使聚合反应温度稳定于设定值。整个聚合釜反应温度控制系统要比溶液聚合先进、简便。

② 温度自动控制系统。在DCS控制画面上，用温度控制系统设定进参数至工艺值，通过安装的温度测点测得温度，变送器将信号传送到DCS的显示仪上进行显示，与设定值比较运算后，输出指令信号到现场的气动薄膜调节阀，通过改变此阀启闭大小，调节热水(或蒸汽)流量来控制温度达到工艺设定值。

③温度手动控制系统。安装的温度测点测得温度，变送器将信号传送到DCS上进行显示，根据温度显示值，DCS操作人员调节热水(或蒸汽)的流量设定值，控制系统自动调节现场的气动薄膜调节阀，通过改变此阀启闭大小，从而使温度控制在工艺范围内。

(3) 流量控制：

① 聚合釜进料流量。二步法进聚合釜有八种物料，分别是丙烯腈、丙烯酸甲酯、甲基丙烯磺酸钠、回用单体、氯酸钠、焦亚硫酸钠(含氯化亚铁)、β-羟基乙硫醇、脱盐水，分成四股物流同时进入聚合釜，第一股物流是混合单体，第二股物流是甲基丙烯磺酸钠和焦亚硫酸钠，第三股物流是氯酸钠，第四股物流是β-羟基乙醇和脱盐水，各物料均由各自的流量控制系统设定流量参数至工艺值，安装在进料流量管道上的质量流量计检测到流量信号后，传送到各自的自动控制系统上进行显示，与设定值比较运算后，输出指令信号至安装在

质量流量计后面的气动薄膜调节阀，通过改变此阀启闭大小，调节进入聚合釜的各种物料流量，即采用多配比定值控制回路按比例精确控制各物料的进料流量。

② 流量自动控制系统。在 DCS 控制画面上，用流量控制系统设定流量参数至工艺值，由安装在管道上的流量计检测流量数据经变送器传送到定值控制回路系统，与设定值比较运算后，输出指令信号至安装在流量计后面的气动薄膜调节阀，通过改变此阀启闭大小，调节流量至工艺值。

（4）pH 值控制：

① 终止釜 pH 值。由安装在 pH 测量桶内的 pH 计检测淤浆的 pH 值数据经变送器传送到 DCS 的终止釜 pH 控制系统进行显示，与设定值比较运算后，输出指令信号至安装在氢氧化钠溶液管道上的气动薄膜调节阀，通过改变此阀启闭大小，调节进聚合釜溢流管的氢氧化钠溶液流量，从而使终止釜 pH 值控制在工艺值。

② 回用单体 pH 值。由安装在密封槽至回用单体储槽管道上的 pH 计检测回用单体的 pH 值，变送器将检测数据传送到 DCS 的回用单体 pH 显示仪上进行显示，DCS 操作人员根据 pH 显示值，通知现场调节脱单系统的液氨加入量，从而使回用单体 pH 值控制在工艺范围之内。

（5）压力控制：

压力控制包括聚合釜进料循环压力、水洗系统鼓风压力、脱单塔真空度、水洗机真空度等压力控制系统。

变送器将检测数据传送到 DCS 的压力控制系统进行显示，与设定值比较运算后，输出指令信号至安装在各进料回流支管上的气动薄膜调节阀，通过改变此阀启闭大小，调节支管回流量(或压力空气吸入量)，从而使压力控制在工艺值。

3. 联锁控制

聚合釜从保护设备，安全操作和避免产成不合格聚合物考虑，设置了安全仪表系统(SIS 系统)。下面主要以安庆石化腈纶厂聚合釜 SIS 系统来说明。

（1）聚合釜四路进料(混合单体、氧化剂、还原剂、脱盐水及第三单体)流量计前安装有紧急切断阀，在正常工作状态下处于开启状态。应急水管线上也安装有紧急切断阀，在正常工作状态处于切断状态。从生产安全考虑严禁将 SIS 系统切在旁路。

（2）SIS 系统在以下情况下会自动启动：

① 当混合单体、氧化剂、还原剂三路进料中任何一路流量偏离设定值，相应的流量调节器的触点将合上，并触发相应的继电器发出警报，相应的计时器启动，若在 5min 内流量未能恢复正常，计时器触发，切断各路进料流量。如需恢复正常生产状态，在确认聚合釜具体状况后将联锁控制开关切换到旁路，恢复生产后必须投用联锁。

② 聚合釜温度过高。聚合釜温度调节器的触点在 65℃时会触发，发生警报，切断混单、氧化剂、还原剂进料，计时器启动。若温度继续上升，达到 69℃则第二个触点触发，应急水切断阀打开对聚合釜快速冷却。当预定的时间达到时，骤冷水停止。如果在预定的时间内，反应温度未能降到 69℃以下，温度控制的计时骤冷时间将继续延长到温度降到 69℃以下为止。温度低于 69℃联锁才可以复位。关于聚合釜高温设置各腈纶厂有所不同，上海石化腈纶厂在聚合釜内温达到 80℃时，SIS 系统才启动。

③ 搅拌器故障。当搅拌器出现故障或按下停运按钮而马达停运时，聚合釜进料将停止，1min 计时器触点合上，启动计时器。若在 1min 内，搅拌器重新启动，进料将恢复。若未能

恢复将触发应急水切断阀打开，对聚合釜进行骤冷。

④ 冷冻水量偏低。当冷冻水流量为正常值的 1/4 时，将触发联锁，停混合单体、氧化剂、还原剂进料。

（3）其他紧急状态处置。现场设置了一个紧急停车骤冷键可供操作者在紧急反应条件下停止聚合釜进料。该键按下后，应急水切断阀打开对聚合釜进行快速冷却。

6.1.3 原液配制工序

6.1.3.1 湿法一步法原液配制工序

1. 湿法一步法原液配制工序的主要工艺控制项目

该工序的工艺控制项目主要涉及原液配制连续生产所需要的各液位、温度、流量和压力等工艺参数。

2. 控制方法

（1）液位控制：

① 原液混合槽液位。安装在原液混合槽下部的差压变送器测出液位信号传送到自控室记录，根据液位显示情况，由调度员通过平衡纺丝生产负荷和调节聚合补充料总流量来控制原液混合槽液位在工艺范围之内。

② 脱泡液封桶液位。由安装在脱泡液封桶下半部的电动液位变送器测得液位信号传送到自控室液位控制系统的调节器上，与设定值运算比较后，输出指令信号(变频调速信号)给脱泡进料泵的调速机，通过调节泵的转速实现脱泡液封桶的液位控制在工艺范围内。

（2）温度控制：

① 脱泡塔进出口原液温度。安装在脱泡塔进出口物管上的温度变送器测得脱泡塔进出口物料管内的原液温度，并将信号传送到自控室显示。自控室根据温度显示值通知现场进行间接调节，从而使脱泡塔进出口原液温度控制在工艺范围之内。

② 原液冷热交换器出口温度。安装的温度变送器测得原液冷热交换器出口物料管内原液的温度，并将信号传送到自控室显示，与设定值进行比较运算，输出信号给安装在进入原液冷热交换器的 7℃冷冻水管道上的气动薄膜调节阀，或原液冷热交换器的热水进口管上的气动薄膜调节阀(一般在夏季用 7℃冷冻水对原液进行冷却，在冬季使用热水对原液进行加热)，通过改变调节阀的启闭大小，调节 7℃冷冻水或热水的热量，达到控制冷热交换器出口物料管内原液温度在工艺范围内。

（3）流量控制：

① 供纺原液流量。安装在纺前原液静态混合器出口原液管道上的电磁流量计对原液管道内的原液流量进行计量，并将信号传送到自控室的显示仪上显示。DCS 根据流量显示值的变化通知现场操作人员进行检查捉漏。

② 消光液流量。由调节仪根据供纺原液流量和配比设定值(原液、消光液二配比)进行运算比较，输出指令信号给电磁流量计前的气动薄膜调节阀，调节阀门开度，控制消光液按工艺要求的比例加入纺前原液静态混合器。

（4）压力控制：

① 脱泡塔绝压。由调节仪将测量值与设定值运算比较后，输出信号给脱泡塔不凝气体抽出管旁的气动薄膜调节阀，改变此阀启闭大小，调节放入的空气流量，控制绝压在工艺范围内。

② 消光液输送加入压力。由调节仪把测量值与设定值运算比较后，输出指令信号给回

流管上的气动薄膜调节阀，改变阀门的启闭大小，调节消光液回流量，使消光液输送压力控制在工艺范围内，保证消光液顺利地加入纺前原液静态混合器中。

③ 纺前原液静态混合器原液进入压力。由调节仪把测量值与设定值运算比较后，输出指令信号给脱泡抽出泵的同步调速器，改变脱泡抽出泵的转速，调节送出原液的流量，使原液进入纺前原液静态混合器的压力控制在工艺范围内。

④ 原液冷热交换器出口压力。由调节仪把测量值与设定值运算比较后，输出指令信号给同步调速器，改变消光原液泵的转速，调节送出原液的流量，使原液冷热交换器出口控制在工艺范围内。

⑤ 供纺压力控制。由调节仪把测量值运算比较后，输出指令信号给同步调速器，调节原液过滤泵的转速与控制供纺压力在工艺范围内。

6.1.3.2 湿法二步法原液配制工序

1. 湿法二步法原液配制工序的主要工艺控制项目

该工序的工艺控制项目主要涉及原液配制连续生产所需要的各液位、温度、流量和压力等工艺参数。

2. 控制方法

（1）液位控制：

① 溶剂储槽液位。液位变送器将信号传送到DCS控制画面中的液位显示仪上进行显示，与设定值运算比较，若液位高于高报的设定值，则液位开关输出指令信号给化动车间的溶剂供料泵，将供料泵自动关闭；若液位低于低报的设定值，则通知化动车间开启溶剂供料泵。

② 原液供料槽液位。在DCS控制画面上，用原液供料槽液位控制系统设定液位高低报控制参数至工艺值，由差压式液位计测得原液供料槽液位，液位变送器将信号传送到DCS控制画面中的液位显示仪上进行显示，与设定值运算比较，若液位低于低报的设定值，且原液供料槽与溶解机切换至串级联锁状态时，则输出指令信号给进溶解机的淤浆流量控制系统，提高淤浆流量来增大溶解机的溶解量，从而提高原液供料槽液位；若液位高于高报的设定值，输出指令信号给进溶解机的淤浆流量控制系统，降低淤浆流量来减少溶解机的溶解量，从而降低原液供料槽液位。如果原液供料槽与溶解机没有采用串级联锁时，则DCS操作人员根据原液供料槽的液位情况，手动调节进溶解机的淤浆流量来调整溶解机的溶解量，以此来控制原液供料槽的液位。

③ 供纺原液槽液位。在DCS控制画面上，用供纺原液槽液位控制系统设定液位控制参数至工艺值，由安装在供纺原液槽底部的差压式液位变送器测得供纺原液槽液位，变送器将信号传送到液位自动控制系统上进行显示，并与液位自动控制系统的设定值比较运算后，输出指令信号(变频调速信号)给脱泡塔供料泵的调速机，通过调节泵的转速来增加或减少进脱泡塔的原液量，再由脱泡塔液位控制系统来提高或降低脱泡塔抽出泵的转速，从而达到供纺原液槽液位控制在工艺范围内。

④ 废浆槽液位。由安装在废浆槽底部的差压式液位计测得废浆槽液位，变送器将信号传送到DCS液位显示仪上进行显示，DCS操作人员根据液位情况和废浆掺和使用量，通知现场操作人员调节废浆槽抽出泵的转速刻度，当废浆槽液位达到设定的低报值时，MCC发出指令使废浆槽抽出泵自动关闭，避免废浆槽因液位偏低而损坏搅拌器。

（2）温度控制。温度控制包括溶剂加热器出口温度、脱泡塔原液进料温度、脱泡塔温差、原液加热器出口温度、废丝溶解温度、废浆加热器出口温度、原液热水槽温度、脱泡真空泵密封水冷却温度等控制系统。

① 温度自动控制系统。溶剂加热器出口温度、脱泡塔原液进料温度、脱泡塔温差、原液加热器出口温度、废丝溶解温度、废浆加热器出口温度、原液热水槽温度、脱泡真空泵密封水冷却温度等采用温度自动控制系统。具体控制方法是：在 DCS 控制画面上，用温度控制系统设定温度控制参数至工艺值，由安装的温度测点测得温度，变送器将信号传送到温度自动控制系统上进行显示，与设定值比较运算后，输出指令信号到现场上的气动薄膜调节阀，通过改变此阀启闭大小，调节进入交换器的热水(或蒸汽)流量，将温度控制在工艺范围内。

② 脱泡塔温差。由安装在脱泡塔原液加热器原液出口管道上的温度测点测得原液加热器出口管内的原液温度作为脱泡塔顶温度，安装在脱泡塔下部的温度测点测得原液温度作为脱泡塔底温度，变送器将这两个信号传送到温差自动控制系统上进行显示，与温差设定值比较运算后，输出指令信号到真空管线上的气动薄膜调节阀，通过改变此阀启闭大小，调节脱泡塔真空的抽出量，从而使脱泡塔温差控制在工艺范围内。

(3) 流量控制。包括淤浆进溶解机流量、脱泡循环水流量、消光剂加入量等流量控制系统。在 DCS 控制画面上，根据储槽液位(或供纺情况)在流量控制系统上用手动设定(或串级自动设定)流量参数至工艺值(硫氰酸钠溶液、焦亚硫酸钠溶液进溶解机流量是根据淤浆进入溶解机的流量而设定)，由安装在管道上的流量计检测流量数据经变送器传送到定值控制回路系统，与设定值比较运算后，输出指令信号至安装在流量计后面的气动薄膜调节阀，通过改变此阀启闭大小，调节流量至工艺值。

(4) 压力控制：

① 焦亚硫酸钠供料泵出口压力。变送器将检测数据传送到 DCS 的压力控制系统进行显示，与设定值比较运算后，输出指令信号至安装在供料泵回流支管上的气动薄膜调节阀，通过改变此阀启闭大小，调节焦亚硫酸钠进料循环的压力，从而使焦亚硫酸钠供料泵出口压力控制在工艺值。

② 淤浆进溶解机压力。变送器将检测数据传送到 DCS 的压力开关低报控制系统进行显示，现场操作人员通过调节淤浆总管上的回流阀门开度来控制淤浆进溶解机的压力。

③ 溶解机出口压力。变送器将检测数据传送到 DCS 的压力控制系统进行显示，与设定值比较运算后，输出指令信号至安装在溶解机出口上的气动薄膜调节阀，通过改变此阀启闭大小，调节溶解机出口的压力，从而使溶解机出口压力控制在工艺值。

④ 原液供纺压力。变送器将检测数据传送到 DCS 的压力控制系统进行显示，与设定值比较运算后，输出指令信号至安装在原液供纺泵出口回流支管上的气动薄膜调节阀，通过改变此阀启闭大小，调节原液供纺的压力，从而使原液供纺压力控制在工艺值。当压力调节量超出气动薄膜调节阀调节的范围时，则通过手动调节原液供纺泵转速来控制原液供纺压力(如在纺丝开停车或增减纺位等)。

⑤ 有变频器的原液供纺压力。变送器将检测数据传送到 DCS 的压力控制系统进行显示，与设定值比较运算后，输出指令信号通过原液供纺泵的变频器，用改变频率的方式来改变驱动电机的转数，调节原液供纺的压力，从而使原液供纺压力控制在工艺值。

3. 联锁控制

溶解机淤浆进料气缸切断阀联锁。为了确保原液溶解质量，在二步法溶解机系统中安装了溶解机淤浆进料气缸切断阀联锁装置，当发生淤浆进料压力低于一定的压力、硫氰酸钠进料流量低于一定的流量、溶解机电机突然自停这三种情况之一时，溶解机淤浆进料气缸切断阀立即关闭，淤浆停止进入溶解机系统。

6.2 干法工艺的主要控制系统

干法腈纶聚合工艺的主要控制系统，按生产工序可以分为化工配料工序、聚合工序、原液工序等。

6.2.1 化工配料工序

1. 化工料配制工艺控制项目

化工料配制工艺控制项目主要涉及化工料配制所需要的温度、流量、液位和浓度等。

2. 控制方法

化工料调配工序的控制方法包括液位控制方法、温度控制方法和流量控制方法等。

(1) 温度控制。变送器将测得的脱盐水温度数据信号传送到温度自动控制系统上进行显示，与设定值比较运算后，输出指令信号到热交换器加热或冷却的气动薄膜调节阀，通过改变这两个阀门启闭大小，调节进入热交换器的蒸汽或冷却水流量，从而使化工料调配所用的脱盐水温度控制在工艺范围内。

(2) 流量控制。调配所需要的脱盐水水量是通过流量控制来进行计量，在计量控制系统上设定所需要的脱盐水水量，调配时脱盐水经自动计量送至试剂调配槽中，当水量达到设定值时阀门自动关闭。

(3) 液位控制。变送器将测得的液位信号传送到液位自动控制系统上进行显示，与设定值比较运算后，输出指令信号到调配槽与供料槽之间的气动阀门，通过自动启闭此阀门，从而使各供料槽液位控制在工艺范围内。

3. 联锁控制

(1) 温度联锁。通过温度检测来自动调节热交换器加热介质或冷却介质的气动薄膜调节阀开度，达到温度联锁(如脱盐水的温度联锁)。同时当停脱盐水时，热交换器的蒸汽和冷却水自控阀自动关闭。

(2) 流量联锁。在流量计上设定一定的调配量，并按流量计的启动按钮时，流量计发出信号使安装于流量计后的气缸阀自动打开，开始以一定的流量通过流量计，当设定量递减到零(加入量累积递加到设定量)时，流量计发出信号使气缸阀自动关闭。

(3) 液位联锁控制。当安装在槽中的液位检测仪检测到槽中液位低于设定好的液位工艺值时，液位自动联锁控制系统发信号使供料气缸阀自动打开，向供料槽供调配好的化工料溶液；当液位检测仪检测到槽中液位高于设定好的液位工艺控制规范时，液位自动联锁控制系统发信号使供料气缸阀自动关闭，停止向供料槽供料。

6.2.2 聚合工序

聚合工序的主要工艺控制方法及联锁包括：聚合釜系统的控制、过滤系统的控制、干燥系统的控制及各种联锁控制等。

1. 聚合釜系统的控制

(1) 温度控制。在聚合釜系统的温度控制中包括聚合釜进料温度控制和聚合釜反应温度控制。

① 聚合釜进料温度。在 DCS 控制画面上，用温度控制系统设定混合单体、SSS 溶液和

SO_2等设定进料温度控制参数至工艺值，由安装在各进料管道上的各温度测点测得温度数据，变送器将信号传送到温度自动控制系统上进行显示，与设定值比较运算后，输出指令信号到各热交换器的调节阀，通过调节各自的冷冻水量来进行自动温度的控制。

② 聚合釜反应温度。通过调节夹套冷冻水量来实现聚合釜反应温度串级自动控制。

（2）聚合釜工艺条件控制。聚合釜搅拌速度通过液压驱动装置上的手轮调节；聚合釜O_2含量，应保持在2.5%以下，是通过手动调节进釜的N_2流量来控制的。活化剂pH值是通过调节进活化塔的SO_2流量来实现的。物料流量控制均由DCS的控制器自动控制，并用精密玻璃转子流量计作为二级计量。

（3）聚合物特性黏度采用“控制图”法进行控制。聚合釜开车后，把符合聚合质量要求的第一个试样分析结果作为动态平均值的起始点，标在控制图上，然后，运用动态值（即最新获得的分析结果与上一点数据平均值），把该值标到控制图上。在控制图上可明确显示各点数据是否在工艺规定范围内，若连续两次在同一方向上越限，就需要调整（对聚合釜的调整，不能频繁进行，两次调整的间隔必须大于4h，同时，两次矫正之间，至少每4h就取一次样，做全分析）。

2. 过滤系统的控制

（1）真空度控制。由调节自动阀门来控制真空度（调节真空度应同时调整反吹压力及去淋洗塔的气体流量，提高真空度就能降低滤饼的含水量。降低真空度就能增加滤饼的含水量）。

（2）反吹压力控制。反吹压力应保持在足以使滤饼顺利下落的最低值，过大会损坏滤布，反吹压力是通过反吹旁路上的手动阀来调节的。

（3）洗涤水流量。变送器将信号传送到流量自动控制系统上进行显示，与设定值比较运算后，输出指令信号到安装在流量计后的气动薄膜调节阀，调节阀门来控制洗涤水流量。

（4）滤饼含水量。二道过滤滤饼含水量通过真空度变化来调整。提高真空度，就能降低滤饼的含水量，转鼓内真空度必须调节到能保证聚合物良好挤出成条的最低限度，如果面条太湿，则在规定范围内慢慢提高真空度，直至获得满意的含水量。降低真空度，就可增加滤饼的含水量，如果滤饼含水量太低就易碎裂，应在范围内慢慢降低真空度，直至获得满意的含水量。

（5）洗涤水温度。通过调节进加热器的蒸汽量来控制洗涤水温度。洗涤水温度过高，滤饼易裂，“面条”易碎，水温过低，则难以除去滤饼中的水分。

（6）二道过滤滤液及过滤机浆料斗液位。过滤机浆料斗液位由控制器调节进浆料斗的二道滤液量来控制。

3. 干燥机系统的控制

变送器将测得的各区温度信号传送到各自的温度自动控制系统上进行显示，与设定值比较运算后，输出指令信号到安装在各区蒸汽管道上的气动薄膜调节阀，通过调节进各区的蒸汽量来控制干燥机各区温度。

4. 联锁控制

（1）聚合釜温度联锁。聚合釜正常运行时出现温度超高（63℃），将自动关闭进聚合釜的混合单体进料阀。如果该温度超过65℃，控制位于装置四楼高位水槽中的水的紧急阀将自动打开，放入聚合釜中，降低釜温，防止聚合釜内发生暴聚，导致釜内温度急剧上升而引起爆炸的危险。

（2）干燥机温度联锁。干燥机任何一区温度达到145℃将出现：消防水自动喷淋装置启动；各区蒸汽进气阀自动关闭；各区循环风机停止；30s后停干燥机排风机；干燥机螺旋出料器停止。防止聚合物因高温引起火灾。

（3）流量联锁。进聚合釜的脱盐水流量或引发剂流量低于联锁值，将关闭进聚合釜的混合单体阀。防止聚合釜内物料浓度发生大的变化，导致聚合物质量无法保证。

（4）液位控制联锁。一道过滤供给槽液位达到高限联锁值，将关闭除脱盐水以外的所有进聚合釜的物料。防止因液位过高堵塞溢流管，阻碍聚合釜的出料。

6.2.3 原液工序

原液工序的主要工艺控制方法及联锁包括：聚合物流量的控制、溶剂DMAc流量的控制、溶剂DMAc温度的控制及各种联锁控制等。

1. 工艺控制

聚合物流量、溶剂DMAc流量和溶剂DMAc温度，均采用自动控制系统。即通过调节自动控制阀门的开度来控制这些工艺参数。

2. 联锁控制

（1）质量流量计的氧含量联锁：当质量流量计氧含量超过8%时，联锁停马可混合机系统，主要是防止粉尘爆炸。

（2）马可混合机进料联锁：马可混合机停则停所有进料，防止DMAc、聚合物等物料溢出或堵塞设备。

第 7 章　故障处理和应急预案

为了保证腈纶聚合装置的安、稳、长、满、优生产运行，本章针对生产中所发生的各类常见故障和突然事故，分工序介绍原因分析、处理方法和应急预案，其中原因分析中的带括号的字母数字与处理方法中的带括号的字母数字是一一对应的。

7.1　化工配料工序常见故障处理和应急预案

在化工配料工序生产过程中，若发生各类常见故障时，要进行及时处理，以确保配料工作的顺利进行，保证聚合装置生产所需要的各种物料的供应。

7.1.1　化工配料工序常见故障处理

1. 调配槽搅拌器不转

当在化工料调配过程中，发生调配槽搅拌器不转时，应马上停止配料工作，对调配槽搅拌器不转的原因进行分析和处理，当故障解决后，恢复配料工作。

（1）原因分析：①机械轧死，负荷过大跳闸；②电机故障；③搅拌轴变形。

（2）处理方法：①通知保全工修理后，由电工复位；②通知电工修理；③因搅拌轴变形造成的调配槽搅拌器不转，要通知保全工修理。

2. 化工料调配时液位达不到工艺值

（1）原因分析：①批量设定流量计计量不准；②配料时传送阀没有关死；③化工料投料不准；④仪表液位显示不准。

（2）处理方法：①通知仪表工进行修复，校正；②对配料时传送阀没有关死，通知仪表工修复；③若是化工料投料不准，核对化工料投入量，进行补偿；④仪表液位显示不准，应通知仪表工处理。

7.1.2　化工配料工序应急预案

突然停电、停气、停水处理方法：停止配料，记录化工料的投入量和脱盐水加入量，配合 DCS 操作人员立即关闭各化工料传送阀，做好调配区域清洁工作，通知相关人员处理并向班组长、工艺组汇报。恢复正常后，按照工艺要求恢复配料。

7.2　聚合工序常见故障处理和应急预案

聚合工序根据工艺路线的不同，分为湿法聚合工序和干法聚合工序，它们的常见故障处理和应急预案有很大的区别，本章将分别介绍。

7.2.1　湿法聚合工序常见故障处理

7.2.1.1　湿法一步法聚合工序常见故障处理

1. 脱单后原液中残单偏高，硫氰酸钠浓度偏低

（1）原因分析：①脱单真空度低，真空显示有偏差；②反应转化率低；③进入二脱单的原液温度低。

（2）处理方法：先查看反应液组分，若硫氰酸钠浓度偏低，可适当增加其进料量。在进料正常情况下：①调整脱单真空度；②适当提高反应内温，增加引发剂加入量；③提高原液预热器温度。

2. 脱单后原液中残单偏高，硫氰酸钠浓度偏高

（1）原因分析：脱单条件过于剧烈，水分蒸发太多，或进料中硫氰酸钠含量太高。

（2）处理方法：先查看反应液组分，若硫氰酸钠浓度偏高，可适当减少其进料量。在进料正常情况下，适当降低原液预热器温度，降低脱单真空度。

3. 脱单后原液中残单正常，硫氰酸钠浓度偏高

（1）原因分析：①进料硫氰酸钠浓度偏高；②反应转化率低。

（2）处理方法：①调整硫氰酸钠进料流量；②调整引发剂加入量，适当提高反应釜内温。

4. 脱单后原液中残单正常，硫氰酸钠浓度偏低

（1）原因分析：①硫氰酸钠进料浓度偏低；②原液预热器温度偏低，残单蒸发后水分不能汽化。

（2）处理方法：①分析回收来的硫氰酸钠浓度，若偏低，通知调度员，调整硫氰酸钠进料量；②提高原液预热器温度。

5. 匀温槽液位波动

（1）原因分析：①自控阀失灵或阀门内漏；②压缩空气中断造成阀门全开或压缩空气夹水造成失灵；③液位变送器失灵；④停车后匀温槽进口阀未关（化动仍在送料）；⑤化工车间发生故障；⑥自控阀故障造成阀门打不开；⑦匀温槽硫氰酸钠出料量突然变大。

（2）处理方法：①关闭自控阀，通知仪表工修理；②关闭自控隔离阀；③通知仪表工修理；④通知化动车间停硫氰酸钠供料泵；⑤视故障情况做停车准备；⑥通知仪表工修理；⑦调整硫氰酸钠四配比流量。

6. 匀温槽高液位

（1）原因分析：①停车时四配比流量计已停，匀温槽进口阀未关，而化动车间的硫氰酸钠供料泵处于供料状态；②自控阀失灵或内漏；③压缩空气中断，没有及时关闭自控隔离阀。

（2）处理方法：①关闭自控阀，通知化动车间停硫氰酸钠供料泵；②关闭自控阀，通知仪表工修理；③关闭自控隔离阀。

7. 反应试剂混合槽液位异常波动

（1）原因分析：①放空管阻火器堵塞；②仪表信号故障；③回用单体循环泵系统故障；④四配比系统故障；⑤停车过充硫氰酸钠，反应试剂混合液供料泵进硫氰酸钠阀门未关；⑥放空管连接的废气输送单元压力波动。

（2）处理方法：①疏通放空管；②通知仪表工修理；③切换回用单体循环泵和过滤篮；④通知仪表工修理；⑤关闭反应试剂混合液供料泵进硫氰酸钠阀门；⑥消除废气输送单元的压力波动。

8. 反应试剂混合槽溢料

（1）原因分析：①反应试剂混合槽指示不准或失灵；②液位控制太高，喷淋循环系统突然停；③放空管受阻；④反应试剂混合液供料泵上的硫氰酸钠阀未关。

（2）处理方法：①联系仪表工修理；②严格控制液位在工艺范围内，开出喷淋循环系统；③疏通放空管；④关闭反应试剂混合液供料泵进口的硫氰酸钠阀门。

9. 反应试剂混合槽温度升高

(1) 原因分析：①喷淋液冷却器所用的1℃冷冻水温度高；②1℃冷冻水控制阀门故障；③脱单塔液位高，高温原液溢流到反应试剂混合液槽；④喷淋液冷却器热交换效果差；⑤化工料温度高；⑥回用单体冷凝器换热效果差。

(2) 处理方法：①立即与调度员联系，将冷冻水的温度降到1℃；②迅速联系仪表修理工修复1℃冷冻水的控制阀门；③采取相应的措施降低脱单塔液位，暂时降低脱单体的真空度，暂时提高试剂混合槽中硫氰酸钠的浓度；④以喷淋液流量和1℃冷冻水在喷淋液冷却器进出口温差是否下降到设定值以下来判断，措施是切换喷淋液冷却器备台；⑤立即与调度员联系，调整化工料温度；⑥切换回用单位冷凝器。

10. 反应试剂混合槽的组分混乱

(1) 原因分析：①化工车间来的硫氰酸钠浓度不合格；②硫氰酸钠中杂质多，过滤器受阻，反应试剂混合液槽内短时间硫氰酸钠含量低；③聚合釜反应不正常；④四配比控制系统失控；⑤原液加热器温度、喷淋冷却器真空过高或过低；⑥引发剂、浅色剂或分子量调节剂加入量不适合。

(2) 处理方法：①将硫氰酸钠质量情况汇报调度员，由调度员作出决定；②切换过滤器备台，及时调整好组分；③找出造成反应不正常的原因，注意控制好 AIBN 用量、内温和进料量，调整反应系统至正常，平衡组分；④联系仪表工检修，调整四配比控制系统；⑤调节原液加热器温度、喷淋冷却器真空度至正常范围内；⑥调节引发剂、浅色剂或分子量调节剂的加入量。

11. 反应试剂混合液供料泵高压

(1) 原因分析：①转化率控制器堵塞。②聚合釜出口到脱单塔连接管上压力调节阀设定压力太高或阀门通道上有结胶。③聚合反应过于激烈，使聚合物黏度太高。

(2) 处理方法：①临时走旁通维持生产，待清除堵塞物以后再恢复正常生产。②可降低节流设定压力。降压后若仍不能降低加料泵压力时，可打开旁通阀，暂时让原液由旁通阀通过(注意不能开得太大，造成聚合釜内原液过多被脱单体系统真空抽走，影响聚合釜内温)。若该法有效，可判断为调节阀通道堵塞，应关闭调节阀两侧隔离阀后，清理调节阀通道。③可充一定量的硫氰酸钠浓溶剂，稀释后降低黏度。

12. 聚合釜内温向下偏离

(1) 原因分析：①引发剂和浅色剂之间加料比大幅失调，偶氮二异丁腈量偏低或二氧化硫脲量太高，反应变差，放出聚合热低于正常值，造成内温上不去。②过高的进料量使聚合放出热量低于进料反应液所吸热量。③进料中单体浓度太低。④夹套水温度和进料温度处于较低值。⑤反应液内铁含量或有机杂质含量高，在自由基链式聚合时，链转移和链终止基团多，反应不易进行。⑥异丙醇浓度过高。异丙醇能调节聚合物的相对分子质量，当混合液中异丙醇浓度大于4%时，会明显影响聚合反应，使聚合反应速度减慢。⑦聚合釜出口到第一脱单塔的压力控制太低，原因是自控阀失控开得过大，或聚合釜出口旁通阀未关。此时脱单体系统的负压将聚合釜内未反应的单体抽走。由于聚合釜内单体浓度的降低，反应变差，放热减少，同时单体蒸发带走热量，使内温降得更低。

(2) 处理方法：①应及时调整它们的加入量。若引发剂已结块变质，应及时另换好料，使其保持流动性。②将进料流量减至设定值。③提高单体浓度至规定范围内。④应排除供汽故障，并检查60℃水加热系统，尽快提高夹套水温度和进料温度。⑤适当提高夹套温度和引发剂加入量，增加反应起始能量和自由基数量，使聚合反应正常进行，使聚合反应温度能控制在正常范围内。⑥这时应停止加入异丙醇，亦可用增加反应时间以提高内温来调整。⑦将聚合釜出口压力恢复到正常值，在全加热情况下尽快使内温上升。

聚合反应基本恢复正常后，取样分析浆液组分、混合液组分，确认并继续调整到正常生产控制范围内。

13. 聚合釜高温

聚合釜出现高温后，反应剧烈，短时期内单体大量聚合，原液中聚合物浓度和黏度升高，聚合釜内压升高，会顶开安全阀，造成物料流失，聚合物大分子歧化增加，相对分子质量分布变宽，色泽变浅，影响纤维质量。

（1）原因分析：①引发剂加入量过多；②进料液中丙烯腈含量过高；③反应试剂混合液泵流量突然下降或跳闸；④内温控制系统失灵；⑤冷冻水、压缩空气故障。

（2）处理方法：查找分析引起聚合釜高温原因分别处理，减少引发剂加入量，降低聚合釜夹套温度设定值，使夹套处于全速冷却状态，或者可以开启7℃冷冻水阀门增加冷却速度；如7℃冷冻水降温无效，可适当提高反应试剂混合液供料泵流量，开转化率控制器的1℃冷冻水旁通，控制进料反应液温度在最低温度。如因聚合釜进料泵故障造成的高温，则应尽快开启备台。若备台亦不能启动，应迅速关闭聚合釜进料阀(防止釜内物料进入转化率控制器，而使其堵塞)，然后紧急停车。若这些措施都无效，可向釜内充入适量硫氰酸钠。仪表、电气问题分别请仪表工、电工处理。若工况及时恢复可维持生产，若时间过长可做停车处理。

14. 聚合釜出口压力过高

（1）原因分析：①聚合釜出口调节阀失灵；②反应过于激烈，黏度过高；③反应试剂混合液供料泵瞬时进料量大。

（2）处理方法：①联系仪表工修理聚合釜出口调节阀；②调节反应，降低黏度，适当开启旁通阀过渡；③调整反应试剂混合液供料泵进料量。

15. 第一脱单塔、第二脱单塔高液位

（1）原因分析：①反应过激，黏度上升；②原液加热器或原液冷却器堵塞，使第一脱单塔、第二脱单塔液位上升；③第一脱单塔抽出泵或第二脱单塔抽出泵故障；④液位控制系统故障；⑤开车过程中或调整反应时间时，未及时调整抽出泵开启台数。

（2）处理方法：①调节聚合釜反应，开足脱单抽出泵抽料；②临时开启原液加热器、原液冷却器旁通；③切换备台，联系保全工修理；④联系仪表工检修；⑤及时调整出料量。

16. 聚合釜开车升温时，内温上升缓慢

（1）原因分析：①停车时硫氰酸钠充入量过多；②升温时夹套水温度过高导致夹套水汽化；③停车时间较长。

（2）处理方法：①用小流量向釜内缓慢充入500～1000L反应液，继续升温；②向夹套充入新鲜脱盐水，继续升温；③聚合釜釜顶温度升高至50℃时，点动聚合釜搅拌器数次后，聚合釜釜顶温度升高至60℃时，开启聚合釜搅拌器后继续升温。

17. 单体冷凝器真空度波动

（1）原因分析：①单体冷凝器压力调节系统失灵；②回用单体循环泵喷淋流量不足；③回用单体冷却器出口反应液温度过高；④第一脱单塔、第二脱单塔液封失去作用；⑤压力表导压管堵塞；⑥管线设备有漏点。

（2）处理方法：①联系仪表工检修；②切换回用单体循环泵（或过滤篮）；③调整回用单体冷却器出口反应液温度，开1℃冷冻水旁通；④将第一脱单塔、第二脱单塔液位控制在工艺要求范围内；⑤疏通单体冷凝器压力表导压管；⑥消除管线设备漏点。

18. 影响连续聚合脱单效果的因素

（1）原液温度。单体汽化需热量愈少，原液温度愈高，在相同真空度下，单体愈易汽化脱出。

（2）喷淋液温度和循环量。脱单塔的真空度是由喷淋液循环量（喷淋速度）与喷淋液冷凝单体的能力决定的。喷淋液温度低，喷淋循环速度大，有利真空形成，单体脱出。但为防止与单体同时脱出的水分损失增多，造成物料不平衡，喷淋循环液温度一般控制为10～20℃左右，循环量要与原液通过量相适应，在低转化率反应中，约为进料量的2～5倍。

（3）原液黏度。黏度低，单体易汽化逸出。

（4）蒸发面积大，原液层厚度薄，停留时间长，容易脱净单体。

（5）聚合转化率。中转化率的原液中未反应单体只有25%～30%，脱除单体的负荷相对较小。

19. 原液黏度波动

（1）原因分析：影响原液黏度的因素主要取决于聚合物浓度和相对分子质量。聚合物浓度增加时，能使黏度上升，主要是分子链之间作用力增强。聚合物相对分子质量增加使黏度上升，主要是一方面因为分子链增长，分子间作用力加和性增强；另一方面分子链增长分子链间相互缠结，作用力增强给分子运动带来困难。

原液黏度受聚合物浓度和相对分子质量影响常有以下几种变化：①黏度低，聚合物浓度高。②黏度低，聚合物浓度低。③黏度高，聚合物浓度高。④黏度高，聚合物含量在正常范围内。

（2）处理方法：①黏度低，聚合物浓度高。这是由于转化率高，平均相对分子质量低造成。可适当降低引发剂的加入浓度和相对分子质量调节剂加入量，并降低内温0.25～0.5℃，使平均相对分子质量增大，同时降低转化率。②黏度低，聚合物浓度低。说明聚合物的低浓度引起黏度降低。应检查调整引发剂加入浓度。将内温提高0.25～0.5℃，以提高反应转化率。并检查试剂混合槽内组分，看总单体浓度是否少，及时进行调整。③黏度高，聚合物浓度高。说明反应太好，转化率高引起黏度高。检查引发剂加入浓度是否太高，调节到正常值；同时可稍提高进料量，待黏度正常后，再降下来；如果反应仍激烈，可降低反应内温0.25～0.5℃，使温差下降1～2℃。④黏度高，聚合物含量在正常范围内。说明反应正常，但聚合物相对分子质量大，引起黏度高，可适当增加相对分子质量调节剂异丙醇的加入量，观察聚合釜搅拌器电机的电流，待有下降趋势，便调整异丙醇的加入量。

生产过程中，主要是根据聚合釜搅拌器电机的电流和黏度计及第一脱单塔抽出泵出口压力的变化，观察黏度大小，以便及时采取措施。

20. 原液中聚合物浓度波动

（1）原因分析：在聚合生产中，直接影响原液中聚合物浓度的因素是反应液的组成和转化率。

（2）处理方法：为了使原液中聚合物含量稳定在规定的范围内，首先必须保证进料配比恒定，即反应液中总单体、硫氰酸钠以及有机杂质和无机杂质的含量稳定；其次是控制好转化率，按工艺要求，严格按反应时间添加引发剂和浅色剂，控制好反应混合物的pH值，在规定的反应时间内，采用内温串级控制或温差转化率控制的办法，根据内温与温差的变化控制反应的转化率，使之在工艺规定的范围内。再是按反应时间规定的工艺条件，控制好喷淋液温度，按进料量调整喷淋循环量，根据原液中硫氰酸钠含量，选择合适的原液预热器的温度。

21. 聚合物的相对分子质量波动

（1）原因分析：①反应试剂混合液中单体浓度、硫氰酸钠浓度、pH 值、无机杂质（SO_4^{2-}）浓度比规定值高时，引起聚合物平均相对分子质量增大。②引发剂、浅色剂、反应温度、异丙醇量、有机杂质、无机杂质（Fe^{2+}、Fe^{3+}、Ti^{4+}）、反应时间等比规定值低时，引起聚合物平均相对分子质量降低。

（2）处理方法：根据聚合物平均相对分子质量的变化，寻找出直接的影响原因，调整至规定值。

22. 聚合釜停车后内温回升

（1）原因分析：①停车时降料速度过快或充入聚合釜中的硫氰酸钠量少；②停车后冷却水循环不畅；夹套蒸汽隔离阀未关，夹套蒸汽调节阀内漏。

（2）处理方法：①据实际情况，向釜内充入适量硫氰酸钠；②检查夹套冷却水的循环情况，检查调整夹套蒸汽阀门的状态。

23. 浆液较长时间的高黏度

（1）原因分析：粉末加料器的运行状态差及粉末加入量失控。

（2）处理方法：现场检查处理粉末加料器的运行状态及粉末加入量，如浆液总固体高，应减少引发剂的加入量，并可根据反应试剂混合液槽的组分情况做适当调整，注意异丙醇的加入量，以防造成低黏度；如浆液固体含量低，应调高引发剂的加入量，同时根据反应试剂混合液槽内的组分情况逐步调整，适当增加异丙醇的加入量以降低相对分子质量；检查反应试剂混合液槽系统组分情况及四配比计量是否准确。

24. 浆液较长时间的低黏度

（1）原因分析：①粉末加料器的运行状态差及粉末加入量失控；②反应试剂混合液槽内的组分不准；③硫氰酸钠中铁离子含量超出工艺规定；④异丙醇加入量太多；⑤转化率过高、过低。

（2）处理方法：①现场检查处理粉末加料器的运行状态及粉末加入量，分析浆液的总固体含量高低；②调整反应试剂混合液槽内的组分；③检查硫氰酸钠中铁离子含量，通知调度员处理；④调整异丙醇加入量；⑤控制聚合反应转化率。如都属基本正常，在停加异丙醇前提下，可以适当增加反应试剂混合液槽组分中的单体，再适当降低聚合釜内温 0.25~0.5℃，进一步观察。

25. 聚合釜进料四配比流量计仪表失电的处理

由于四配比流量计仪表失电后会造成混合液组分混乱导致系统失去平衡，影响聚合反应控制及浆液质量，硫氰酸钠含量低而引起冻胶，丙烯酸甲酯加入量不准而影响纤维比色率，丙烯酸甲酯加入量不准影响纤维成型、产生硬板丝等，所以要立即请有关检修人员到场抢修，并根据反应试剂混合液槽液位、密度情况，增加或减少硫氰酸钠加入量，根据平时工作经验，手动控制自控阀开度，维持生产，同时应做紧急停车处理。

26. 反应试剂混合液槽液位和密度波动的处理

当发生反应试剂混合液槽液位上升，密度下降时，说明反应差、转化率低，脱单时返回单体偏多，应检查和调整反应条件及工艺，提高转化率，使脱单返回单体正常。当发生反应试剂混合液槽液位上升，密度不变时，说明第二脱单浆液温度过高，第二脱单脱回水分较多，应调节浆液预热器出口温度，使浆液进入第二脱单塔时在工艺范围内。当发生反应试剂混合液槽液位下降，密度上升时，说明反应剧烈，转化率高，脱单时返回单体偏少，应检查和调整反应条件及工艺，适当降低转化率，使脱单返回单体正常。

27. 储罐区供料泵故障的处理

当不同生产系列的同一种化工料相继发生报警（低报），说明供料泵发生了故障，此时应首先向生产调度汇报，请调度员联系化动车间现场检查处理，DCS 室根据反应试剂混合液槽液位、密度情况，适当增加或减少硫氰酸钠加入量，如处理时间过长，视反应试剂混合液槽液位情况，决定停车与否。

28. 第一脱单塔或第二脱单塔发生倒灌时的处理

在生产过程中如发现第一脱单塔或第二脱单塔较长时间高液位而突然反应试剂混合液槽温度及液位有较大上升时，即可判断为第一脱单塔或第二脱单塔已发生倒灌事故，应立即处理第一脱单塔抽出泵或第二脱单塔抽出泵的故障，立即增开第一脱单塔抽出泵或第二脱单塔抽出泵，立即开启反应试剂混合液槽冷却水阀门，同时将二台回用单体循环泵泵后过滤网轮流使用，轮流拆洗，直到无聚合物为止，立即开启转化率控制器旁通，手动稳定反应试剂混合液供料泵流量后，暂时开启聚合釜进料流量计旁通。确信反应试剂混合液槽中无聚合物后，恢复正常生产，在处理过程中要密切注意反应试剂混合液槽液位和温度。第一脱单塔或第二脱单塔液位失控，无法控制，聚合釜紧急停车处理。

29. 升温时间长，内温上不去

（1）原因分析：①长时间加热，夹套内脱盐水汽化加热效果差；②聚合釜夹套循环泵故障；③停车时间较长，釜内硫氰酸钠充入过多。

（2）处理方法：①适当开启夹套脱盐水自控阀旁通，补充适量的新鲜脱盐水；②检查聚合釜夹套循环泵运行情况，如有故障，切用备泵；③充入一定量的新鲜混合液，间歇点击聚合釜搅拌。

30. 反应试剂混合液槽温度突然上升

（1）原因分析：①化动车间送来的硫氰酸钠温度较高；②第一脱单塔或第二脱单塔突然倒灌；③回用单体冷却器 1℃水系统故障或回用单体冷凝器堵塞；④反应试剂混合液供料泵小循环，转化率控制器热水阀泄漏。

（2）处理方法：①请生产调度联系化动车间调节硫氰酸钠温度；②按第一脱单塔或第二脱单塔倒灌处理方法处理；③排除回用单体冷却器 1℃水系统故障或切换回用单体冷凝器；④关闭转化率控制器热水系统隔离阀，开启反应试剂混合液槽内冷却盘管。

7.2.1.2 湿法二步法聚合工序常见故障处理

1. 聚合进料流量波动

（1）原因分析：①自控阀控制失灵；②自控阀堵；③过滤篮堵塞；④进料管线堵塞；⑤仪表 PID 参数异常；⑥供料泵压力偏低。

（2）处理方法：①通知仪表工检查自控阀运行情况，聚合操作工配合 DCS 操作人员和仪表工对现场自控阀进行校验和调整；②通知班组长并汇报工艺组，根据工艺组指令，进料切回流，配合 DCS 操作人员和仪表工对现场自控阀进行疏通；③切换过滤篮备台，对堵塞的过滤篮进行清洗后，再切上投用；④通知班组长并汇报工艺组，根据工艺组指令，进料切回流，对管线进行冲洗；⑤配合 DCS 操作人员和仪表工对 PID 参数进行整定；⑥切换备泵，通知保全工对切下的供料泵进行修理，修复后恢复投用。

2. 聚合体储槽进料口淤浆发黄

（1）原因分析：①终止剂氢氧化钠加入量不正常，氢氧化钠浓度不准；②阻聚剂液氨加入量不正常；③终止釜 pH 计与实际不符；④密封槽 pH 计显示与实际不符。

（2）处理方法：①向班组长和工艺组汇报，配合 DCS 操作人员与仪表工检查、处理氢氧化钠进料流量计，对氢氧化钠重新取样，送至质检中心重新测试，并根据测试情况对浓度进行调整；②配合 DCS 操作人员与仪表工检查、处理液氨进料流量计；③配合 DCS 操作人员和仪表工校准 pH 计，对终止釜的 pH 值进行重新取样检测，根据测试情况，配合 DCS 操作人员对终止釜的 pH 值进行手动控制至工艺值；④配合 DCS 操作人员和仪表工校准 pH 计，对密封槽的 pH 值进行重新取样检测，根据测试情况，配合 DCS 操作人员对密封槽的 pH 值进行手动控制至工艺值。

3. 浊度超标

（1）原因分析：①水洗机滤布破损；②浊度仪显示不准；③浊度仪管线堵塞，前后阀门没有打开。

（2）处理方法：①开关分离槽至浊度仪的阀门，以此来判断引起浊度仪超标的水洗机位号，打开水洗机盖板，检查水洗机滤布情况，配合 DCS 操作人员，对淤浆储槽液位实行低控，严格按照操作法停水洗机，通知相关人员更换滤布，更换好滤布后，按照操作规程开水洗机；②配合 DCS 操作人员和仪表工对浊度仪进行校验；③关闭分离槽至浊度仪的阀门，接脱盐水至管线冲洗口对浊度仪管线进行冲洗，冲洗完毕后，打开浊度仪的前后阀门，调节污水流量至正常范围。

4. 供料泵自控阀开度大

（1）原因分析：①过滤篮堵塞；②自控阀开度现场与 DCS 指示不符；③供料泵压力偏低。

（2）处理方法：①切换备台，然后通知保全工，拆洗过滤篮，清洗后再投入使用；②配合 DCS 操作人员和仪表工，对现场自控阀进行校验；③切换备泵，通知保全工对切下的供料泵进行修理，修复后恢复投用。

5. 聚合溢流口有絮状物

（1）原因分析：①聚合进料流量波动；②聚合夹套水循环泵故障。

（2）处理方法：①向班技术员和工艺组汇报，配合 DCS 操作人员和仪表工检查、处理进料流量计；②切换备台，通知保全工对切下的备台进行修理，修复后恢复投用。

6. 聚合进料量大幅度波动，且不受控

（1）原因分析：①DCS 控制线路故障；②供料泵跳闸。

（2）处理方法：①按操作法规范停车，并向工艺组汇报；②切自循环，投用备泵，流量稳定后再进料开车，并通知电工、保全工修泵，修复后再投用。

7. 聚合釜温度波动或失控

（1）原因分析：①夹套冷却水流量温度波动；②开车切进料后，在诱导期温度没控制好；③开车时升温过快；④聚合釜夹套内漏；⑤聚合夹套水循环泵自停，跳闸；⑥铂电阻护套管结疤或腐蚀。

（2）处理方法：①检查冷却器7℃水及脱盐水进出温度、流量及开度，并调整夹套冷却水流量；②切进料后，DCS操作人员调节好聚合釜温度；③聚合釜升温至50℃时，减慢升温速度；④每次检修后确认聚合釜夹套情况；⑤周期切换聚合夹套水循环泵；⑥每次检修后确认护套管情况。

8. 聚合釜中淤浆温度高报

（1）原因分析：①反应器进料流量波动；②聚合夹套水循环泵停转（电机跳闸报警）；③循环水流量不够；④循环水温度高。

（2）处理方法：①在DCS上检查进料流量；②切换聚合夹套水循环泵，并检查；③增大循环水的流量；④降低循环水的温度。

9. 脱单塔塔顶温度低报

（1）原因分析：①淤浆进料温度低；②进脱单塔的蒸汽流量不够；③脱单塔筛板堵塞；④脱单塔第一冷凝器回流水温度低。

（2）处理方法：①提高淤浆进料温度；②增大进脱单塔的蒸汽流量；③停车清洗；④提高脱单塔第一冷凝器回流水温度。

10. 脱单塔液位高报

（1）原因分析：①脱单塔液位控制系统故障；②脱单塔中压力波动或终止釜中液位波动；③脱单塔抽出泵故障；④脱单塔栅板堵塞。

（2）处理方法：①清洗脱单塔液位控制阀，通知仪表工修理控制系统的故障；②检查并调节脱单塔中压力或终止釜中液位；③切换备泵；④清洗脱单塔栅板。

11. 脱单塔真空压力低报

（1）原因分析：①真空泵电机跳闸报警或真空管线有泄漏；②蒸汽压力波动或到脱单塔的淤浆供料量波动；③脱单塔蒸汽冲出；④真空压力控制调节阀失灵。

（2）处理方法：①切换真空泵，通知设备人员消除真空管线泄漏点；②检查并调节进脱单塔的蒸汽流量或到脱单塔的淤浆供料量；③降低蒸汽进料量；④通知仪表工修理真空压力控制调节阀。

12. 水洗机系统真空压力低报

（1）原因分析：①真空泵电机跳闸报警或真空管线有泄漏；②水洗机滤布损坏；③真空压力控制调节阀失灵。

（2）处理方法：①切换真空泵，通知设备人员消除真空管线泄漏点；②停水洗机调换滤布；③通知仪表工修理真空压力控制调节阀。

13. 终止釜pH指示低报

（1）原因分析：①pH测量管线堵塞；②氢氧化钠溶液供料泵出口压力低或电机跳闸报警；③pH控制系统发生故障；④氢氧化钠溶液浓度偏低或氢氧化钠溶液加入量偏小。

（2）处理方法：①用脱盐水清洗pH测量管线；②切换备用的氢氧化钠溶液供料泵；③通知仪表工修理pH控制系统；④校正氢氧化钠溶液浓度或增加氢氧化钠溶液加入量。

14. 聚合釜搅拌器电流指示高报

（1）原因分析：①来自反应器的黏度增大；②搅拌器电机装置异常。

（2）处理方法：①增大脱盐水进料量，若黏度不降低，则停止反应器进料，并将聚合物分类；②停止反应器进料并将聚合物分类，检查并修理搅拌器电机装置。

7.2.2 湿法聚合工序应急预案

7.2.2.1 湿法一步法聚合工序应急预案

1. 聚合工序1℃冷冻水中断的应急处理

在湿法一步法聚合工序中，1℃冷冻水用于喷淋液冷却和进聚合釜的反应液温度控制，中断会使脱单体效率降低，反应试剂混合槽内物料温度上升，并使聚合釜进料温度失控，导致聚合反应加剧，内温很快超过设定值。

(1) 当1℃冷冻水短时间内中断时，DCS室操作人员应立即降低聚合釜夹套温度的设定值，必要时可启用7℃冷冻水进一步使夹套温度下降，开启反应试剂混合液槽盘管的7℃冷冻水对反应试剂混合液槽中反应试剂混合液降温，控制不超过30℃，适当减少引发剂加入量，使反应处于加热状态，维持聚合反应的正常生产。若反应试剂混合液槽温度超过30℃，则做紧急停车处理。1℃冷冻水恢复供应后，即恢复正常生产。

(2) 当1℃冷冻水较长时间内中断时，开启反应试剂混合液槽盘管的7℃冷冻水对反应试剂混合液槽中反应试剂混合液降温，维持脱单系统生产。如果中断时间超过1h或反应试剂混合液槽温度超过30℃，则聚合降温做好停车准备。停车完毕后开启聚合釜→反应试剂混合液槽小循环，控制反应试剂混合液槽温度。1℃冷冻水恢复供应后，重新升温开车，恢复生产。

2. 聚合工序7℃冷冻水中断的应急处理

(1) 当7℃冷冻水短时间内中断时，关闭原液冷却器冷却水进出口阀。打开原液冷却器浆液旁通，防止原液冷却器板片单面受压，导致击穿，致使浆液进入冷却水系统造成全厂性停车事故，适当提高脱单真空度，降低浆液温度(夏季)。恢复供应后，即恢复正常生产控制。

(2) 当7℃冷冻水较长时间内中断时，关闭原液冷却器冷却水进出口阀。打开原液冷却器浆液旁通，防止原液冷却器板片单面受压，导致击穿，致使浆液进入冷却水系统造成全厂性停车事故。适当提高脱单真空度，降低浆液温度(夏季)。控制脱泡温差，将浆液温度控制在工艺范围内。恢复供应后，即恢复正常生产控制。

3. 聚合工序仪表压缩空气突然停止的应急处理

停止压缩空气，会使主要设备和管路上气动仪表的调节阀失去控制，造成工艺混乱，必须采取紧急措施。在停压缩空气时，所有气开阀将被关闭；气闭阀则处于开位，故应将气闭式自控阀的隔离阀关闭或调节到一定位置，有旁通阀的用旁通手动控制。

(1) 当仪表压缩空气短时间内突然停止时，关闭匀温槽的进口自控隔离阀，用旁通阀门控制匀温槽液位。关闭聚合釜出口自控隔离阀，用旁通阀门控制聚合釜出口压力。降低脱单真空度，减少单体返回量，维持生产。

(2) 当仪表压缩空气较长时间内突然停止时，如停气时间较长，则应做停车处理。

4. 聚合工序低压蒸汽中断的应急处理

聚合工序低压蒸汽用于60℃热水加热、聚合釜夹套加热、脱单塔保温、原液加热器加热。因此停低压蒸汽将使进料温度降低、反应内温下降、反应转化率降低、脱单体效果变差、原液中残余单体含量增高，反应液组分失控。

(1) 当低压蒸汽短时间内中断时，DCS室操作人员将控制状态由“自动”切换为“手动”，自控阀门放在封闭状态。现场操作工关闭转化率控制器1℃冷冻水和聚合釜夹套脱盐水自控阀。根据聚合釜内温情况，逐渐降低聚合釜的进料量。根据第一脱单塔抽出泵的出口压力，适当开启原液加热器浆液旁通，以免原液加热器板片单面受压而导致击穿，适当提高脱单真空度，维持生产。

（2）当低压蒸汽较长时间内中断时，DCS室操作人员将控制状态由“自动”切换为“手动”，自控阀门全闭状态。现场操作工关闭转化率控制器1℃冷冻水和聚合釜夹套脱盐水阀门。根据聚合釜内温情况，逐渐降低聚合釜的进料量。根据第一脱单塔抽出泵的出口压力，适当开启原液加热器浆液旁通，以免原液加热器板片单面受压而导致击穿。停汽时间超过30min，应做紧急停车处理。

5. 聚合工序突然停电的应急处理

突然停电，全部动力设备将停止运转，由于聚合釜停止进料和聚合釜搅拌突然停转，短时间内内温剧烈上升，当釜内压力高过安全阀设定值时，原液会冲开安全阀泄压。若是全厂性停电，则压缩空气也停供，脱单体器进口阀全部打开，使反应试剂混合槽内物料升温自聚；现场照明熄灭。这是生产中的特大事故，应尽快处理。

（1）若有备用电源时，立即送入安全电源，首先启动聚合釜加料泵和聚合釜搅拌器，使聚合釜在充填硫氢酸钠后紧急停车。

（2）若无备用电源，DCS室操作人员关闭四配比调节阀，用手电照明，切断聚合工段低压蒸汽总阀门；关闭原液加热器蒸汽隔离阀。关闭夹套和进料蒸汽隔离阀，关闭聚合釜进料阀门以防原液倒入转化率控制器，按紧急停车处理。

（3）如数分钟内恢复了送电，则可按正常生产工艺条件恢复生产。

（4）若停电时间超过40min，再开车时，应检查混合液槽中反应试剂配比情况，适当调整。如已发生自聚，但黏度不太高，仍可送往聚合釜，若黏度较高，则应充填硫氰酸钠后再送往聚合釜。再开车时，用夹套升温，内温在40℃以上，可开启聚合釜搅拌。搅拌器电流指示若大于70A，应停止搅拌，待升温一段时间后再开；若停车时，釜内原液黏度过高，进料前可预先向聚合釜充填硫氰酸钠500~800kg，降低黏度后再开车。

6. 聚合工序脱盐水中断的应急处理

在聚合工序脱盐水中断的应急处理时，应密切注意聚合釜夹套温度和聚合釜进料温度。

（1）当脱盐水短时间内中断时，DCS室操作人员迅速将控制状态切换至单参数控制状态。聚合操作工现场将聚合夹套水循环泵停止投用。适当提高引发剂加入量，使反应处于微冷却状态，利用热水系统的高位槽中剩余脱盐水维持生产。

（2）当脱盐水较长时间内中断时，DCS室操作人员迅速将控制状态切换至单参数控制状态。聚合操作工现场将聚合夹套水循环泵停止投用。适当提高引发剂加入量，使反应处于微冷却状态，利用热水系统的高位槽中剩余脱盐水进行维持生产。如反应温度一旦失控，则可考虑停车处理。

7. 聚合工序水、电、汽、气全线停供的应急处理

当聚合工序水、电、汽、气全线停供时，要对聚合釜温度和压力、反应试剂混合液槽液位、匀温槽液位进行应急处理。

（1）聚合釜温度、压力。用消防水进行夹套冷却，如消防水同时停供，则只能由其自然冷却；打开聚合釜出口旁通阀门泄压；关闭聚合釜进口阀门，防止浆液倒压损坏转化率控制器(一旦单向阀失灵)。

（2）反应试剂混合液槽液位。关闭回用单体循环泵进出口阀门，防止回用单体循环泵→单体冷凝器管道内料液返回反应试剂混合液槽中，造成溢料；关闭四配比及异丙醇进料自控隔离阀，防止高位槽中料液利用静压进入反应试剂混合液槽中，造成溢料。

(3) 匀温槽液位。关闭匀温槽液位自控隔离阀，防止匀温槽溢料。当恢复正常供应后，开启聚合釜搅拌，进行冷却降温，当温度接近正常值时，恢复生产；开启回用单体循环泵，调节控制反应试剂混合液槽温度；开启反应试剂混合液供料泵进行循环或视情况向聚合釜进料(进料前，打开聚合釜进口阀门)。打开四配比及异丙醇进料自控隔离阀，开启进料泵，根据反应试剂混合液槽中试剂的相对密度情况，调整反应试剂混合液槽组分；开启匀温槽自控隔离阀进行正常控制；关闭聚合釜出口旁通阀门，关闭夹套消防水。当以上全部达到正常时，恢复正常生产。

8. 聚合釜紧急停车的应急处理

当聚合釜发生泄漏或出现一、二脱单液位不受控等情况时，需要对聚合釜做紧急停车处理，须进行如下操作：

(1) 停止向聚合釜进混合液。切换操作，通过充 NaSCN 的管线向聚合釜中充入 NaSCN，且 NaSCN 经过转化率控制器急冷至 10~15℃，同时对聚合釜夹套采用 7℃冷冻水持续充入紧急降温。NaSCN 流量按照 5000L/h 充入聚合釜。5min 后，流量降低至 4000L/h 充入聚合釜。

(2) 充溶剂合计 25min 后，停止充入 NaSCN。若聚合釜内温未降低至 73℃，再延长充入 NaSCN 约 10min，过程中要密切观察一脱单液位确保物料不会溢料至单体冷凝器。

(3) 若正遇到一、二脱单抽出泵不能运转等故障，则控制向聚合釜中充入 NaSCN 的时间不超过 25min，防止一脱单物料溢流至单体冷凝器。

9. 聚合一、二脱单液位 DPU 失灵或一、二脱单抽出泵停止运转的应急处理

聚合 DPU 失灵后，一、二脱单抽出泵均可能失控。

(1) DPU 失灵时，在 15min 以内做好应急停车准备。电告调度，聚合做好应急停车准备，将停止 AN 和 MA 的使用。

(2) 低控一、二脱单液位。通过增开或切换一、二脱单抽出泵控制液位。按照先低控二脱单液位，再低控一脱单液位的顺序进行控制。通过一、二脱单的视镜监控其液位。现场监控试剂混合槽液位。

(3) 对聚合釜做紧急停车处理。

7.2.2.2 湿法二步法聚合工序应急预案

1. 聚合工序停脱盐水的处理

(1) 现场处理：聚合现场人员应迅速将聚合丙烯腈、丙烯酸甲酯、回用单体、第三单体、氯酸钠、焦亚硫酸钠、相对分子质量调节剂切换至循环侧，并观察溢流口淤浆状态，打开应急水阀门。关闭进脱单塔的蒸汽截止阀，关闭进水洗机的蒸汽截止阀及稀释水、喷淋水阀门。关闭聚合釜外密封水，关闭脱单系统真空泵和水洗系统真空泵的密封水，关闭吸收塔脱盐水阀门。用工业水冲洗各淤浆泵进出口管线。

(2) DCS 的处理：DCS 操作人员迅速将聚合各股进料物料中的回用单体、第三单体、氯酸钠、焦亚硫酸钠、相对分子质量调节剂的进料调节阀关闭，并继续向反应釜中加入应急水，降低聚合温度至 35℃以下后关闭。DCS 操作人员将加至终止釜的单体吸收水流量控制调节阀手动关至 0，将脱单塔的蒸汽流量调节阀关至 0，将水洗机稀释水、喷淋水流量调节阀手动关闭。

2. 聚合工序停工业水的处理

聚合工序生产用工业水主要于聚合热水槽、脱单真空泵、水洗真空泵等处，当出现聚合工序停工业水的情况时，聚合现场人员应迅速将聚合丙烯腈、丙烯酸甲酯、回用单体、第三

单体、氯酸钠、焦亚硫酸钠、相对分子质量调节剂切换至循环状态，并观察溢流口淤浆状态，打开应急水阀门。关闭进脱单塔的蒸汽截止阀，关闭进水洗机的蒸汽截止阀及稀释水、喷淋水阀门。关闭聚合釜外密封水，关闭脱单系统真空泵和水洗系统真空的密封水，关闭吸收塔脱盐水阀门。用脱盐水冲洗各淤浆泵进出口管线。关闭终止釜泵、脱单塔抽出泵、水洗机供料泵、淤浆缓冲槽抽出泵的密封水。

3. 聚合工序停7℃冷冻水的应急处理

7℃冷冻水主要用于聚合的冷却器。若7℃冷冻水流量突然消失或温度突然上升，在短时间内可维持生产，但必须注意聚合釜的釜温。如冷却器出口20℃水温度上升至25℃或聚合釜反应温度失控时，则安排停车。

现场处理：聚合现场人员应迅速将聚合丙烯腈、丙烯酸甲酯、回用单体、第三单体、氯酸钠、焦亚硫酸钠、相对分子质量调节剂切换至循环状态，并观察溢流口淤浆状态，打开应急水阀门。关闭进脱单塔的蒸汽截止阀，关闭进水洗机的蒸汽截止阀及稀释水、喷淋水阀门。关闭聚合釜外密封水，关闭脱单系统真空泵和水洗系统真空泵的密封水，关闭吸收塔脱盐水阀门。用脱盐水冲洗各淤浆泵进出口管线。关闭终止釜泵、脱单塔抽出泵、水洗机供料泵、淤浆缓冲槽抽出泵的密封水。DCS操作人员在DCS控制画面上，按停车操作顺序进行操作。

4. 聚合工序停仪表压缩空气的应急处理

聚合工序停仪表压缩空气必须立即做全面停车处理。由于聚合釜温度控制调节阀是气关阀，故聚合釜将自动降温，DCS操作人员应立即通知现场人员迅速将聚合丙烯腈、丙烯酸甲酯、回用单体、第三单体、氯酸钠、焦亚硫酸钠、相对分子质量调节剂切换至循环状态，并观察溢流口淤浆状态，打开应急水阀门。关闭进脱单塔的蒸汽截止阀，关闭进水洗机的蒸汽截止阀及稀释水、喷淋水阀门。关闭聚合釜外密封水，关闭脱单系统真空泵和水洗系统真空的密封水，关闭吸收塔脱盐水阀门。用脱盐水冲洗各淤浆泵进出口管线。关闭终止釜泵、脱单塔抽出泵、水洗机供料泵、淤浆缓冲槽抽出泵的密封水。DCS操作人员在DCS控制画面上，按停车操作顺序进行操作。

5. 聚合工序停蒸汽的应急处理

若为瞬间停蒸汽，聚合可维持生产，但如停汽10min以上则必须停车。

（1）现场处理：聚合现场人员应迅速将聚合丙烯腈、丙烯酸甲酯、回用单体、第三单体、氯酸钠、焦亚硫酸钠、相对分子质量调节剂切换至循环状态，并观察溢流口淤浆状态，打开应急水阀门。关闭进脱单塔的蒸汽截止阀，关闭进水洗机的蒸汽截止阀及稀释水、喷淋水阀门。关闭聚合釜外密封水，关闭脱单系统真空泵和水洗系统真空泵的密封水，关闭吸收塔脱盐水阀门。用脱盐水冲洗各淤浆泵进出口管线。

（2）DCS的处理：DCS操作人员迅速将聚合各股进料物料中的回用单体、第三单体、氯酸钠、焦亚硫酸钠、相对分子质量调节剂的进料调节阀关闭，并继续向反应釜中加入脱盐水，降低聚合温度至35℃以下后关闭。DCS将加至终止釜的单体吸收水流量控制调节阀手动关至0，将脱单塔的蒸汽流量调节阀关至0，将水洗机稀释水、喷淋水流量调节阀手动关闭。

6. DCS控制计算室突发故障的应急处理

DCS控制计算室突发故障时，可能相关温度、液位、压力等工艺数据显示不对，或DCS不能自动调节，此时应安排全装置紧急停车。

聚合现场人员应迅速将聚合丙烯腈、丙烯酸甲酯、回用单体、第三单体、氯酸钠、焦亚硫酸钠、相对分子质量调节剂切换至循环状态，并观察溢流口淤浆状态，打开应急水阀门。关闭进脱单塔的蒸汽截止阀，关闭进水洗机的蒸汽截止阀及稀释水、喷淋水阀门。关闭聚合釜外密封水，关闭脱单系统真空泵和水洗系统真空泵的密封水，关闭吸收塔脱盐水阀门。用脱盐水冲洗各淤浆泵进出口管线。

7. 聚合釜爆聚的应急处理

当发生聚合釜爆聚时，严禁停搅拌器，应迅速打开应急水阀门，并将对应的聚合丙烯腈、丙烯酸甲酯、回用单体、第三单体、氯酸钠、焦亚硫酸钠、相对分子质量调节剂切换至循环状态，将聚合釜出空，出料切进不合格聚合体储槽。用脱盐水替代对应终止釜的单体吸收水进行 4h 的水蒸馏。聚合釜出空后，开启聚合底楼的排风机。联系设备人员开聚合釜下封头，同时联系人员进釜清理聚合物。

8. 氯酸钠着火的应急处理

发现氯酸钠着火立刻汇报当班班长、运转主任，叫停泄漏点周围的施工，并指令施工人员迅速离开危险区域。佩戴空气呼吸器、套靴、防护手套，携防爆手电筒(夜间)、防爆对讲机，前往现场确认。切断泄漏源，管道停止送料。关闭泵电源，关闭泄漏源两端阀门。关闭工艺流程，关闭进料阀，停止进料。启动干粉灭火器和消防水，提供所有消防器材灭火，使用消防水雾对邻近聚合釜罐、设施冷却隔离。根据指令将聚合装置停车。

9. 液氨中毒的应急处理

发现有人液氨中毒，立刻汇报当班班长、运转主任，叫停泄漏点周围的施工。佩戴空气呼吸器、套靴、防护手套，携防爆手电筒(夜间)、防爆对讲机，前往现场确认，迅速将患者搬离中毒场所至空气新鲜处，并打急救电话。切断泄漏源，管道停止送料，关闭泄漏源两端阀门。对泄漏源喷雾状水稀释、溶解。

7.2.3 干法聚合工序常见故障处理

1. 淤浆太稠

(1) 原因分析：①混合单体流量太大；②脱盐水流量太小；③热量积累；④引发剂或活化剂流量太大；⑤搅拌速度太慢；⑥温度控制有问题。

(2) 处理方法：①调节混合单体流量；②调节脱盐水流量；③及时传递热量；④调节引发剂或活化剂流量；⑤提高搅拌速度；⑥检查和处理温度控制系统。

2. 淤浆太稀

(1) 原因分析：①脱盐水流量太大；②pH 值太大；③混合单体流量太小；④反应供热不足；⑤引发剂或活化剂流量太小；⑥温度控制有问题；⑦氧含量太高；⑧混合单体中 H_2O 含量太高。

(2) 处理方法：①调节脱盐水流量；②调节 pH 值；③调节混合单体流量；④增加反应供热；⑤调节引发剂或活化剂流量；⑥检查和处理温度控制系统；⑦降低氧含量；⑧降低混合单体中 H_2O 含量。

3. 高氧量

(1) 原因分析：①搅拌轴周围密封不好；②氧分仪取样管线堵；③氮气流量不足；④聚合釜溢流口密封部件丢失；⑤聚合釜取样孔或人孔有泄漏。

(2) 处理方法：①检查和处理搅拌轴周围的密封；②疏通氧分仪取样管线；③提高氮气流量；④检查和补全聚合釜溢流口密封部件；⑤消除聚合釜取样孔或人孔的泄漏点。

4. 单体流量不足

（1）原因分析：①供料泵关闭；②供料槽排空；③控制阀关闭；④孔板堵塞。

（2）处理方法：①检查和处理供料泵；②提高供料槽液位；③检查和处理控制阀；④疏通孔板。

5. 淤浆 pH 值偏离工艺值

（1）原因分析：①SO_2流量太小或太大；②混合单体流量太大或下降；③聚合釜反应不稳定。

（2）处理方法：①调节 SO_2流量至工艺值；②调节混合单体流量；③稳定聚合釜反应。

6. 聚合物特性黏度太大

（1）原因分析：①引发剂、活化剂流量太小；②混合单体流量太高；③脱盐水流量太高；④Fe^{2+}含量太低；⑤反应温度太低。

（2）处理方法：①增加引发剂、活化剂流量；②降低混合单体流量；③调节脱盐水流量；④调节 Fe^{2+}含量；⑤提高反应温度。

7. 聚合物特性黏度太小

（1）原因分析：①引发剂、活化剂流量太大；②混合单体流量太小；③脱盐水流量太小；④Fe^{2+}含量太高；⑤反应温度太高。

（2）处理方法：①减少引发剂、活化剂流量；②增加混合单体流量；③调节脱盐水流量；④调整 Fe^{2+}含量；⑤降低反应温度。

8. 端基滴定度太高

（1）原因分析：①引发剂、活化剂流量太高；②pH 值偏离 3.5 较远；③特性黏度太小；④第三单体(SSS)进料量太大。

（2）处理方法：①减少引发剂、活化剂流量；②调节 pH 值；③提高特性黏度；④调节 SSS 进料量至工艺值。

9. 游离酸太多

（1）原因分析：①淤浆 pH 值太小；②水洗效果差；③淤浆溅出堰外进入出料管；④NaOH流量太小；⑤过滤系统压力不平衡。

（2）处理方法：①提高淤浆 pH 值；②提高水洗效果；③消除淤浆溅出堰外进入出料管的现象；④调节 NaOH 流量；⑤平衡过滤系统压力。

10. 过滤系统真空度不够

（1）原因分析：①旁通阀打开或过滤机内漏气；②滤液泵失效(密封损坏、锥体液位太低)；③滤饼密封不好；④罐体液位太低(溢流堰调节不当、淤浆泵停车)；⑤真空泵有问题；⑥密封水流不足或过大。

（2）处理方法：①关闭旁通阀或消除过滤机内的漏气；②切换滤液泵；③提高滤饼密封效果；④提高罐体液位(调节溢流堰、开启淤浆泵)；⑤切换真空泵；⑥调节密封水流量。

11. 转鼓滤饼太厚或太薄

（1）原因分析：①真空度太高或过滤机内漏气；②淤浆太黏或太稀；③水洗水不足或水洗水流量过大；④喷嘴堵塞或锥体液位太低及过滤机滤布堵塞；⑤转鼓转速太慢或太快。

（2）处理方法：①降低真空度或消除过滤机内的漏气点；②调节淤浆黏度；③增加或减少水洗水流量；④清洗喷嘴或提高锥体液位及更换过滤机滤布；⑤调整转鼓转速。

12. 水洗转鼓上滤饼冲不下来

（1）原因分析：①反吹压力不足；②脉冲皮带断裂；③反冲旁通失效；④滤布堵塞；⑤反冲靴部分堵塞；⑥密封支路漏气。

（2）处理方法：①提高反吹压力；②更换脉冲皮带；③调节反冲旁通；④更换滤布；⑤疏通反冲靴部分堵塞现象；⑥消除密封支路的漏气点。

13. 干燥机自停

（1）原因分析：①装桶探头错误动作；②回转供料器停车；③螺旋给料器停运；④干燥机某区温度达到联锁值；⑤蒸汽温度达到联锁值；⑥风送含量过高；⑦粉碎机或输送风机停。

（2）处理方法：①检查和处理装桶探头错误动作；②开启回转供料器；③开启螺旋给料器。④调整温度；⑤降低蒸汽温度到工艺范围内；⑥调整风送含量；⑦通知维修人员或电工检查，视情况开启。

14. 干燥机后部聚合物飞扬

（1）原因分析：①链板堵塞；②面条成形不好；③挡板调节不当；④干燥机入口风门开度过大；⑤滤饼含水量偏低。

（2）处理方法：①清理链板；②调节面条形成；③调节挡板；④减小干燥机入口风门开度；⑤提高滤饼含水量。

15. 聚合物堵溜槽

（1）原因分析：①滤饼太湿；②面板刮刀调节不当；③挤出机有故障；④挤出机负载波动。

（2）处理方法：①降低滤饼湿度；②调节面板刮刀；③检查和处理挤出机故障；④稳定挤出机负载。

16. 挤出机自停

（1）原因分析：①面板堵塞；②聚合物太干；③面板装错位置；④挤出圆筒夹套水中断。

（2）处理方法：①更换面板，处理面板堵塞的现象；②提高聚合物湿度；③调整面板安装位置；④保证挤出圆筒夹套水流量。

17. 在聚合釜运行期间，出现进料试剂流量不足

在正常运行期间，出现流量控制阀位调整至100%仍无法保证设定流量。

（1）原因分析：①供料泵跳停或出口压力偏低；②试剂储槽液位过低；③仪表控制阀卡住，实际与DCS显示不符；④管线上过滤器进出口压差偏大；⑤仪表在线流量计被异物堵塞。

（2）处理方法：①及时开启泵或切换泵，并视情况通知维修人员或电工；②在确认调配槽内试剂分析数据合格后，将料放入储槽。如调配槽物料仍不合格，及时通知车间管理人员；③通知仪表人员处理；④及时切换到备用过滤器，并更换脏滤芯以备用；⑤配合仪表人员清洗在线流量计。

18. 聚合釜夹套冷冻水运行期间突然增大

（1）原因分析：①冷冻水压力及温度有异常；②进聚合釜的SO_2有异常；③氢氧化钠流量有异常；④活化塔pH值有较长时间超过4以上。

（2）处理方法：报告管理人员，及时与调度联系；根据原因分析停车检查，放尽釜内物料，检查聚合釜内部结疤情况；如无异常，检查冷冻水止逆阀是否正常。

19. 聚合釜搅拌转速在运行中波动较大

(1) 原因分析：①淤浆过稠或过稀；②各种工艺物料流量发生变化；③搅拌器、进料口、折流板、釜壁结疤；④驱动装置油温过高或过低；⑤搅拌器转速仪有异常。

(2) 处理方法：①控制聚合反应，稳定淤浆黏度；②调节各种物料流量；③停车时处理搅拌器、进料口、折流板、釜壁结疤；④调整驱动装置油温；⑤修理搅拌器转速仪。

7.2.4 干法聚合工序应急预案

1. 聚合釜紧急停车

(1) 按计划停车程序停除脱盐水外的所有其他物料，并按事故紧急预案的要求通知相关人员。

(2) 保持脱盐水流量25min，把夹套冷冻水阀门全开，将聚合釜温度降至25℃以下。

(3) 如果上述步骤无法实施(如停脱盐水或停冷冻水、停电情况下)，或进行上述步骤后无法把釜温降低，则启用脱盐水高位槽内的脱盐水冷却。若该急冷系统发生故障，则开启手动消防注水(只有在紧急故障时才能使用)。

2. 脱单系统紧急停车

发生停电事故时，聚合及脱单和一道系统所有泵都停止运转，应立即报告调度员并采取以下措施：

(1) (控制室)将脱单系统温度控制器切换至“手动”状态，关闭调节阀，并关“手动”总阀。

(2) (控制室)将塔顶冷凝器温度控制器切换至“手动”状态，并将调节阀切换至“手动”，并将调节阀阀位调至最大。

(3) (控制室)将脱单塔液位控制系统切换至“手动”状态，关闭调节阀。

(4) (现场)关闭脱单系统各泵的出、入口阀，并将泵的启动开关打到锁定位。

(5) 按本岗操作法进行脱单系统正常停车。

由于停仪表风时，聚合及脱单和一道系统所有调节阀都不能操作，应立即报告调度员并采取以下措施：

(1) (控制室)将脱单塔液位控制系统、脱单系统温度控制器切换至“手动”，关闭脱单塔液位控制调节阀和脱单系统温度控制器调节阀，关闭0.2MPa蒸汽总阀。

(2) 关闭脱单系统的泵出口阀，停泵。

(3) 按本岗位操作法进行脱单系统正常停车。

(4) (现场)检查现场各调节阀的阀位，如发现现场阀位不正确，立即报告运转主任或调度员。

(5) (现场)关闭所有控制阀的前后隔离阀。

发生停冷冻水和冷却水事故时，脱单塔塔顶冷凝器的凝液出口温度将无法保持在工艺规定范围内，应立即报告调度员并采取以下措施：

(1) (控制室)将脱单系统温度控制器切换至“手动”，关闭脱单系统温度控制器调节阀。

(2) (控制室)将脱单塔液位控制调节阀切换至“手动”，关闭脱单塔液位控制调节阀。

(3) (现场)关现场手动阀。

(4) 按本岗位操作法进行脱单系统停车。

3. 水封水系统紧急停车

(1) 当发生停电时。将水封水输送泵电源开关置于停止位，立即报告运转主任，将回用单体水输送泵电源开关置于停止位，停消泡剂和阻聚剂溶液，停水封水冷却器的冷冻水。

(2) 当发生停脱盐水、冷冻水，停仪表用压缩空气、停氮气时，按停车处理，并报告运转主任。

7.2.5 聚合工序其他安全应急预案

1. 聚合发生危险源泄漏与火灾爆炸时应急处理

(1) 立即检查危险源泄漏与火灾爆炸事故的部位，关闭上下游阀门，控制泄漏源，并向当班运转主任、生产管理部门调度室报告，向“119”报警。

(2) 报警内容：讲清楚事故具体位置、报警人姓名。讲清楚危险源泄漏或火灾爆炸事故的地点、位置、设备位号。讲清楚危险源泄漏或火灾爆炸事故引起的介质。讲清楚有无人员中毒或死亡。

2. 聚合本装置发生物料管线、阀门和设备泄漏时的应急处理

针对不同性质的情况采用相应的措施。

(1) 如管线、阀门和设备泄漏，跑料量较少，可用水冲洗污染物，以减轻废气浓度并通知装置有关人员抢修，确保继续生产，抢修时采取必要的保护措施，以免中毒；如管线、阀门和设备内料液跑出，溢喷，应迅速将污染源所处位置的泵或阀门关闭，切断污染源，同时向装置领导汇报，做好紧急停车准备。

(2) 切断外流物料，防止物料流入公共污水管线，影响外排污水指标。采取相应措施，收集泄漏物，稀释污染源，使其将影响降至最低。

3. 聚合发生危险源泄漏或火灾爆炸时，造成人员中毒时的应急处理

(1) 应急处理人员必须佩戴防毒面具。向生产调度室、“119”(气防)和事业部医务室报警。

(2) 迅速将患者脱离现场至新鲜空气处。如发生呼吸困难，立即给氧；如呼吸停止，立即进行人工呼吸；如心脏骤停，立即进行心脏按压。如皮肤污染，脱去污染的衣服，用大量流动清水冲洗。如眼睛污染，可用流动清水或生理盐水冲洗。待医务人员到后，进一步进行处理。

4. 聚合处理火灾事故时，发生烧伤的应急处理

(1) 迅速使患者脱离现场至新鲜空气处，并向生产调度室和事业部医务室报警。

(2) 迅速使患者燃烧着的衣物脱去，用流动水冲洗降温，用清洁布覆盖创伤创面，避免伤面污染。不要把水疱弄破，不要在创伤面上涂任何刺激性液体或不清洁的粉或油剂。患者口渴时，可给适量饮水或含盐饮料。经现场处理后，迅速护送医院救治，护送途中注意患者血压、呼吸及脉搏变化。

5. 聚合处理化学物料时，发生灼伤的应急处理

向生产调度室和事业部医务室报警，并迅速使患者脱离现场至新鲜空气处、脱去污染衣物，局部可用大量流动清水冲洗。现场处理后，迅速护送医院救治，护送途中，注意患者血压、呼吸及脉搏变化。

7.3 原液工序故障处理和应急预案

原液工序根据工艺路线的不同，分为湿法原液工序和干法原液工序，它们的常见故障处理和应急预案有很大的区别，我们将分别予以介绍。

7.3.1 湿法原液工序常见故障处理

7.3.1.1 湿法一步法原液工序常见故障处理

1. 脱泡液封槽高液位

(1) 原因分析：①脱泡抽出泵故障；②脱泡加料泵自控系统失控；③电气变频失灵。

(2) 处理方法：①切换备台；②停脱泡加料泵，联系仪表工修理；③通知电工修理。

2. 脱泡真空度下降

(1) 原因分析：①单向阀门故障抽气量不足。②循环喷淋流量小或温度过高。循环喷淋流量和温度直接影响到抽出废气的冷凝效果，从而影响抽真空的效果。③设备密封性差。④水喷射泵喷嘴堵塞。⑤换热器冷却效果不佳。若换热器结垢或低聚物结晶，冷却效果不佳，影响喷淋流量，也会使真空度下降。

(2) 处理方法：①拆检单向阀门。②检查循环泵进出口压力，调节到工艺值范围。检查换热器进出口压力，有堵塞情况切换换热器。③检查各设备连接处法兰和各阀门，消除泄漏点。④检查喷嘴堵塞情况，用水冲洗干净。⑤切换换热器，拆检清洗后备用。

3. 脱泡塔低液位

(1) 原因分析：①脱泡加料泵各类故障；②脱泡加料泵进口压力低；③原液中含有大量空气；④杂物堵塞脱泡塔原液分配管。

(2) 处理方法：①切换使用脱泡加料泵备泵；②检查、开启原液循环泵、脱泡加料泵备泵；③对相关管线中原液排放空气；④原液做停车处理，清除脱泡塔进口管内杂物。

4. 原液换热器温度失控

(1) 原因分析：①冷却水温过高，或热水温度过低；②热水泵故障；③自控系统故障；④进入原液换热器的原液温度过高或过低。

(2) 处理方法：①联系调度员降低冷却水温度，或调节热水温度；②切换使用热水泵备泵；③检查自控系统，暂时用自控阀旁通手动控制温度；④调整原液冷却器出口温度和脱泡塔出口温度。

5. 原液供纺压力波动

(1) 原因分析：①脱泡抽出泵、消光原液输送泵、原液过滤泵机械故障；②脱泡抽出泵、消光原液输送泵、原液过滤泵电气故障；③板框式压滤机击穿、爆框；④原液加热器列管击穿造成阻塞；⑤纺丝突然大量停纺位。

(2) 处理方法：①切换备用泵；②现场暂时手控调节，待修复后恢复自控；③将所坏滤机停用，立即将备用滤机充浆后用上；④暂用原液加热器旁通，关闭原液加热器的原液进、出口阀；⑤调整原液压力重新平衡。

6. 消光液压力波动

(1) 原因分析：①消光加料泵故障；②消光加入流量计或调节阀堵塞；③消光加入控制系统故障；④消光与供纺原液间的压差偏小；⑤原液倒灌至消光液管道内；⑥气温过低，使消光液凝结。

(2) 处理方法：①切换备泵；②拆洗消光加入流量计或调节阀；③修理消光加入控制系统，用旁通阀暂时维持压力；④调节消光剂与供纺原液的压差>0.05MPa；⑤排空消光液管道内的原液，操作时注意顺序；⑥用蒸汽烘热消光管道，并尽可能提高环境温度。

7.3.1.2 湿法二步法原液工序常见故障处理

1. 脱泡塔真空度达不到工艺值

(1) 原因分析：①导压管堵塞；②仪表显示不准或调节阀故障；③真空泵故障；④密封水流量偏离工艺值。

(2) 处理方法：①疏通导压管；②配合自控室和仪表工校验仪表；③切换备泵，通知保全工修理真空泵，修复后再投用；④调节密封水流量。

2. 溶解机进料流量波动

(1) 原因分析：①自控阀控制失灵；②自控阀堵塞；③进料管线堵塞；④仪表 PID 参数异常；⑤供料泵压力偏低。

(2) 处理方法：①通知仪表工检查自控阀运行情况，聚合操作工配合 DCS 人员和仪表工对现场自控阀进行校验和调整；②通知班组长并汇报工艺组，根据工艺组指令，进料切回流，配合 DCS 人员和仪表工对现场自控阀进行疏通；③通知班组长并汇报工艺组，根据工艺组指令，进料切回流，对管线进行冲洗；④配合 DCS 人员和仪表工对 PID 参数进行整定；⑤切换备泵，通知保全工对切下的供料泵进行修理，修复后恢复投用。

3. 原液总固量波动

(1) 原因分析：①溶解机硫氰酸钠进料流量计结晶或未定期冲洗；②溶解机开停车流量不稳定；③进料淤浆单向阀堵塞，引起淤浆流量波动；④聚合体储槽的总固量波动；⑤硫氰酸钠储槽中的硫氰酸钠浓度波动；⑥硫氰酸钠大循环阀未完全关紧或内漏；⑦淤浆进行多次脱泡。

(2) 处理方法：①定期冲洗溶解机硫氰酸钠进料流量计；②确保溶解机开停车流量；③定期拆洗淤浆单向阀；④严格控制聚合体储槽的总固量；⑤联系调度员确保硫氰酸钠储槽中的硫氰酸钠浓度；⑥如未完全关紧则完全关闭硫氰酸钠大循环阀；如阀门内漏则通知调换阀门；⑦防止淤浆进行多次脱泡。

4. 废丝溶解无硫氰酸钠流量

(1) 原因分析：①硫氰酸钠批量设定流量计轧死或有硫氰酸钠结晶；②硫氰酸钠管线结晶；③送至废丝溶解的硫氰酸钠阀门没有打开。

(2) 处理方法：①通知仪表工进行拆洗硫氰酸钠流量计；②用热水冲洗硫氰酸钠管线；③检查并开启硫氰酸钠阀门。

5. 废丝溶解浆液不能输送

(1) 原因分析：①废丝溶解槽至废丝溶解槽抽出泵的管线内有浆块和未溶解的废丝或管线内有硫氰酸钠结晶；②废丝溶解槽抽出泵前过滤篮堵塞；③废丝溶解槽抽出泵设备、电气故障。

(2) 处理方法：①先用软管连接排污阀把废丝溶解槽内的浆液排至过滤篮，由废丝溶解槽抽出泵输送到废浆混合槽，撤空废丝溶解槽后，通知保全工拆卸管线，然后对管线进行清理；②关闭废丝溶解槽抽出泵进出口阀门，通知保全工拆下过滤篮，送至内精密用硫氰酸钠进行煮洗并到电焊间进行烧毛处理，然后重新安装投用；③关闭废丝溶解槽抽出泵进出口阀门，通知保全工、电工进行故障处理。

6. 板框式压滤机压力异常上升

(1) 原因分析：①原液总固偏高；②硫氰酸钠浓度低；③淤浆相对分子质量偏高；④废浆过滤机过滤效果差；⑤硫氰酸钠系统总杂含量高；⑥原液温度低于工艺控制值。

（2）处理办法：①调节溶解串级比；②检查和处理回收系统泵密封水情况；③检查和调节聚合系统相对分子质量调节剂流量；④检查废浆过滤机过滤系统，更换滤布；⑤检查回收过滤系统，定期清洗硫氰酸钠储槽；⑥检查和处理原液加热器的调节阀及原液温度控制系统。

7. 溶解机出口原液温度低

（1）原因分析：①进溶解机的浓溶剂温度低；②进溶解机的淤浆温度低。

（2）处理办法：①提高进溶解机前的浓溶剂加热器温度；②开启聚合体储槽的保温系统，提高进溶解机的淤浆温度。

8. 脱泡系统温差低

（1）原因分析：①进脱泡系统的原液流量偏大使原液加热器来不及进行热交换，造成进脱泡系统的原液温度低；②原液加热器的温度控制系统故障；③脱泡真空度差；④温差控制系统有故障。

（2）处理办法：①降低进脱泡系统的原液流量，提高进脱泡系统的原液温度；②检查原液加热器温度控制系统的故障；③改善脱泡真空度；④检查和处理温差控制系统的故障。

9. 进溶解机的各物料流量低报

（1）原因分析：①供料泵故障；②流量控制调节系统有故障；③进料管线堵塞；④回流阀开度过大。

（2）处理办法：①切换备泵；②检查和处理流量控制调节系统的故障；③停溶解机，冲洗各物料的进料管线；④调节回流阀开度。

10. 进分散机的二氧化钛溶液流量偏低

（1）原因分析：①供料泵处于现场控制状态，使串级控制无法执行；②流量控制调节系统有故障；③进料管线堵塞；④过滤器堵塞；⑤分散机喷嘴堵塞。

（2）处理办法：①将供料泵切换至远方控制状态，使串级控制运行；②检查和处理流量控制调节系统的故障；③停止消光纤维生产，冲洗二氧化钛溶液进料管线；④调换清洗过滤器；⑤用浓硫氰酸钠溶液冲洗分散机内的喷嘴。

11. 供纺原液槽液位低

（1）原因分析：①脱泡塔抽出泵故障；②供纺原液槽液位控制系统故障；③脱泡塔供料泵故障；④脱泡塔供料泵前的过滤器堵塞；⑤板框式压滤机充浆量大。

（2）处理办法：①若是因脱泡塔抽出泵故障造成供纺原液槽液位低时，DCS 操作人员必须立即将脱泡供料泵的转速调到最低(因为供纺原液槽液位与脱泡供料泵联锁，当供纺原液槽低液位时，脱泡供料泵自动调高转速，会造成脱泡塔高液位进入真空管线事故)，切换备泵；②现场调节脱泡供料泵转速，并配合仪表工排除原液槽液位控制系统的故障；③切换脱泡塔供料泵的备泵；④打开原液储槽间的联通阀，然后拆洗脱泡塔供料泵前的过滤器；⑤增开脱泡供料泵，同时适当降低板框式压滤机充浆量。

12. 供纺原液压力低报

（1）原因分析：①管线或板框式压滤机有原液泄漏；②供纺背压调节系统有故障；③板框式压滤机过滤能力下降；④供纺原液泵有故障。

（2）处理方法：①消除管线或板框式压滤机的原液泄漏；②检查和处理供纺背压调节系统的故障；③切换板框式压滤机，更换滤布；④切换供纺原液泵。

13. 浆化罐发生微溶

（1）原因分析：①脱水机真空度低；②脱水机转鼓停；③再浆化罐搅拌效果不好，或停；④进料双设定不合理；⑤控制阀失灵；⑥硫氰酸钠温度过高，进料量大，浓度过高；⑦脱水进料长时间溢流；⑧浆液进料流量检测不准(实际偏低)。

（2）处理方法：①停脱水再浆化系统；②打开浆化罐出料采样阀，放出部分物料，判断物料微溶程度；③若微溶程度严重，则就地排放，开人孔清罐；④若微溶程度较轻，可将浆化罐内物料全部出到一个调整罐中；⑤重开脱水再浆化系统；⑥调整罐内物料可以分批按比例兑到溶解进料罐中。

7.3.2 湿法原液工序应急预案

7.3.2.1 湿法一步法原液工序应急预案

1. 原液工序突然停电的应急处理

（1）瞬时失电而纺丝工序未停时：①DCS 室操作人员立即把纺丝状况和脱泡抽出泵、消光原液输送泵、板框式压滤机等出口压力告知现场操作工；②对脱泡抽出泵、消光原液输送泵和原液过滤泵的管道逐段进行排放空气，排放时保证各控制点的压力不致受影响而波动；③立即对脱泡抽出泵、消光原液输送泵和原液过滤泵所停的机泵进行恢复，若纺制消光纤维时，必须立即检查、恢复消光系统的运行和控制。

（2）瞬时失电而纺丝工序已停时：①DCS 室操作人员立即通知原液操作工在恢复机泵运行的同时，使原液工序进入循环状态；②检查原液循环泵和脱泡加料泵的运行状况，对所停的机泵立即进行恢复；③在原液循环中，须保持原液过滤泵转速在 300r/min，必要时可开启其中一台板框式压滤机的内循环阀门；④在各机泵恢复运行后，对各段管线排放空气；⑤若纺制消光纤维时，必须立即检查、恢复消光系统的运行和控制；⑥若纺丝工序在较短时间内不能恢复正常，则原液工序可暂停内循环，并暂停消光系统。

（3）较长时间停电时：①立即关闭脱泡缓冲桶隔离阀，停三级蒸汽喷射泵；②立即关闭消光液加入多级静态混合器的阀门；③关闭各泵进出口阀，将脱泡抽出泵、消光原液输送泵和原液过滤泵的泵速控制钮切换至“手动”，并将旋钮调至“零”位；④DCS 操作人员须密切注意脱泡液封槽液位变化；⑤使各机泵处于随时待命开车状态。

2. 原液工序停汽的应急处理

（1）停低压蒸汽。①夏季停低压蒸汽对原液生产没有影响，可维持正常生产。②冬季停低压蒸汽应急处理，切换用冷凝回水作为原液加热器加热介质，关闭原液冷却器冷冻水，适当降低脱泡塔真空度。

（2）停中压蒸汽。对原液生产没有影响，可根据纺丝生产情况正常生产。

3. 原液工序停冷冻水的应急处理

（1）适当提高脱泡塔真空度以降低脱泡塔浆液出口温度。

（2）适当提高单体冷凝器真空度以便降低原液混合槽进料温度。

4. 原液工序停压缩空气的应急处理

（1）若短时间停压缩空气，关闭供纺回流阀，关闭消光剂进浆液混合器阀门。

（2）若长时间停压缩空气做停车处理。

7.3.2.2 湿法二步法原液工序应急预案

1. 原液工序停电的应急处理

（1）原液岗应首先立即关闭脱泡塔顶部温差截止阀，关闭气体冷凝器的循环水阀门，关闭循环水地坑泵进出口阀门。

（2）将溶解机出料切换至废浆槽，将淤浆、硫氰酸钠、焦亚硫酸钠切换至大循环侧。

（3）关闭脱泡供料泵、脱泡抽出泵、原液供纺泵、板框式压滤机进出口阀门。

（4）冲洗淤泥浆、硫氰酸钠管线。

2. 原液工序停脱盐水或停循环水、停蒸汽的应急处理

（1）若为瞬间停脱盐水或停循环水、停蒸汽，原液岗停溶解机系统即可。

（2）若停脱盐水或停循环水、停蒸汽时间超过60min，原液全线停车。

① 将溶解机出料切换至废浆槽，将淤浆、硫氰酸钠、焦亚硫酸钠切换至大循环侧。

② 将脱泡出料切换至原液槽，关闭脱泡塔顶部温差截止阀，关闭循环水和循环水地坑泵进出口阀门。建立原液储槽→脱泡塔→脱泡抽出泵→原液储槽循环。

③ 关闭原液供纺泵、板框式压滤机的进出口阀门。

④ 用工业水冲洗淤浆、硫氰酸钠管线。

3. 原液停工业水或停仪表压缩空气的处理

（1）原液岗应首先将脱泡出料切换至原液槽，关闭脱泡塔顶部温差截止阀，关闭循环水和循环水地坑泵进出口阀门。建立原液储槽→脱泡塔→脱泡抽出泵→原液储槽循环。

（2）将溶解机出料切换至废浆槽，将淤浆、硫氰酸钠、焦亚硫酸钠切换至大循环侧。

（3）关闭原液供纺泵、板框式压滤机的进出口阀门。

（4）用脱盐水冲洗淤浆、硫氰酸钠管线。

4. 原液工序停1℃冷冻水的应急处理

（1）若1℃冷冻水流量突然消失或温度突然上升，在短时间内可维持生产，但必须注意脱泡塔的真空情况。

（2）原液工序停1℃冷冻水1h以上安排全面停车。原液岗应首先将脱泡出料切换至原液槽，关闭脱泡塔顶部温差截止阀，关闭循环水和循环水地坑泵进出口阀门。建立原液储槽→脱泡塔→脱泡抽出泵→原液储槽循环。

① 将溶解机出料切换至废浆槽，将淤浆、硫氰酸钠、焦亚硫酸钠切换至大循环侧。

② 关闭原液供纺泵、板框式压滤机的进出口阀门。

③ 用脱盐水冲洗淤浆、硫氰酸钠管线。

5. DCS控制计算室突发故障的应急处理

DCS控制计算室突发故障时，温度、液位、压力等工艺数据显示可能不对，或DCS不能自动调节，此时应安排全装置紧急停车。

（1）原液岗应首先将脱泡出料切换至原液槽，关闭脱泡塔顶部温差截止阀，关闭循环水和循环水地坑泵进出口阀门。建立原液储槽→脱泡塔→脱泡抽出泵→原液储槽循环。

（2）将溶解机出料切换至废浆槽，将淤浆、硫氰酸钠、焦亚硫酸钠切换至大循环侧。

（3）关闭原液供纺泵、板框式压滤机的进出口阀门。

（4）用脱盐水冲洗淤浆、硫氰酸钠管线。

7.3.3　干法原液工序常见故障处理

1. 造成马可混合机堵塞

马可混合机堵塞是原液工序常见的故障，主要现象是：马可混合机电流突然升高造成马可混合机跳停，以及马可混合机电流正常但原液不能流入原液混合槽，DMAc从马可混合机及活动加料管溢出。

（1）原因分析：①聚合物流态化。②DMAc 流量突然变小（DMAc 供料泵停、DMAc 手动阀关、DMAc 流量计自控阀关或堵）。③聚合物流量的波动。④喷淋不好、溶解不好及块状物的生成（喷嘴大小不合、喷淋压力不正常、下料不稳）。

（2）处理方法：①马可混合机堵塞跳停后，现场人员必须马上关闭 DMAc 手动总阀及 DMAc 加热器蒸汽总阀、废原液进料阀。控制室人员通知回收停 DMAc 供料泵。锁定马可混合机电机，打开并清理马可混合机。②DMAc 从马可混合机及活动加料管溢出，控制室立即停马可混合机（情况严重时，为防止 DMAc 冲到质量流量计内，现场人员可停马可混合机），马上关闭 DMAc 手动总阀及 DMAc 加热器蒸汽总阀、废原液进料阀。控制室人员通知回收停 DMAc 供料泵。锁定马可混合机电机，打开并清理马可混合机。③检查修理质量流量计。④调整喷淋至工艺值。

2. 聚合物流态化

当发生聚合物流态化时，聚合物质量流量计显示流量突然增大，控制室无法控制，处理不及时则造成马可混合机堵塞。

（1）原因分析：①聚合物含水太干；②料仓振动器振动停或振幅太小，造成聚合物架桥，突然塌下；③料仓放空管堵塞，造成料仓压力高；④质量流量计及螺杆氮气流量变化。

（2）处理方法：①对料仓聚合物进行加样分析。在不能停车情况下，可迅速把马可混合机换向阀打到标定位避免马可混合机堵塞。②如料仓振动器不振动则停车处理，振动器振幅太小则停车调整。③疏通料仓放空管。④发生质量流量计波动大，螺杆转速比正常值高但质量流量计量不能达到设定值（平常所说的料下不来）的状况，检查料仓振动器、料仓放空管、各氮气流量等。

3. 原液无法进入原液储槽

（1）原因分析：①放料管线中有冷凝胶；②原液混合槽底阀不能动作，原液放不下去。

（2）处理方法：①长时间停车要把原液混合槽及原液混合槽到储槽管线内的原液全部排空。当发生原液混合槽的原液放不到原液储槽时，要马上向上级报告，确定方案后，把混合槽的原液全部排空。将放料管内的冷凝胶全部清干净。②更换粗滤器的滤篮。

4. 原液混合槽黏度计及管线堵塞

当控制室黏度计显示值的数据变小，现场黏度计循环泵、计量泵停，或管线变凉，说明管线已堵塞。

（1）原因分析：①黏度计计量泵联轴节销子断；②黏度计循环泵流量小，压力低，原液循环时受冷造成管线堵塞；③黏度计停车清洗不干净造成堵塞。

（2）处理方法：①发现黏度计显示值有异常情况，需通知现场人员检查黏度计系统，发现异常情况及时停黏度计；②黏度计停车后，必须关闭黏度计的蒸汽手动阀，防止长时间高温加热使里面的原液变成热凝胶，损坏黏度计；③故障排除后用蒸汽来加热管线及黏度计，使管线内的原液变软流动。

7.3.4 干法原液工序应急预案

1. 意外事故停车

（1）将换向阀打至“标定”位，停下马可混合机，停螺旋供料器电机。

（2）迅速关闭去喷淋箱的 DMAc 总阀、进马可混合机的废原液阀。

（3）检查原液储槽的原液储量，根据目前的纺位情况，估算原液使用时间。

（4）根据原液储量和排除故障所需的时间计划纺丝机开停台位。即减少纺丝机台位数，使原液储槽内原液不会打空。在恢复正常时有可能将原液储槽打空的情况下，只开几个纺位，使原液管线一直有原液流动，防止形成凝胶。

2. 停水

（1）停冷冻水：此时 TiO_2 研磨机、TiO_2 混合槽、所有放空冷凝器不能正常工作，立即进行下列步骤：

① 停下研磨机：控制室或现场关 TiO_2 研磨机电机。

② 通知调度员，联系供水。

③ 若能立即供水，则按下述步骤重新启动 TiO_2 研磨机，（控制室）把研磨机供料流量控制器调向“手动”位，并把阀位设在 20%，把研磨机电机和输送泵电机开关同时调向“启动”位，把输送泵开关控制在“启动”位，直至流量至少达到 60kg/h。（控制室）当输送泵控制仍在“手动”位时，缓慢地将浆液流量增加至工艺值，然后调向“自动”位。

④ 若不能立即供水，则将 TiO_2 研磨系统停下。

（2）停脱盐水：对原液系统影响不大，可继续运行。但废丝溶解如停脱盐水，不能进行二次洗涤，停离心机。

（3）停冷却水：对原液系统影响不大，可继续运行。但必须注意废原液供给泵、废原液计量泵的轴封温升情况，必要时可停下废原液系统。

3. 停电

（1）原液系统停电：

① 立即关闭所有溶剂加热器的温度控制阀，或现场蒸汽手动阀。若此时正在配制 DTPA 溶液时，则关闭 DTPA 加热器蒸汽阀或现场蒸汽手动阀。

② 通知调度员。

③ 关闭泵的出、入口阀及转子流量计入口阀。

④ 关闭去喷淋箱的 DMAc 总阀和进马可混合机的废原液阀。

⑤ 打开马可混合机轴小端，检查马可混合机是否堵塞，若堵塞应及时处理，电恢复后，按规程重新开马可混合机。

（2）废丝系统停电：

① 停离心脱水机和废丝洗液泵，关闭洗液泵出口阀、回收稀液阀和脱盐水阀。

② 关闭废丝干燥机蒸汽供给管线上的手动蒸汽阀，把控制盘上的加热区温度控制器调至“手动”位，关闭自动蒸汽阀。按顺序停干燥机链板、两台循环风机、废丝干燥机排风机、纤维喂入机、纤维喂入机排风机、故障排除后再启动废丝干燥机。

4. 停蒸汽

（1）通知调度员，联系供汽，若能立即供汽，立即按规程开启马可混合机。

（2）若不能立即供汽，则按规程停下马可混合机系统。

（3）废丝干燥机如停蒸汽，则干燥机不能干燥湿废丝，应停下干燥机，将温度控制器的阀设为零，等蒸汽恢复后，再升温开干燥机，离心机可正常运转。

5. 停仪表用压缩空气

（1）把所有的控制阀打至手动关闭，通知调度员。关闭泵的入、出口阀和转子流量计入口阀，停黏度计循环泵等。

（2）废丝离心机、废丝干燥机停车。链板上的料排空后，停链板、干燥机排风机、循环风机。待恢复正常后，再正常开干燥系统。

6. 停氮气

若发生停氮气，按操作规程停下马可混合机系统，关所有氮气转子流量计入口阀。

第8章　安全、节能和“三废”治理

8.1　安全生产

腈纶聚合装置主要原料丙烯腈、丙烯酸甲酯、偏二氯乙烯、异丙醇、二甲基乙酰胺、β-羟基乙硫醇、液氨等是易燃易爆有毒化工料，为此在生产操作过程中，安全生产是腈纶聚合装置生产的首要前提。必须严格执行中国石化集团公司《防火防爆十大禁令》；严格遵守用火作业许可证管理制度；严格执行职业卫生与劳动保护有关规定。

8.1.1　安全技术特点

1. 防火、防爆

腈纶聚合装置生产所使用的原料属于易燃、易爆、易挥发的化工料。为保证生产的安全、正常进行，将使用以上物料的聚合区域设为一级防火、防爆区，并要求采取以下措施：聚合工序为防爆区域，现场设有可燃气体报警仪及烟火报警仪，在DCS控制室应设有GDS报警装置，现场设有视频监控。现场及控制室均设有灭火器、消防栓等灭火设施，并由安全部门定期校验。室内固体料要避免阳光直射。进入聚合区域必须关闭手机等非防爆电子设备。进入聚合现场必须穿阻燃服，戴安全帽、穿工作鞋。操作阀门必须使用防爆工具，严禁用金属工具敲打。搬运化工料桶等要轻拿轻放，严禁用铁器敲打，严禁用脚踩或用非防爆工具粉碎结块的氧化剂、还原剂。严禁将氧化剂和还原剂一起堆放。严禁在现场超量堆放氧化剂、还原剂。车间内消防通道必须保持畅通，严禁堆放废包装料及杂物。严禁烟火，严禁携带火种进入，严禁动用明火。如需动火，严格按HSE标准执行，必须经过测爆，分析可燃性气体的含量，并经安全部门批准，办理动火手续，在专人监护下方能动火。

按照《化工和危险化学品生产经营单位重大生产安全事故隐患判定标准(试行)》(安监总管三〔2017〕121号)第五条的规定，对于构成一级、二级重大危险源的危险化学品罐区如AN储罐等，在储罐进出口管线上应设紧急切断阀，以及配备独立的安全仪表系统(SIS系统)，储罐设置高高、低低液位报警联锁回路，现场设置紧急切断操作柱，控制室设置远程控制按钮等，防止大量泄漏引起爆炸及环保事故。

2. 防毒

丙烯腈、丙烯酸甲酯、偏二氯乙烯、β-羟基乙硫醇蒸气有一定毒性，操作时要特别注意，应佩戴防毒面具和劳防用品，以防止中毒。吸入以上气体会导致人体不适，甚至死亡。一旦吸入以上气体发生中毒现象，应及时将中毒人员移至空气新鲜处，并及时送医院治疗。若丙烯腈、丙烯酸甲酯碰到皮肤，应立即用水冲洗。若进入眼睛，应立即用水冲洗15min以上，并送医院治疗。在进入有毒有害设备作业前，应切实做好如下工作：做好工艺处理，将涉及设备吹扫、蒸煮、置换合格；所有与有毒有害设备连通的可能危及安全作业的管道应采用插入盲板或拆除一段管道的方式进行隔离，盲板处应挂标识牌，严禁采用水封或关闭阀门代替盲板作为隔断措施；与有毒有害设备连通的可能危及安全作业的孔、洞应进行严密封堵；对作业设备上的电器电源，应采取可靠的断电措施，电源开关处应上锁挂牌。发生人员中毒、窒息的紧急情况，抢救人员必须正确佩戴正压式呼吸防护装备进入受限空间，并至少有 1 人在受限空间外部作联络工作。发现现场有毒气体报警仪报警，去现场确认时必须携带便携式有毒气体报警仪，并与控制室保持通信。

3. 防止噪声污染

噪声污染防治措施主要从三方面进行控制：噪声源，传播途径，接受者。在设备选型上，应尽量使用噪声值小的设备；在设备安装中应考虑减噪和减振措施，如在机器底座设置弹性支座和隔离件；对产生噪声较大的设备，要设隔音室，防止噪声外传，例如风机、马可混合机等；噪声区的建筑应采用吸音材料，对于无法隔离的噪声源，应设置防护带。对噪声级超过 85 分贝的区域，除了减少人员在噪声环境中的暴露时间外，可采取各种个人防护手段，如规定操作人员现场巡检时应戴耳塞、耳罩或头盔等防护。

4. 机电仪设备安全要求

所有机、电、仪(包括照明、通讯)，必须使用防爆型装置。电器必须具有引入电缆或钢管的进线装置，各种设备、管道和金属件均设有防静电措施和防爆接地，建筑物须设避雷装置。一步法聚合釜等受压设备装安全阀，并应杜绝设备的跑、冒、滴、漏现象。对于聚合釜内温控制应设有 SIS 系统，防止聚合反应高温出现爆聚。各容器都要有有效的液位计，盛有单体的容器要有放空阀和阻火器。对于重要的用电负荷要采用双回路供电，对 DCS 控制室和干法的压滤机及增压泵等用电设置 UPS，即不间断电源。在设备中对人体容易接近的运动部件，设置防护罩或隔离装置。检修设备和容器时，必须按有关的操作规定进行，并采取相应的安全措施，对有关阀门、开关要采取锁定、标记、清理、试验的四道程序。如锁定不方便，则可拆下导线、传动皮带，往管口安装盲板法兰，停车后检修前，要清除设备容器残存的物料，并切断设备的动力。进入设备、容器内检修时，外面要有人监护，而且进入人员在设备、容器内停留时间不得超过工厂的有关规定。

8.1.2 化工料的安全要求

(1) 丙烯腈。丙烯腈的闪点为 0℃，液态下极易燃烧；丙烯腈蒸气比空气重，当与空气混合在体积分数为 3%至 17%时，会发生爆炸；丙烯腈具有易自聚的特性。即使在常温下，若存在如氧气之类的氧化物或受光照，丙烯腈会迅速、剧烈地聚合并放出热量。储槽温度应小于 30℃，高温天气应有降温设施，防止丙烯腈自聚。当人体吸入丙烯腈蒸气，丙烯腈蒸气接触人体皮肤或黏膜，或误服丙烯腈液体时，人体会中毒。大量或长时间接触其水溶液或蒸气对人体是危险的。

(2) 丙烯酸甲酯。丙烯酸甲酯的闪点是-3℃(密闭杯中)，因此必须十分小心防火；丙烯酸甲酯蒸气比空气重，当与空气以 2.87%~25%体积比混合时会发生爆炸；丙烯酸甲酯具有易于聚合的特性，当发生剧烈聚合时会有爆炸危险，此时温度迅速升高，其蒸气压力也随之升高。若吸入高浓度的丙烯酸甲酯蒸气，或接触其液体，会造成中毒。储槽温度应低于 25℃，高温天气应有冷却设施，防止丙烯酸甲酯自聚。

(3) 氯酸钠。当氯酸钠与金属粉末、碳、硫氰酸盐、硫代硫酸盐、铵化合物、有机化合物等接触后会变得非常活泼，受热、敲击或摩擦会发生爆炸、燃烧。氯酸钠接触强酸后会爆炸性分解。

(4) 焦亚硫酸钠。焦亚硫酸钠可与氧化剂剧烈反应并放出热量。若焦亚硫酸钠进入人眼，会感觉刺痛，可能会引起充血和发炎。在操作焦亚硫酸钠时，应使用合适的防护器具。储存时应远离氧化剂。

(5) β-巯基乙醇。β-巯基乙醇属于危险品。闪点为 73℃，易燃烧，可像醇类一样燃烧；

对人体有毒性。若β-巯基乙醇进入人眼、碰到皮肤，应立即用流动水冲洗15min以上，然后送医治疗。

(6) 氢氧化钠。有腐蚀性和刺激性。轻度中毒引起咽喉刺痛、咳嗽、呼吸困难、腹泻、腹痛、呕吐、眼结膜充血、疼痛。中度中毒会引起角膜溃疡、皮肤红肿、灼伤、焦痂软、感染后并发创面脓毒症。重度中毒吸入后产生肺水肿。

(7) 液氨。液氨混合气体的爆炸范围为15%~28%(体积分数)。应小心火种。液氨与卤素、强酸接触后会起剧烈反应，发生爆炸、飞溅，应远离这些物质。具有强腐蚀性，应充分注意其容器。对人体有一定毒性，刺激眼睛和鼻子，短时间内吸入高浓度的液氨会引起危险的症状。操作时应使用合适的防护器具。

(8) 硝酸。有强酸性，若硝酸接触到有机物质(如木片、纸、废布等)，会发生自燃。硝酸易与大多数化学物质起反应，使后者分解。若硝酸溅到皮肤或黏膜，会引起疼痛，然后发痒，同时皮肤变成黄色。若没有立即去除硝酸，会引起剧痛和化学损伤。若硝酸进入人眼，会严重损伤眼睛，可能会引起失明。若已经吸入了硝酸，则会腐蚀腹部器官和肠，使口腔内的黏膜变黄，喉部黏膜肿张，严重时影响呼吸。

(9) 偶氮二异丁腈。偶氮二异丁腈遇火种、高温或氧化剂混合后，受摩擦、撞击，有引起燃烧爆炸的危险。35℃以上开始分解，50℃会发生剧烈分解反应，放出可燃性有毒气体，对中枢神经系统、肝、肾有损害作用对呼吸道有刺激作用。若碰到皮肤，应用清水或5%硫代硫酸钠冲洗，若眼睛接触，则立即用水冲洗并进行医疗治疗。应储存于冷藏室或避光的阴凉干燥处，温度保持小于24℃。

(10) 异丙醇。异丙醇蒸气与空气形成爆炸性混合物，遇明火或高温能引起燃烧和爆炸。其蒸气比空气重，能在较低处扩散到相当远的地方，遇火源引起回燃。若遇高热容器内压增大，有开裂和爆炸的危险。轻度中毒时眼睛、皮肤充血、头昏晕眩，精神迟钝。中度中毒时运动失调、昏睡。重度中毒时呼吸心跳衰竭、深度麻醉以致死亡。若碰到皮肤，应用大量的流动水彻底冲洗；若进入眼睛，应用大量的流动水或生理盐水清洗；若误入口中，应饮温水、催吐。

(11) 二氧化硫脲。遇火种、高温或与氧化剂混合后，受摩擦、撞击，有引起燃烧爆炸的危险。

(12) 二氧化硫。二氧化硫有窒息性，与水及水蒸气作用生成有毒及腐蚀性的气体。储存容器要远离水源、热源。

(13) 过硫酸钾。有强氧化性，遇潮易分解放出氧气。与有机物混合易爆炸，100℃时完全分解，一般用内衬为聚乙烯或聚氯乙烯塑料、外层为牛皮纸的防潮袋包装。要单独存放，不可与有机物共储或混运，储存室要求阴凉、清洁、通风，要隔绝热源、火种，储运时要避免强烈撞击，储存室最好不设上、下水管道。

(14) 乙二胺四乙酸钠。乙二胺四乙酸钠有毒而且有一定腐蚀性。工业上使用较多，为含有一定水分的液体。要储存于专用的容器内，注意防潮。

(15) 二甲基乙酰胺。有毒，可燃性液体，蒸气与空气混合易爆炸。储存于耐压容器中，容器上应设有带阻火器的呼吸阀和防爆阀，进料管管口要伸至容器下部，要有静电接地导线。现场严禁烟火。二甲基乙酰胺对皮肤和眼睛有轻微的刺激，故应避免皮肤和眼睛接触二甲基乙酰胺，一旦发生上述情况，应用水冲洗受影响的部位并报告相关人员。如果多次吸入或通过皮肤大量吸收二甲基乙酰胺，将对健康非常有害，应避免吸入二甲基乙酰胺蒸气。若感觉到现场气味浓时，用空气分析仪分析二甲基乙酰胺浓度，如果其浓度超过安全限度，须戴上防毒面具，并把现场围起，挂上“危险”标牌。

（16）干法聚合物。聚合物粉尘与空气混合遇有火花时易发生爆炸。其输送管道中充N_2，料仓及下料管要有接地导线。

（17）二乙撑三胺五乙酸钠。中等毒性的固体，要避免吸入其粉尘，储存于阴凉通风处。

（18）偏二氯乙烯。偏二氯乙烯的沸点为31.7℃，易汽化，极端易燃液体和蒸气，怀疑会致癌、吸入有害；偏二氯乙烯蒸气比空气重，当与空气混合在体积比为5.6%～16%时，会发生爆炸；偏二氯乙烯对中枢神经系统有抑制作用，主要为麻醉作用，并有眼及上呼吸道刺激症状。对眼有中度刺激性，接触后出现疼痛、结膜刺激感和短暂的角膜损害。皮肤接触高浓度本品，可出现灼伤样反应。长期接触，导致黏膜刺激症状、头晕、失眠、接触性皮炎和肝功能损害。

8.1.3 安全操作要求

（1）认真落实“安全第一，预防为主”的安全生产方针，严格遵守各项安全生产规定和禁令，把安全生产贯穿于生产全过程。

（2）职工上岗必须经过三级教育，并经考试合格，上岗后必须按规定着装和使用劳保用品。

（3）妥善保管、精心维护和熟练使用各种防护器具及消防器材。在装置范围内动火，必须要有专人监视，严格执行“三不动火”（无火票不动火、无防火措施不动火、无人监护不动火）。

（4）操作人员未经许可严禁变更工艺参数。操作工必须严格遵守以岗位责任制为中心的各项规章制度，严守工艺规程及岗位操作法，不许任意变更工艺参数，如发现不合理之处，要变更时，须得到有关方面许可后再变更。

（5）在化工料吊运时，应检查绳索和吊运器具，严禁站立在吊装物下，防止人身伤害。

（6）在配制各化工料时，根据其物化特性，应使用合适的防护器具（护目镜，面罩，橡胶手套和橡胶围裙）。配制氯酸钠时需用防爆工具（铜棒、铜扳手等），防止受热、敲击或摩擦发生爆炸。配料时必须按工艺要求操作，不得将过滤网格取下不用或站在网格上，工作时不得放置零星物品，以免掉入槽内。避免人体直接接触化工料，若沾到皮肤，应立即用大量清水冲洗，若情况严重，请医生治疗。

（7）若β-巯基乙醇溅到地面上，量很小，应用布吸干，然后将布送废渣堆场；量很大时，应撒上次氯酸钠粉末，等待一会儿，然后冲干净。液氨钢瓶搬运时，应先确认阀门关闭，轻挪轻运，防止人身伤害。未在线使用的钢瓶，必须戴好钢瓶安全帽。操作液氨时应缓慢开启液氨钢瓶上的阀门，检查确认无泄漏。避免阳光直射。空瓶和满瓶按规定堆放在指定区域。

（8）在聚合区域操作时，必须使用防爆工具，不得任意敲打各类设备、管道、泵体。所管辖的设备、管道、容器及附件，杜绝跑、冒、滴、漏现象。禁止将传动设备上的防护装置和安全防护设施取下不用。禁止在设备运转时擦拭、拆卸传动设备部件。设备的接地线是防止静电而设，不得随意拆卸，发现有损坏必须及时通知有关部门修复。

（9）带搅拌器的槽类容器，液位低于搅拌液面时严禁开启搅拌。

（10）入槽操作时，槽内须预先进行彻底清洗和通风，待分析槽中的物料浓度和O_2浓度合格并开出作业许可证后，人才可以进入槽内。

（11）所有设备及受压容器上安装的压力表、温度计、液位计、各种指示计、安全阀、放空管线不得随意拆除、损坏。如失灵则应及时通知调换和修复。当设备温度、压力、液位超过警戒线时，应迅速处理，避免发生事故。

(12) 操作工必须按时巡回检查。如实抄写现场工艺和仪表数据。巡回时要认真检查各设备、泵、管道等运行情况，发现问题及时处理并上报组长。

(13) 操作工必须随时提高警惕，能熟练地处理突然停水、停电、停气、跑料等事故。处理生产上紧急事故要冷静，正确判断、安全第一，采取切实可行的措施，并保护好现场做好详细记录。

(14) 操作工在生产过程中所发生的各类故障和事故，应详细记录在交接簿上，或写成报告上交装置相关人员，如果在生产过程中，发生重大事故，组长和相关人员不得下班，积极配合查清事故原因。

(15) 在操作废丝切断机时，当废丝送入切断机输送机时，应格外小心，勿将手和其他物品靠近切断机；每个班开始时，必须试用废丝切断机紧急制动索。拉索后，若切断机不停车，使用停车按钮使电机停车，并立即报告值班长；把切断机喂料带式输送机卸离切断机前，要停机、锁定、标记清理和试验输送机；输送机推离切断机后，须在输送机轮下放置垫木，锁定并在切断机、切刀机上安放安全罩；如果要清理切断机或切断机喂入辊上的缠丝或堵丝，必须在切断机和给料输送机已停车、锁定、做好标记，清理和试验后才能进行。

(16) 废丝干燥机、烘干机起火时，向下拉标有烘干机喷淋的链子，以打开烘干机出料端的水阀门；只有在干燥机、排风机运转时，才能开干燥机循环风机；无论什么时候，只要干燥机的循环风机停止运转，就一定要停止干燥机加热器的供汽；烘干机表面很热，使用时防止烫伤；在彻底清扫废丝干燥机时，废丝干燥机进入许可证要贴在烘干机的入口处。循环风机要用东西塞住，使其不能自由转动。

(17) 回收原液混合操作时，在打开混合槽加料前，加料口排空风门要打开，通过滤网排空(在打开加料口之前，要保证通过滤网的流通性要好)；必须用废丝溜槽把废丝加到混合槽中，用溜槽前，必须把一根导线从溜槽接到混合槽上；往混合槽里加 DMAc 时要关严加料口(除了加废丝，其他任何时候都要关严加料口)；加 DMAc 时，操作人员应监视计量表，以便在阀门不能自动关闭时切断 DMAc 液流(防止溢流)。在切断、折叠或处理打包带时，要戴防护面具、防护手套和套袖。金属带打弯，放到废金属带筒内；装回收原液的耳轴筒在任何时候都要盖上盖或用塑料布封上；在每次使用摇架和手动葫芦之前，必须要检查是否损坏，并写检查记录。

(18) 更换原液压滤机时，压滤机更换开始后，操作工的充气服或手套不允许脱掉，除非特殊情况；标记的所有线必须锁定；除了更换压滤机的操作人员外，进入压滤机操作现场的其他人员必须使用规定的 DMAc 防护用具；更换压滤机的区域用绳子隔开，并标记；在进入压滤机操作现场的通道上放置标志，说明压滤机正在进行更换。

(19) 当出现气体报警后，应戴好防毒面具到现场确认并处理。接 DCS 控制室火灾报警通知后，应立即到现场确认，视情况采取相应措施，并逐级上报。

(20) 严禁任何人员在现场内追逐、打闹，上下楼梯时要用手扶住扶手，一次只可迈一个台阶。

8.1.4 应急处理

1. 发生危险源泄漏与火灾爆炸时的应急处理

及时检查危险源泄漏与火灾爆炸事故的部位，及时关闭上下游阀门，控制泄漏源。向当班运转主任报告。向生产管理部门调度室、医务室和“119”报警。报警内容：讲清楚报警人单位、姓名，讲清楚危险源泄漏或火灾爆炸事故的地点、位置、设备位号，讲清楚危险源泄漏或火灾爆炸事故引起的介质，讲清楚有无人员中毒或死亡。

2. 发生物料管线或阀门，设备泄漏时的应急处理

针对不同性质的情况采用相应的措施。如管线、阀门和设备有物料溢出，跑料量较少，可用水冲洗污染物，以减轻废气浓度并通知装置有关人员抢修，确保继续生产，抢修时采取必要的保护措施，以免中毒。如管线、阀门和设备内料液跑出，溢喷，应迅速将污染源所处位置的泵或阀门关闭，切断污染源，同时向装置领导和环保部门汇报泄漏地点和介质，做好紧急停车准备。

3. 发生危险源泄漏或火灾爆炸，造成人员中毒时的应急处理

应急处理人员必须佩戴防毒面具。向“119”和医务室报警。讲清楚报警人单位、姓名，讲清楚危险源泄漏或火灾爆炸事故的地点、位置、设备位号，讲清楚危险源泄漏或火灾爆炸事故引起的介质，讲清楚中毒人数和中毒人员的情况。在医务人员没有来到现场前，迅速将患者脱离现场至新鲜空气处。如发生呼吸困难，立即给氧，如呼吸停止，立即进行人工呼吸，如心脏骤停，立即进行心脏按压。如皮肤污染，脱去污染的衣服，用大量流动清水冲洗。如眼睛污染，可用流动清水或生理盐水冲洗。待医务人员到后，进一步进行处理。

4. 处理火灾事故时，发生烧伤的应急处理

迅速将患者脱离现场至新鲜空气处。迅速将患者燃烧着的衣物脱去，用流动水冲洗降温，用清洁布覆盖创伤面，避免伤面污染。不要把水疱弄破，不要在创伤面上涂任何刺激性液体或不清洁的粉或油剂。患者口渴时，可给适量饮水或含盐饮料。经现场处理后，迅速护送医院救治，护送途中注意血压、呼吸及脉搏变化。

5. 处理化学物料时，发生灼伤的应急处理

迅速将患者脱离现场至新鲜空气处，脱去污染衣物，局部可用大量流动清水冲洗。现场处理后，迅速护送医院救治，护送途中，注意血压、呼吸及脉搏变化。

6. 聚合物干燥机着火事故紧急处理

① 聚合物干燥机车身设有多重联锁保护措施，当联锁无动作且发生着火事故时，当班DCS人员应立即启动干燥机内的自动消防喷淋系统，如果启动无效，则现场启动，然后，停车间排风机，再通知相关人员着火的情况，根据着火情况，联系“119”处理。

② 由专责工程师带领岗位操作员分别在发生着火的聚合物干燥机四周做好警戒工作，以防他人接近或误入危险区。

③ 由生产主任带领安全员及操作工从聚合值班室将氧气呼吸器及隔热手套送到现场。待聚合物干燥机温度降下来后，由值班长带领岗位人员戴好氧气呼吸器、隔热手套等防护用具，拿着灭火器进入现场，将干燥机机门一个个打开仔细检查，如发现余火，立即用灭火器扑灭。

④ 如果火灾继续扩大，由专责工程师带领岗位操作工重新划分危险区，并由有关职能部门联系安排危险区域内的装置紧急停车，等消防队来灭火。

⑤ 消防队赶来后，操作工分为三组，在尽可能安全的隐蔽位置。一组向干燥机喷水降温，另一组负责将聚合釜系统与干燥机隔离，第三组负责将原液系统与干燥机隔离，防止事故进一步扩大，直至将火扑灭。

⑥ 火扑灭后，由现场总指挥指挥现场人员立即清理现场卫生。设备主任带领设备管理人员及维修人员检查、修复设备，准备重新开车。

7. 二氧化硫发生泄漏事故紧急处理

① 发现二氧化硫系统有泄漏，应立即通知有关人员，说清泄漏部位和泄漏程度。

② 在泄漏区周围设置警戒线，以防他人接近或误入危险区。

③ 穿上防酸服，戴上氧气呼吸器、防酸手套等防护用具进入二氧化硫泄漏区，首先将二氧化硫储罐出、入口阀门关闭，同时，打开泄漏的管线或阀门所在管线到二氧化硫放空塔的阀门，将管线内二氧化硫放空，更换阀门或法兰垫片。如果是储罐的第一道阀门前的法兰垫片泄漏，则需要尽快将泄漏储罐的物料倒入备用储罐，然后进行更换。

④ 如果有人中毒，立即将中毒者移至有新鲜空气流通的地方进行抢救，并通知“120”急救。

⑤ 如果泄漏进一步扩大，通知附近装置人员撤离。与厂职能部门联系，停车带压堵漏处理。

8. 氮气泄漏应急处理

① 发现氮气泄漏后，立即通知相关人员。保持门窗敞开。

② 根据气体的影响区域划定警戒区，无关人员从侧风向、上风向撤离到安全区。

③ 应急人员应佩戴正压式空气呼吸器，采取切换关闭阀门或堵漏措施切断气源。

④ 若自然排风不能起到很好的通风效果，启用排风机强制排风。

⑤ 若吸入泄漏的氮气，人体感到不适时，及时呼吸新鲜空气，安静休息。若有人窒息，立即将窒息者移至新鲜空气流通的地方进行抢救，对窒息者实施人工呼吸，待窒息者恢复自主呼吸后，立即用急救车将其送往邻近医院急救，防治肺继发感染及肺水肿。

8.2 节　　能

节能实际上就是资源的合理利用，同时减少污染物的排放。节能有直接节能和间接节能之分。人们在达到同样目的的条件下减少能源消耗称为直接节能；而在生产过程中因节约了原材料、设备等非能源物质而相应地减少用于生产这些原材料和设备所消耗的能源称为间接节能。

在腈纶聚合装置产品成本构成中，能耗占的比例仅次于化工料，其成本可控程度远远高于人工成本等费用，所以在腈纶聚合装置生产过程中如何有效地节能是降本增效、提高产品市场竞争力、提高企业经济效益的一大途径，也是企业技术进步和科学管理水平的体现。聚合装置的用能涉及电、蒸汽、压缩空气、脱盐水、工业水、循环水、冷冻水等，针对这些用能情况，在生产过程中采取有效的方法降低聚合装置生产的能耗。

8.2.1 节能途径

(1) 建立用能管理机制。在腈纶聚合装置生产运行中，强化对员工节能宣传、教育和培训，制定和实施强化节能的激励制度，加大依法实施节能管理的力度。在技改技措项目上坚持节能优先的方针，加强节能技术开发和推广。

(2) 建立装置用能管理网络。建立以装置领导为组长的装置用能管理网络，实现装置用能的闭环管理。

(3) 制订和实施用能管理工作程序。根据装置年度产品能耗指标和产品各项能耗指标，制订装置月度各能耗考核指标，并根据工作日和产量分解到各班组。编制装置用能计量台账和周检表，确保计量的正确性。实行装置各能耗核算项目分析及对口负责人制，编制能耗日报表和月台账，能耗项目对口负责人进行用能情况日常检查并记录，针对用能异常情况及时分析、监控和采取有效的措施进行整治。各能耗项目负责人每月对分管的能耗进行月度分析，填写能耗完成情况、本月度所采取的节能措施、存在的问题和下月的措施，根据装置制订的能耗管理考核办法，每月对各能耗指标完成情况进行检查考核，实现各能耗用能管理闭环控制。

（4）建立班组能耗核算考核体系。建立班组能耗核算考核体系，有针对性地分析班组用能情况和采取持续改进的措施，每月编写班组综合能耗完成情况小结，对当月能耗和能耗趋势进行定量分析，实行能耗预警制度，在班组内建立起一整套完善的用能监控机制。

（5）加强主要用能设备的管理。编制装置主要设备用能情况表，制定各主要设备的用能定额，每天采集用能数据，对照主要设备用能情况表，评价主要设备的用能情况，分析用能异常情况，采取切实有效的节能措施，加强主要用能设备的节能管理工作，使各主要用能设备达到用能合理、节约。

（6）开展节能攻关活动。根据装置各能耗完成情况和存在的差距，成立攻关小组，运用PDCA循环，寻找影响单位产品能耗高的主要因素，制订对策措施，开展降低单位产品能耗的攻关活动。针对不合理的用能管线、工艺和设备，也可以运用短、平、快项目的方式进行优化和改造或对装置存在的用能不合理和浪费现象提出合理化建议并整改。

（7）采用先进的用能评价体系和科学的节能方法。在装置生产运行中，运用水平衡测量、装置能耗平衡核算等先进的用能评价体系，寻找装置节能环节，利用窄点技术、余热回用、回水重复利用及新技术、新工艺的应用等科学的节能方法，降低装置综合能耗，实现节能的目的。

8.2.2 节能方法

（1）节电方法。采用高效节能电机替代普通电机，提高电能利用率；用节能灯取代普通的照明灯具；对用回流控制液位的输送泵采用变频调速控制；对保温系统的热风电机实现温控制动；对日常照明采用人工定时开关制度。在生产运行中，根据生产负荷情况及时增减设备投用台数，节约电能。在停车检修时，及时停用设备，杜绝设备空运转，减少电能的消耗。

（2）节水方法。建立水量综合利用管网，充分利用蒸汽冷凝水和纺丝装置的废热水（如将蒸汽冷凝水回入热水槽系统、用纺丝热牵伸废热水替代聚合水洗系统的部分热水）；根据工艺设备用水不同要求，利用中水作为冷却水，降低产品单位取水量；在清洁工作中，用聚合装置的废水替代工业水冲洗地面；根据环境温度及时关闭冷保温的冷冻水系统及用低冷能的水替代高冷能的水，节约冷冻水量和冷能。对用水作为双端面密封的输送泵进行单端面密封改造，节约用水量；在工艺控制方面，根据季节和温度变化情况，及时调整工艺控制参数和用水量，在保证产品质量的前提下，降低单位产品用水能耗。

（3）节约蒸汽方法。腈纶聚合装置节约蒸汽用量一般有凝结水回收、消除疏水阀漏汽损失、改善管道保温、废热水热量的利用、工艺控制方法的优化等方法。

① 凝结水回收。100℃凝结水（饱和水）的热焓是同温度饱和蒸汽热焓的15%~30%，回收这段温度的凝结水，至少可以节约等热量的蒸汽，同时节约回收凝结水等量的水资源及其净化处理费用。如将热交换器和保温系统的蒸汽凝结水回收利用至脱盐水系统或热水槽循环系统。

② 消除疏水阀漏汽损失。蒸汽供热系统使用的疏水阀，绝大部分存在着不同程度的漏汽，不仅影响生产工艺和生产环境，还浪费大量蒸汽和水资源。除及时检查和更换疏水阀漏

汽损失外，近几年国内已开发成功集中疏水技术和相应的设备，可以减少 10%～30% 的蒸汽消费量。如图 8-1 是一种先进的热动力式疏水阀示意图。它是利用阀片的起落来分隔蒸汽和冷凝水的。现设阀片处于闭合状态，原来处在变压室中的蒸汽被冷凝，室内压降减小，阀片将在其上下压差以及自冷凝水入口流过来的流体的作用下被顶起，冷凝水便通过流出口和排出管流走。当冷凝水排尽、蒸汽从流入孔口进入时，蒸汽也能进到阀片的上部，由于孔道出口处流速比较大，造成阀片上部蒸汽压强大于下部的压强，加上阀片本身的重量，阀片回复到闭合状态。

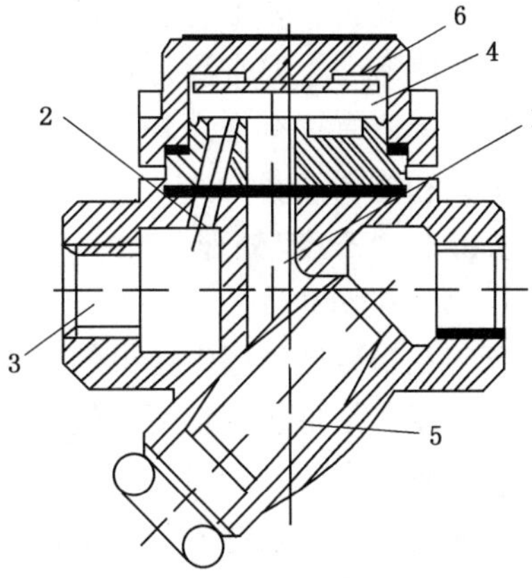

图 8-1　热动力式疏水阀

1—冷凝水入口；2—冷凝水出口；3—排出管；4—变压室；5—滤网；6—阀片

③ 改善管道保温，整治滴漏损失。现用的蒸汽管网(含热水管网)有许多保温层陈旧、脱落，法兰、阀门处无保温，保温材料性能差，可用优质保温材料，完善管网保温；加强系统维修管理，消除滴漏损失。根据保温要求，部分保温系统可以运用电加热保温替代蒸汽加热保温，从而节约蒸汽用量，降低综合能耗。

④ 废热水热量的利用。腈纶聚合装置的部分废热水由于含有丙烯腈，其热水不能作为生产用水进行回收利用，但废热水的热量可以通过热交换器进行热量利用，如水洗系统真空抽出的废热水经过热交换器再加热水洗系统需要的脱盐水，一方面达到热量循环利用，另一方面降低了废热水的污水排放温度，有利于污水处理菌种的存活，节约污水处理时用水降温的水量，减少污水处理费用。

⑤ 工艺控制方法的优化。通过工艺控制方法的优化节约蒸汽用量，如通过提高脱单系统的淤浆进料温度，来降低脱单塔蒸汽用量，一方面节约了蒸汽量，另一方面由于脱单塔蒸汽量的下降，减少了脱单塔塔板液泛和残单自聚的概率，提高了脱单效能。如一步法聚合，在聚合反应稳定的情况下，优化内温控制模式，采用夹套作为保温的单参数控制模式，减少夹套处蒸汽的消耗。

⑥ 主要设备结构优化。改进脱单塔塔板结构，采用处理量大、传质效率高、抗堵性能好、操作弹性较大等特点的塔板，减少蒸汽用量。

8.3 “三废”治理

三废治理是采取多种措施对生产过程排放的废气、废水、废渣进行处理和合理利用的系统工程。

腈纶生产中产生的废气、废水和废渣都含有有害物质，如不及时处理或处理措施不当，势必造成环境污染，影响人们的身体健康、动物的繁殖及作物的生长。因此腈纶生产的同时，必须考虑“三废”的治理，从保护环境和经济角度出发，做到综合治理、化害为利。

8.3.1 “三废”的产生及危害

(1) 废气。主要来源是生产中或设备和管道的泄漏散发出的微量丙烯腈、丙烯酸甲酯、二氧化硫等，由于这些废气有毒，对操作人员和生活环境带来严重影响。

(2) 废水。主要来源是聚合脱单、脱泡、水洗含腈废水和原液工序的硫氰酸钠废水。这些废水有毒有害，若不经过处理就直接排放会严重影响生活环境和生态环境。

（3）废渣。主要来源是聚合工序的废淤浆、废浆液和原液工序的废浆液、废滤布和废胶等。这些废渣有毒有害，若不经过处理就排放会严重影响生活环境和生态环境，并且会造成成本上升和物料浪费。

8.3.2 “三废”处理

1. 废气的处理

废气是指生产过程中排出的有毒有害气体，包括有组织排放废气和无组织排放废气。有组织排放废气是指通过集中排气筒（烟囱）排放的废气，无组织排放废气是指不经过排气筒无规则排放的废气。

首先应完善工艺过程，尽量减少有害气体的散发。例如，应尽可能降低原液残余单体的含量。如工艺要求含量小于0.3%，可用加强脱单体的方法，控制在0.2%~0.25%，以减少聚合原液工段的废气含量。其次应尽量避免设备、管道的泄漏，加强维修管理，将有害气体的释放量降到最低。最后是利用先进的LDAR技术，对可能产生泄漏的点定期检测、监控，建设无泄漏工厂。在湿法二步法生产中，采取吸收塔用脱盐水喷淋吸收单体气体，以降低生产过程中产生的废气。为保护空气源，装置内配有相应的送风、排风装置。聚合废气必须落实有组织排放，最优方法是将废气集中收集并利用新技术回收其中单体；其次是将废气集中收集经TO炉无害化处理；最后是将废气经高耸排气塔集中排放。根据地形、气候情况决定塔的高度，一般在100米以上，将有害气体由排风道汇集至排气塔，集中排放，经过大气稀释扩散后达到对人和周围作物没有危害的允许浓度。排气塔在选型设计时必须满足坚固、稳定、耐久的要求。例如：将AN、MA、VAC各储罐呼出废气、脱单塔真空泵排空废气及终止罐气相气体等收集后，使其进入吸收塔喷淋吸收回用，将含有极微量单体及不凝性气体送入焚烧炉进行燃烧后，达标排放。

2. 废水的处理

废水处理按处理程度的要求，一般划分为一级处理、二级处理、三级处理三个阶段。

一级处理，主要是预处理，用机械方法或简单化学方法，使废水中悬浮或胶状物质沉淀下来，以及初步中和废水酸碱度。

二级处理，主要是指生物处理，用来降解溶解性有机污染，一般能去除90%左右的可被生物分解的有机物，去除90%~95%的固体悬浮物。二级处理能大大改善水质，处理后出水一般能达到排放标准。

三级处理，又称深度处理，只是在有特殊要求的时候才采用。将二级处理后的污水，用物理化学方法进一步处理，主要去除可溶性无机物，去除不能分解的有机物，去除各种病毒、病菌、磷、氮和其他物质，最后达到地面水、工业用水或接近生活用水的水质标准。

污水处理的程度，取决于处理后污水的出路和污水利用情况。污水用作灌溉和纳入城市下水道，一般着眼于二级处理或预处理。污水就近排入水体，应根据水体的不同要求，决定污水处理程度，并且要考虑到近远结合，分期实施。三级处理只是在严重缺水地区，要求工业废水闭路循环或接纳废水的水体系作为水源地或游览胜地时才考虑。

工业废水处理的基本方法，通常分为物理法、生物法、化学法、物理化学法四大类。物理法常用于废水的一级处理，主要是分离或回收废水中的悬浮物质，常用的物理方法有过筛、隔截、沉降、过滤、蒸发浓缩等；生物法是最常用的二级处理法，主要是去除废水中溶解物质和胶体的有机污染物质。生物法分活性污泥法和生物膜法两类。前者是微生物群在水中悬浮，使有机物氧化分解的方法，后者是微生物固定在支承体上进行处理的方法。化学法又称化学药剂法，主要是分离废水中的胶体物质和溶解物质，回收有用物质，降低废水中的酸碱度、去除金属离子、氧化某些有机物等，常用的化学方法有凝聚、中和、氧化、还原等；物理化学法主要是分离废水中的溶解物质，回收有用的成分，使废水得到进一步处理，常用的物理化学方法有吸附、离子交换、电渗析、反渗透等。上述方法通常是交替使用和综合使用的，尤其是物理法和生物法用得最广泛。

（1）含腈污水处理。处理含腈污水主要有生化处理法、加压水解法、臭氧法等方法。

① 生化处理法。利用好氧性微生物（包括细菌、菌胶团和原生动物）的生命活动规律，先将丙烯腈等氧化分解为有机酸和氨氮，再进一步将有机酸分解为二氧化碳和水，将氨氮氧化为亚硝酸和硝酸盐，即转化为无毒物质。微生物群则利用有机物中的碳、氮和氧化过程中产生的能量生长、繁殖。

生化处理法处理含腈污水，具有设备简单、操作管理容易、可处理高浓度含腈污水、能耗低等优点，现已广泛用于含腈污水的一级处理。该法的缺点是处理后的水中氨氮含量高于25mg/L，对鱼类有毒性，须经水藻池二级处理后才能排放至水域。活性污泥法中由于丙烯腈等易挥发，曝气时又可能造成空气二次污染。微生物死亡后形成的污泥量大，有机物含量高，其中氮占6%~9%，尚未找到综合利用途径，用土埋法、水底深层排放法或燃烧法处理，工作量大，对污水中低聚物不能处理，硫氰酸钠去除效果不明显。

目前，国内外处理含腈污水多数采用多级生化处理或物理化学及生化混合多级处理，以使含腈污水经过处理达到国家规定的排放标准。

② 加压水解法。在pH值为10~11的碱性条件下，用低压蒸汽加热，在压力为1.76×10^{6}Pa，温度为180~200℃的条件下，含腈污水水解，最终产物可为二氧化碳和氨，丙烯腈去除率可达99%，同时可分解丙烯腈低聚物。

本法设备需耐高压，运转中使用部分氢氧化钠和中压蒸汽，操作要求较严格，处理后污水还须经二级处理。

③ 臭氧法。臭氧具有极强的氧化性，它不但可以氧化分解丙烯腈，而且异丙醇、丙烯酸甲酯、无机氰、硫氰酸钠等都能被氧化分解，其最终产物为二氧化碳、水、氧气和部分硝酸盐。

该法可在鼓泡塔或充液填充塔中进行，反应迅速，有机物去除率在99%以上，并能杀菌消毒，处理后的水几乎不带色和臭味，接近给水标准，可直接排放，但能耗较高。

（2）酸碱污水处理。酸碱污水有单一中和处理与综合利用两种处理方法，国内以中和法为主。在污水处理时，可以将不同的污水混凝沉淀去除低聚物或用相同的技术进行处理。

3. 废渣的处理

完善设备状态，消除管线泄漏，降低废淤浆、废原液的量，尽可能地对废淤浆、废原液进行回收利用或掺和使用。在更换滤布时，要尽量减少废滤布上的原液量。不能利用的废渣要分类堆放至规定的区域，防止废渣掉入地沟而造成新的污染。集中后的废渣送至废渣处理站进行处理。

8.3.3 清洁生产的要求

在生产过程中，为了防止“三废”的产生和改善生产环境，在腈纶聚合装置的各工序中都需要做好清洁生产工作，减少生产过程的消耗和温室气体排放，为社会提供绿色低碳、清洁环保、安全无污染的产品。

(1) 应积极开展资源能源综合利用工作，对生产过程中产生的废物、废水和余热等进行最大限度综合利用，或者采用废物、废水回收技术进行再利用和循环使用。

(2) 要提高员工技能水平，严格执行操作规程，加强设备维护保养，保证装置长周期、平稳运行。

(3) 优化生产运行方式，提高产品收率，降低加工损失。推广清洁生产新技术、新设备，例如离心泵改为屏蔽泵，降低物料泄漏的概率；改进脱单技术提高单体回用率等。探索新工艺实现产业升级，开发低消耗高质量的产品。优化产品结构，提供高附加值、低能耗的环境友好型产品。

(4) 实施清污分流、污污分治，严格执行公司异常排污申报制度，控制污染物排放，防止异常排污对下游装置的冲击或超标排放。

(5) 推行定置管理或5S管理，各种物品、器具、待用原材料放置布局合理、摆放整齐，方便生产。

(6) 推行设备包机制管理，分区域落实专人负责管理。根据机泵维护常识，设备不积尘，无油污，附件设施完好。

(7) 推行文明生产制度。保持现场无积水，无垃圾，现场无跑冒滴漏、地沟不漫溢，做到“三见”(即沟见底、轴见光、设备见本色)。做好环境卫生包干区清洁工作，各管线冲洗完毕，应将软管盘好，确保现场整洁。

(8) 生产物料废包装、废弃物分类收集堆放。如桶盖、塑料袋不乱扔，报废粉末、废浆当班及时处理。危废如偶氮、氯酸钠等粉末空桶堆放至指定地点，严禁与一般固废混放。

(9) 正确穿戴劳动防护用品。在岗人员必须穿戴相应的工作服如阻燃服，佩戴相应的劳动防护用品。上班不准穿拖鞋，不准赤膊等。

(10) 操作室、交接班室班班清，保持整洁，桌椅完好。各种原始记录、台账、资料齐全并准确、整洁、规范，不乱写乱画。巡检工具定置摆放。

参考文献

[1] 王少春．合成纤维[M]．北京：中国石化出版社，2000.
[2] 肖长发，尹翠玉．化学纤维概论[M]. 3 版．北京：中国纺织出版社，2015.
[3] 任铃子．腈纶生产技术问答[M]．北京：纺织工业出版社，1988.
[4] 李青山，沈新元．腈纶生产工学[M]．北京：纺织工业出版社，2000.
[5] 杨爱云．腈纶生产工艺学[M]．北京：中国石化出版社，1993.
[6] 任铃子．腈纶生产的回顾与发展建议[J]．合成纤维工业，1996，19(1)：7.
[7] 上海纺织工学院．腈纶生产工艺及其原理[M]．上海：上海人民出版社，1976.
[8] James C. Masson. 腈纶生产工艺及应用[M]．陈国康，译．北京：中国纺织出版社，2004.